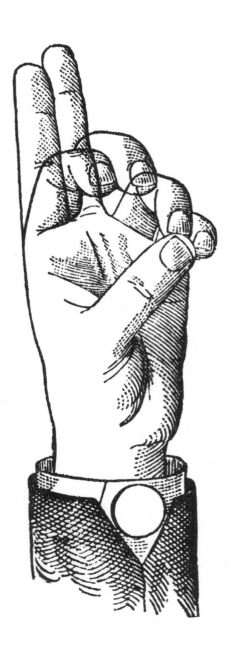

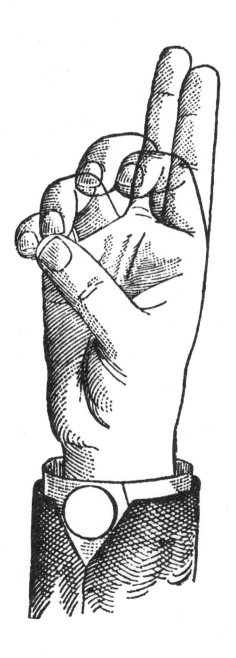

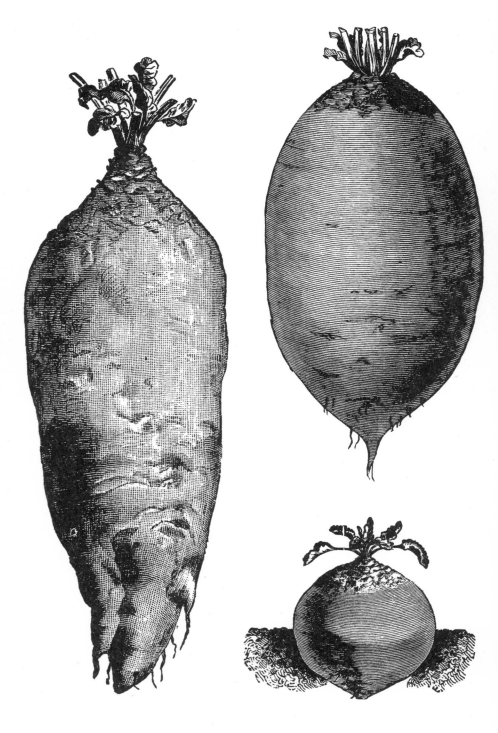

건축잡지
미로 [1]
참조와 인용

인쇄일
2024년 10월 15일

발행처
정림건축문화재단

발행일
2024년 10월 30일

편집장
박정현

ISBN
979-11-90853-58-3
(03540)

편집
김상호, 심미선

디자인
워크룸

값
25,000원

제작 및 유통
도서출판 마티

정림건축문화재단
서울시 종로구
자하문로8길 19
junglim.org
miro@junglim.org

도서출판 마티
출판등록 2005.4.13
등록번호 제2005-22호
서울시 마포구
잔다리로 101 2층
matibooks.com
matibook@naver.com

『미로』 2호는 일본에 대해 다룹니다. 일본은 1960년대 이후 한국 건축의 가장 중요한 참조체이자 타자였습니다. 단순히 건축물의 형태뿐 아니라, 건축이라는 말과 개념, 역사 서술과 이해 방식, 사업 모델 등으로 꾸준히 한국 건축에 영향을 미쳐왔습니다. 그러나 그 크기에 비해 그동안 공적 담론의 영역에서 일본의 영향은 충분히 다루어지지 못했습니다. 이를 수면 위에 올려두고 이야기하려 합니다. 이와 관련된 글을 모집합니다. 게재가 확정될 경우 청탁 원고와 동일한 원고료를 지급합니다.

한국 건축계 전체의 담론장이기를 희망하는 『미로』는 건축계의 후원을 기다리고 있습니다. 후원금, 제작 협찬, 대량 구매 등 다양한 방식으로 『미로』가 길을 찾을 수 있도록 도와주십시오.

후원 및 투고 문의는 편집팀으로 보내주세요: miro@junglim.org

9
창간사

11
『미로 1: 참조와 인용』을 엮으며

15
자기 참조 이후의 건축
김광수

33
정신분열증과 초-참조적 건축
서재원

45
참조와 인용이라는 이야기 짓기, 건축 짓기
김효영

59
난폭하고 아름다운 이종교배의 상상력
임윤택

81
원하기 때문에 원한다
이희준

87
공간 디자인에서 시간 디자인으로 — 현대 건축에 관한 다섯 가지 테제
송률, 크리스티안 슈바이처

107
베낄 때 GOAT 멘탈 관리 꿀팁
전재우

117
참조적 세계로서 건축의 외부, 비참조적 체계로서 건축의 내부
이치훈

125
생각하듯이 쓰기
김사라

139
참조와 인용에 관한 표류
배윤경

157
인용된 파편적 구상들
최원준

171
이모셔널 솔리드: 건축 지시와 인용에 관하여
현명석

185
가능한 진실할 것: 발레리오 올지아티와
마르쿠스 브라이트슈미트의 『비참조적 건축』 서평
강신

201
매너리즘과 현대 건축
콜린 로우 / 곽승찬 번역

현대 건축은 계급투쟁과 인정투쟁의 결과였고, 잡지는 이 전장에서 가장 효과적인 도구였다. 전세계 모든 국가에서 예외없이 잡지는 새로운 건축의 이념을 전파하고 동료를 발견해 모으고 정보를 실어나르는 매체였다. 전간기 아방가르드, 1960년대 네오아방가르드, 전후 각국의 재건과 페다고지의 혁신도 잡지 없이는 상상조차 하기 힘들다. 현대 건축의 역사 한 켠은 창간과 폐간을 거듭하며 명멸한 크고 작은 잡지들에 할애되어야 할 것이다.

상당한 시간차이가 있지만, 한국도 다르지 않다. 1960년대 중후반 법과 제도의 정비, 국가 주도의 경제개발 계획과 동시에 본격적으로 시작된 한국의 현대 건축은 『공간』이라는 잡지를 떼어놓고 이야기하기란 불가능하다. 건축이 양적으로 급성장한 80년대, 건축 잡지의 전성기도 함께 발견할 수 있다. 물론 한국 사회의 민주화와 맞물린 담론의 시대이기도 했다. 그러나 2024년의 사정은 확연히 다르다. 모든 매체는 SNS, 뉴스레터 등 모니터 화면 위에서 새롭게 존재증명을 해야 한다. 이와 맞물려 건축의 전선은 이미지 픽셀 위에서 펼쳐진다. 도구가 AI인지 아닌지는 오히려 부차적일 뿐이다. 다시 전쟁의 비유를 동원하자면, 건축잡지는 더 이상 척후병이나 보급병이 아니며, 되기를 희망할 수도 없다.

『미로』는 지금 건축이 처한 상황에 대한 비유이자 재현이다. 정확한 출구를 찾지 못한 채, 어쩌면 출구 자체가 없을 수도 있는 상황에서, 저마다의 방식으로 암중모색 중인 현실 속에서 담론을, 이론이나 비평을, 또 역사를 추출해내려 한다. 『미로』는 출구를 찾는 효율적인 최단 경로에 관심을 기울이지 않는다. 오히려 길을 잃고 헤매는 과정에서 생길지도 모르는 부산물에 더 초점을 맞춘다. 우리는 온전한 건축의 신기루가 아니라 건축이란 이름 아래에서 벌어진 일들이 더 중요하다고 믿는다. 신화 속 근원적 건축가가 아니라 미로라는 세계 속 산물을 제호로 삼은 것도 같은 이유다.

『미로』편집장 박정현

『미로 1: 참조와 인용』을 엮으며 박정현

국문학자 김윤식은 "근대 문학은 이식된 문학"이라는 일제
강점기 평론가 임화의 단언을 극복하는 것을 일생의 화두로
삼았다고 회고한 바 있다. 1972년 김현과 함께 펴낸 『한국문
학사』 등이 그 결과물이다. 모두가 공유하는 매체로 시대의
공통된 감각을 빚어내며 모종의 정치적 공동체를 형성하는
것이 근대 문학의 소명으로 여겨졌기에, 이것이 외부에서, 그
것도 식민세력의 틀을 통과해 이식된 것이어서는 곤란했다.
충분히 개화하지는 못했더라도 자생적인 씨앗이 있었음을
증명하지 않으면 안 되는 것이었다. 한국 근대 문학의 역사
쓰기는 이런 강박에서 자유롭기는 무척 어려웠다. 문학을 건
축으로 바꾸면 어떨까?

  "근대 건축은 이식된 건축이다"라는 명제는 불안과 불편
함을 거의 야기하지 않는다. 근대 건축, 또는 현대 건축을 어
떻게 이해하는지를 놓고 종종 화해할 수 없는 갑론을박이 벌
어지기는 하지만, 그것이 자생적이었다고 주장하는 이는 없
다. 식민지시기 전후에 지어진 절충주의식 건물이든 해방 후
본격적으로 유입된 모더니즘 건물이든 그것은 외국에서 들
어온 것이었다. 당연히 근대 건축의 중심지와 어떻게 연결되
는지가 대단히 중요했다. 김중업과 김종성의 신화와 유산은
그들이 각각 르 코르뷔지에와 미스 반 데어 로에에게 직접 사
사했다는 사실에 절대적으로 기댄다. 20세기 후반 국내 건축
잡지들은 미국과 유럽에서 활동하는 한국인 건축가들에게
주기적으로 지면을 할애해 최신 흐름을 소개하는 데 주력했
다. 그들이 어떤 건물을 설계했는지보다 어디에 있는지가 더
긴요했다. 유럽과 미국(그리고 암묵적인 참조체로서 일본)과
한국 사이의 시차는 한국 건축의 주요 동력원이었다. 이 낙차
사이에서 참조와 인용은 은밀하게 감추거나 거꾸로 노골적
으로 드러내야 했다. 비단 건축가만의 문제가 아니었다. 비평
가 역시 눈앞에 놓인 건물을 해외 이론 및 유행, 건물 들과 능
숙하게 비교함으로써 자신의 밝은 눈을 뽐냈다. 외국을 향한
시선만 있었던 것은 물론 아니다. 조선시대와 전통 건축은 나
름의 발언권을 획득했다. 일본 식민지 시기에 왜곡된 근대화

에 대한 해독제, 지나친 서구 중심주의에 경도되는 것을 막기 위한 균형추가 필요했기 때문이다.

반면 좀처럼 전면에 드러나지 못한 것이 있다. 20세기 중반 이후 지어진 현대 건축물이다. 건축가들은 자신들의 작업에서 선배와 스승의 작업을 명시적인 참조점으로 삼는 일이 드물었다. 동시대 한국 비평가나 이론가의 글이 실천을 촉발하는 일도 거의 없었다. 요컨대 참조와 인용은 국경을 건너거나 시대를 거슬러 올라가야 했다.

한국의 현대성이 시야에 포착된 것은 비교적 최근의 일이다. 일련의 베니스 비엔날레 한국관 전시는—《방의 도시》(2004), 《한반도 오감도》(2014), 《용적률 게임》(2016), 《국가 아방가르드의 유령》(2018) 등—한국의 현대성이 갖고 있는 특징에 초점을 맞췄다. 각 전시의 큐레이터들이 이 특이성이 탈식민지적 맥락에서 점하는 위치를 얼마나 예민하게 인식했는지와는 별개로 말이다. 전시가 아니라 작업에 이런 시각을 담기에는 시간이 조금 더 필요했다. 복합성, 이질성, 버내큘러 같은 단어가 충분치 않아 보이는 한국 도시의 분열증적 상황 자체를 적극적인 참조의 대상으로 삼기 시작한 것은 더 최근의 일이다. 무질서를 부정하고 자신의 순수한 질서를 강조하기 위한 대척점으로 여기는 것이 아니라, 이 복잡함 자체가 새로운 접근의 원천이라는 생각이 등장한 것이다.

『미로 1: 참조와 인용』은 이 흐름을 점검하려 한다. 서로의 입장 차이는 있지만, 김광수, 서재원, 김효영, 임윤택, 이희준의 글은 이 맥락에서 읽을 수 있다. 단순화를 무릅쓴 이런 시선은 이들 건축가의 작업을 높이 평가하기 위해서가 아니다. 분명하게 감지되는 이 흐름과 태도를 수면 위에 올려 대화를 건네기 위함이다. (김광수가 명시적으로 말하듯) 이들은 매너리스트인가? 철 지난 벤추리식 포스트모더니스트인가? 긍정과 부정 모두 생산적인 말들을 불러낼 수 있을 것이다. 매너리스트라면 어떤 매너리스트인가? 왜 지금 한국에서 매너리즘적 태도가 불거지는 것일까? 더 파고들어 20세기 중후반 매너리즘에 대한 관심과는 무엇이 같고 다른가? 다소 성급하게 말하자면 이런 이론적 추궁은 벤추리, 벤추리와는 상당히 달랐던 콜린 로우, 이 두 사람과 완전히 다른 만프레도 타푸리의 글을 다시, 해체적으로 읽게 만들 동력이다. 이 세 사람의 텍스트 모두에서 매너리즘이 배경음으로 흐르기 때문이다. 콜린 로우의 「매너리즘과 현대 건축」의 번역을 함께 실은 연유다.

한편 정반대의 자리에서 유령처럼 출몰하는 이름이 있다. 스위스 건축가 발레리오 올지아티다. 그가 마르쿠스 브라이트슈미트와 함께 펴낸 『비참조적 건축』은 최근 한국 건축계, 특히 학생들 사이에서 상당한 인기를 끌고 있다. 오해와 억측이 생기기 쉬운 (자초하는 측면이 있는) 이 책은 참조와 인용에 대한 정반대의 목소리를 낸다. 그들의 테제는 올지아티의 이름을 차용해 한국 건축가들의 작업이 표절이라고 저격하는 익명의 인스타그램 계정에 의해 단순화되어 증폭 중이다. 『비참조적 건축』의 번역자이자 건축가인 강신의 서평은 올지아티에 대한 선해를 위한 토대를 제공한다. 유효한 비판 역시 선해 위에서 가능하다.

참조와 비참조 중 하나를 선택해야 한다고, 이 선택이 갈림길이라고 생각하는 것은 사태를 지나치게 단순화할 수 있다. 그 사이에 무수히 많은 사잇길이 존재한다. 이치훈, 김사라, 전재우의 글은 건축의 기율 안에서 참조체가 어떻게 작동하는지, 개인의 독자성 안에서 외부의 영향이 어떻게 자리해야 하는지를 묻는다. 지극히 개인적인 전략을 암시하는 이 글들을 범주화해서 각각 건축 내부와 외부의 길항 관계, 영향을 살해하려는 충동, 참조체 사이의 유영으로 읽을 수 있을 것이다. 여기에서 독자들은 미묘한 세대 차이를 직감할지 모른다.

최원준, 현명석, 배윤경의 글은 위에서 언급한 사태에 대한 중간 점검이다. 최원준이 최근의 흐름을 현대 건축의 추상과 구상, 아방가르드와 리얼리즘의 교차 속에 재배치해 독해하고자 한다면, 현명석은 분석철학이란 도구로 건축의 인용과 지시를 되짚어본다. 배윤경 역시 음악과 현대건축사를 경유하고 홈 파인(fluting) 파사드라는 사례를 통해 느슨하지만 또렷한 연결과 흐름을 탐지해낸다. 반면 송률과 크리스티안 슈바이처는 래디컬한 테제로 책 전체의 무게 중심을 이동시킨다. 두 사람은 올지아티의 결론에 강력히 반대하는 동시에 최근의 거의 모든 시도들이 원래의 의도와 무관한 절충주의의 늪에 빠져 있다고 진단한다. 그리고 이제 건축은 건물이 아니라고 단호히 주장한다.

『미로 1: 참조와 인용』은 비평보다 건축가의 글을 우선 배치했다. 건축가의 정교한 언어에 비평이 말을 걸 수 있기를 바랐다. 분명 비평가의 통찰로 새로운 의미의 지평을 열어젖혀야 한다. 그러나 이는 자주 있는 일이 아니다. 말들의 교차, 섞임, 갈등, 논박을 펼치기에 앞서 먼저 필요한 것은 더 많은 말들이었다. 이 작은 책에 실린 14편의 글이 더 많은 말들을 위한 불쏘시개가 되기를 바란다. 새로운 저널의 시작으로 이보다 더 멋진 일은 없을 것이다.

1980년대의 중후반에 대학 시절을 보냈기에, '참조와 인용'이
라는 관점에서 건축을 이야기하자니 가장 먼저 '책 아저씨'가
생각나는 것은 어찌할 수가 없다. 그리고 그 시절부터 나 자
신은 어떠한 시기를 지나 지금에 이르렀는가를 되돌아보게
된다.

당시는 책 아저씨가 학교에 가져오는 책들이 건축을 이
미지로 접할 수 있는 거의 유일한 수단이었다. 책을 파는 아
저씨가 대학에 방문하여 좌판을 깔고 서구 및 일본의 해적판
건축 서적들을 펼쳐 놓았을 때는, 인터넷도 없고 해외여행도
가기 힘든 그 시절에 미지의 외부 세계가 펼쳐지는 순간이었
다. 책 아저씨는 이야기꾼이기도 하였기에 요즘 세계 건축 경
향이 어떻다느니 어느 건축가가 주목받는다느니 하는 사설도
덧붙였다. 이 책 아저씨가 수업 시간보다 생생한 당대 건축의
참조지점이기도 하였던 것이다. 당시의 구미건축은 포스트
모더니즘 건축의 바람이 거세게 불던 시기였고 이러한 경향
은 한국에도 수입되었지만, 이내 한국 전통 건축을 권위주의
적으로 차용하는 이상한 형태로 변질되어 곧 그 담론 자체가
사라져 버리는 것을 목격하기도 했었다. 흥미롭게도 마이클
그레이브스나 아라타 이소자키 류의 서구 고전주의 건축언
어를 차용하며, 대중과 건축 역사의 이중코드라는 방법론으
로 접근하는 이미지들이 그 수입의 주류였고 매너리즘과 대
중문화에 천착하며 모더니즘을 비판하던 로버트 벤추리 책은
접할 수 없었고 논의도 되지 않는 실정이었다. 그러니 수입은
아주 피상적이거나 오역투성이었다고 할 수 있겠다. 모든 수
입 담론은, 그 담론의 문제의식을 공유하지 못한다면 의미가
없으며, 당대 한국의 현실을 직시하고 그 현실과 잘 대조하여

풀어내지 못한다면 이 역시 의미가 없다. 나아가 진창에 빠져 버리게 되어 결국 후폭풍을 맞이한다는 것을 차후 알게 되었다. 어쨌거나 책 아저씨를 통해 전달되었던 건축에 대한 그 미지의 감각은 대학 졸업 후 결국 외지로 향하는 유학길에 오르게 하기도 하였으니 그 역할은 대단했던 것이다.

　　포스트모더니즘 건축이 성행한 이후 80년대 후반부터 90년대 중반까지는 해체주의 건축 경향이 돌풍을 일으켰다. 유학 1세대가 여기에 많은 역할을 했었고, 특히 건축교육이 지지부진하던 시기에 새롭게 등장한 경기대학교 건축전문대학원은 그 담론의 뜨거운 장이기도 했다. 하지만 이 역시 생산적, 실천적 논의 과정을 통과하지 못하고 사라졌다. 같은 시기 건축 대안학교인 서울건축학교도 등장하였는데, 모더니즘의 한국적 수용을 중요하게 생각했던 4.3그룹 건축가 중의 일부가 그 주축이었다. 담론을 건축에서 도시로까지 확장하며 전국의 지방 도시들을 순회하는 지역 워크숍을 장기간 가지기도 했었다. 이 워크숍은 도시와 건축의 열띤 토론의 장이었다. 여기서 모더니즘의 한국적 수용이라 함은 땅을 존중하는 조선시대의 건축과 문인화의 전통을, 모더니즘의 공간론 및 구축 방식의 관점으로 재해석하는 방법이 주류를 이루는 것이었다. 이는 한국 모더니즘 회화의 대표 장르라고 불리는 단색화(70년대 초의 한국 모노크롬)가 선취한 태도이기도 한데, 이 화풍은 사실 당시의 한국적 현실에 비하자면 시대정신 없는 모더니즘이라고 불릴 수 있을 것이고, 이후 오히려 리얼리즘 민중미술이라는 후폭풍을 크게 불러오는 계기가 되기도 했던 것으로 기억한다. 하지만 건축계는 이러한 반작용이 없었는데, 이는 90년대 말부터 건축교육 5년제의 시행과 함께 많은 건축가들이 대학의 교수진으로 들어가게 되면서 이러한 주장과 비판 모두가 자취를 감추고 자생적인 담론의 장이 사라지고 말았기 때문일 것이다. 이 시점 이후 건축의 사회성과 그 미래라는 모더니즘의 주요 담론 기반이 없는 상태에서 마치 건축이 자율성을 획득한 것처럼 보이는 이상한 구도가 형성되어 버린 것 같았다.

　　돌이켜 보면 90년대는 건축뿐만 아니라 모든 분야에서 각종 문화, 사회 담론들이 마구 수입되고 번역 혹은 오역되어

나가며 폭발적으로 한국 사회에 등장하던 시대였다. 포스트 모던, 포스트민중, 탈식민, 페미니즘, 해체주의, 노마디즘, 생태주의, 현상학, 정체성 이론, 카오스 이론, 일상성 담론, 미시 권력론 등등. 이렇게 모든 것은 급속하게 들어와 또 급속하게 사라져 버렸다. 하지만 흥미롭게도 이 담론 시대의 몇몇 실오 라기들을 지금의 시점과 접붙이기해 보려는 모습들도 여전 히 존재하긴 하는데, 필자 또한 그런 사람 중의 한 사람이라 는 생각을 한다.

한편 90년대 후반쯤, 대중문화가 비로소 사회 전역으로 확장되어 일상의 지배적 문화 및 매체로 등장하기 시작하였고, 이에 따른 대중문화 이론들도 등장하였었지만 대부분의 사회 담론들은 이와 반비례하게 무색해지고 무기력해지기 시작했다. 그러던 어느 날 신지식인론이 등장하여 코미디언 이자 영화감독 심형래가 신지식인 1호로 국가에서 선발되기 도 하는 등 담론 풍토가 더욱 급변하다가 사회 담론은 지식인 의 관심에서조차 사라졌다고 볼 수 있을 것이다. 이로부터 지 금에 이르러 지식인은 교양주의 전파자이거나 지식 관련 직 장인이거나 하는 정도가 된 것으로 보인다. 이것은 대중문화 를 평가절하하거나 지식인의 지위 쇠락을 안타까워 하는 이 야기가 아니다. 대학을 중심으로 하는 여타 지식인의 존립 기 반이 사라져 버렸음에도 기존의 형식과 기득권을 고수하며 드러나게 되는 허깨비 같은 상황을 말하려는 것이고, 오히려 이 허깨비 같은 상황을 많은 이가 인지하게 되면 이를 계기 로 소소하더라도 소중한 담론의 장이 생길 수도 있지 않을까 하는 희망 섞인 마음에서 하는 이야기다. 그리고 오늘날의 대 중문화 또한 그 한계를 드러내고 있기 때문이기도 하다. 이를 테면, 영화 〈건축학개론〉이 상영된 지 10년이 넘는 지금까지 도 대중문화가 90년대를 계속 우려먹고 있는 것이 그 한계를 드러낸다. 이는 대중문화가 더 이상 미래의 준거를 찾기 힘든 실정이 있기 때문일 것이다. 그리하여 자꾸만 그 상상의 원 년으로 회귀하고자 하는 반복강박 같은 모습을 보여준다. 혹 은 90년대 이전의 폭력적 정치권력과 정치투쟁의 시대까지 는 애써 소급하지 않으려는 멸균된 과거 미화의 향수 때문일 지도 모른다. 그러나 이 현상이 대중문화가 기획사에 의해 완연한 소비 상품이 되기보다는 어느 정도 창작자로부터 발원하는 그 감성을 공유하던 그 시기에 대한 갈증 때문일지도 모르겠다는 측면에서 무엇보다 척 클로스터만이 이야기했듯이 90년대가 "인간이 기술을 지배할 수 있었던 마지막 시기"였기 때문이라는 말이 내게는 가장 와닿는다.*

한편 80년대 중후반부터 90년대 중반까지 세계 건축계에서는 해체주의나 정신분석학적 기조의 대도시 담론들이 활발하게 전개되었었는데, 러시아 구축주의 건축에 대한 환기와 함께 렘 콜하스의 혼잡이론이나 『정신착란증의 뉴욕』, 베르나르 추미의 이벤트 시티 등이 그것들이었고, 로버트 벤추리의 매너리즘과 대중문화에 대한 저작들도 여전히 거론되며 대중이론과 욕망이론이 만개하던 시기였다 하지만, 한국 사회에서는 오히려 건축계보다는 예술창작 집단들이 대도시 문제의식이나 정신분석학적 화두로 현장 중심의 작업들을 하는 실정이었다. 건축계에서는 한국의 도시 현실을 군중성이나 대중문화 혹은 정신분석학적 욕망이론으로 보기보다는 상당 부분 윤리적으로 판단하며 가치 절하하는 경우가 많았고 욕망론보다는 도시의 품격이나 풍경론, 건축의 현상학이나 시학으로 접근하는 경향이 많았다. 사실 아직도 벤추리의 논의뿐만 아니라 정신분석학적 논의는 한국의 현실과 대조되며 논의가 되고 있지는 못하는 것으로 보인다. 필자는 지금의 현실에서 되돌아볼 때 이 지점이 무척 아쉬운 부분이라고 생각하는데, 이는 사실 한국 사회에 너무나도 깊게 뿌리내린 도덕주의와 진정성 담론이 한몫했다는 생각을 한다. 따라서 시대는 새로운 인식을 필요로 함에도 불구하고 현실을 외면하게 되는 지체 현상을 많이 겪을 수밖에 없었다. 우리는 한국식 도덕의 계보학을 다시 써야 할지도 모르겠다. 여하튼 90년대는 앞서 말했듯이 한국에서 건축과 도시에 대한 자발적 논의들이 무척 왕성한 시기였고, 이 시기는 1998년 IMF 경제위기와 함께 차츰 막을 내린다.

그리고 2002년에 등장한 모 신용카드회사의 '부자 되세

---

* 척 클로스터만, 『90년대 깊고도 가벼웠던 10년간의 질주』
〔원워드, 2023〕

요'라는 광고 카피가 인사말처럼 쓰이던 시기와 함께 건축은
금융과 아주 밀접해졌으며 해외건축가들이 적극적으로 한
국에 유입되기 시작했다. 특히 해체주의 건축가들이라 불리
던 진보적 건축가들이 시그니처 아키텍트가 되어 한국 거대
기업들의 건축물들을 설계하러 들어오기 시작했으며 비판적
지역주의 선상의 건축가들도 자기 지역을 떠나 한국에 상륙
하기도 했다. 2010년대부터는 이들이 공공건축도 맡기 시작
했다. 먼 훗날 이러한 건축 경향을 해체주의나 지역주의 보다
는 역설적이게도 글로컬 상징 자본 신자유주의 양식이라고
부르지 않을까. 한편, 건축의 금융화는 '조물주 위에 건물주'
라는 유행어의 등장까지 나아가게 된다.

2010년대는, 사회적으로는 '88만원세대', '피로사회', '분
노사회', '82년생 김지영' 그리고 '수저계급론' 등 사회 및 세대
규정 담론들이 한참 등장하던 시기였다. 근대가 전제하는 미
래의 시간성이 서서히 닫혀가며 대중문화에서 〈써니〉나 〈건
축학개론〉 같은 복고의 감성들이 꾸준히 등장하기 시작했고,
2010년대 후반부터 건축에서는 도시재생 논의가 활발하게
전개되기 시작함과 함께 양날의 검이라 할 수 있는 지역성 논
의가 90년대의 비판적 지역주의와 함께 다시 등장하곤 했다.
〔여기서 양날의 검이라 한 까닭은 비판적 지역주의에서 비판
성이 소거되고 남게 되는 보수 정체성의 강화 혹은 지역 토착
주의로의 변질 가능성에 대한 우려였는데, 이는 이미 진행 중
인 것으로 보인다.〕 그리고 역사는 기억이나 추억으로 대체되
어 갔으며, 이 기억 담론은 앞으로 나아갈 수 있는 공통 담론
을 산출하지 못하였고, 많은 경우 도시와 건축을 애매모호한
낭만과 향수로 미화하기 시작하였는데, 이는 힐링이라는 키
워드와 함께 잃어버린 시간을 찾아서 떠나는 도시-건축의 여
행상품으로 확장되기까지 했다.

이제 근년의 이야기를 해보자. 2019년의 코비드19에 의해 닫
혀가는 근대의 시간성은 공간의 폐쇄까지를 강요하며 역설
적으로는 초연결사회와 그로 인한 투명성의 감각을 급속히
심화시켰다. 이때 외부가 진정 닫혀버리게 되었고 이에 따라
미지의 감각도 사라지게 되었다는 생각을 하지 않을 수 없다.

모든 것을 빨아들이고 모든 것을 인식 가능한 내부로 흡수하며 사회의 안정화와 동일화를 꾀하던 근대는, 인본주의적 자기 참조의 세계라는 폐쇄회로에 갇혀 가장 불안정한 존재가된 것이 아닐까. 코비드19가 지나간 이후의 세계는 그 이전과는 달랐다. 집 밖을 돌아다녀도 혹은 해외를 나가보아도 외부라기보다는 내부에서 맴도는 감각 혹은 무감각이 지배하는 것 같았다. 그리고 시간적으로나 공간적으로 자기 인식의 준거가 사라져가는 느낌이 들었으며, 내내 문화는 번창하는 듯하지만 그 문화를 생산하는 사회는 맥없이 소실되어가는 것으로 보였다. 그렇다면 이 많은 문화는 도대체 어디에서 어떻게 생산되는 것일까? 아마도 문화는 이제 사회가 그 자신을 드러내는 방식으로 존재하기보다는 사회 없음을 은폐하는 방식으로 기술의 영역에서 기술적으로 존재한다고 할 수 있을 것이다. 그리하여 자세히 들여다보면 이 문화는 그 지반이 없는 사상누각과 같은 헛것으로 드러난다. 문화의 번창도 헛바퀴 도는 쇠퇴의 징후로 느껴지고 모든 것이 재탕의 재탕 같다. 창작자라는 칭호는 이제 더 이상 있는 그대로 불리기 어렵고 창작기술자(?) 같은 신조어로 호칭되는 것이 적합해 보였다. 문화영역의 종사자 역시 문화기술자로 불리는 것이 적합해 보였다. 꼭 해야 하는 욕동과 필요성이 있어서 무엇을 하기보다는 그저 해야 하는 상황에 처하다 보니 그렇게 할 수밖에 없는 모든 비주체적 기술적 관계상황의 결과물들과 그것들의 누적. 그리고 만인에 의한 만인의 투쟁 같은 제로섬 게임과 무한경쟁 속에서의 생존.

오늘날 우리가 실제로 목격하는 것은
전례 없는 재자연화라는 반대과정이다
— 슬라보예 지젝

사회라는 공적 유대와 결속의 영역이 사라지게 되면서, 믿어 왔던 준거나 지반이 무너지고 있으며 인간에게는 생존만이 중요해지는 자연화가 진행중이다. 나날이 발달하는 지리정보 시스템과 이에 따른 관리 체계들에 의해서 자연환경도 인공환경과 별 다를 바 없는 감각으로 다가오고, 인공환경 또한 자연환경처럼 다가온다. 다시 말해서 더 이상 외부는 없고 내부에 갇힌 느낌이 들지만, 이 내부는 안정감을 주기는커녕 구멍이 숭숭 뚫린 듯 찬바람이 들이치고 당장에라도 지반이 무너질 것 같은 불안감이 횡횡한다. 어느 순간 그 외부는 재난의 형태로 귀환하여 불현듯 실재하게 되기도 한다. 이미 2010년부터 신뢰 상실과 진실 소멸의 시대라 칭하며 파국론은 등장하기도 했다. 혹은 이미 망했다는 감각. 즉 기멸감(旣滅感)이라 할 만한 것들이 시대의 분위기를 감싸고 있다. 어떤 이들은 '나쁜 새로운 날들'의 시작이라고 경종을 울리며 지금의 시대가 전간기라 불리는 1차 세계대전과 2차 세계대전 사이의 시기와 유사하며 허무주의 파시즘의 전조를 느낀다고도 한다. 리미널 스페이스가 회자되는 것 역시 기멸감의 일종일 것이다. 오직 내부 공간만 존재하는 리미널 스페이스는 사회 없음과 인간 없음의 공간이자 자기 참조로만 이루어진 인공환경의 기이하고 으스스한 미로며, 자유를 추구하기보다는 출구 없는 미로에서 탈출만을 꿈꾸는 그런 공간이다. 그렇다. 이제 많은 이들이 자유보다는 탈출을 꿈꾼다. 흔히 회자되는 '경제적 자유'라는 것도 자유 추구라기보다는 탈출 욕망이지 않은가. 유행어 '탈건'(건축탈출)도 그런 것의 일종일까?

인본주의 자기 참조는 결국 사회 없는 인공환경과 디지털 가상환경이라는 폐쇄회로를 창출하여 세계의 허상성과 실재감 그리고 실존감의 결여를 드러내게 되었다.

1. 건축의 원시성이나 고대성으로 돌아가고자 하는, 오늘날 많이 보이는 의고주의(archaism)와, 형상보다는 질료, 추상보다는 텍토닉과 구체(具體)에 매진하는 공예적 태도 또한 이러한 실정에서 디자인의 준거를 찾고 물성을 통해 실재감을 회복해 보려는 시도들일 것이다. 하지만 건축의 생산과 SNS 등을 통한 유통은 자본주의의 추상화와 동일성 속으로 쉽게 흡수된다. 예의 그 질료와 구체는 이 추상화와 동일성을 은폐함으로써 자본주의 체제 내에서 원활히 소비된다. 이제는 상업 공간에서 더욱 물성과 텍토닉에 천착하는 모습들이 확산되고 있다. 그러나 상업 공간일수록 경험의 진실성이나 외부성(새로움)은 이내 사라지기 마련이기에 상업 공간은 결

코 그것의 지속성을 전제하지는 않는다. 이곳은 이미 시작부터 리뉴얼이나 폐기를 전제한다. 어떤 이는 이러한 실재감 전략을 자본주의 리얼리즘이라고도 하며, 어떤 이는 그래서 '진짜보다 가짜가 더욱 진짜 같다'라고도 하고, 또 어떤 이는 애초에 이것이 형상이니 질료니 하는 문제가 아니라 네트워크 사회의 존립 기반 즉 포맷(format)의 문제라고도 한다.

2. 그렇다고 근대식 기술주의 유토피아를 추구하는, 필자가 한국식 신자유주의 양식이라고 칭하는 한때 만연했고 잠시 미래를 희망하며 판단을 유보해 보기도 했던 그 태도를 반복하는 것도 이미 오래전에 신뢰를 상실하여, 더 이상 속기 싫은 마음과 믿지 않는 마음을 가중시키고 있다. 이제 이 태도는 기술 니힐리즘이라고 칭해지기도 한다.

3. 모더니즘 건축 스타일은 어떠할까? 2010년경부터 복고적 미드센추리 가구에 대한 취향이 유행하다가 미니멀 취향이 더해지며 언젠가부터 건축으로 광범위하게 확산되기 시작했던 이 스타일은, 아직도 한국적 모노크롬을 반복하는 듯하다. 모더니즘의 생명이 시대정신(Zeitgeist)이라고 한다면, 그 시대정신을 상실한 지금, 이는 내용 없는 형식으로 떠돈다. 우리는 근대식 건축교육에서 내용 없는 형식은 장식이라고 배웠다. 이 배움이 정녕 사실인지 많은 의문이 들기도 하지만, 시대정신이 없는 모더니즘 스타일은 또 다른 향수이자 경우에 따라 기만이라는 생각까지 들 때가 있다.

4. 장소론과 경험공간론은? 한국 건축뿐만 아니라 세계 건축의 모더니즘은 블랙홀과 같이 과거의 모든 건축을 '공간론'으로 수렴시켰지만, 차후 알게 모르게 장소론으로 선회했다. 하지만 오늘날의 장소론이 땅의 정령(genius-loci)을 불러오는지는 의문이다. 마치 시대정신 없는 모더니즘이 정령 없는 장소론과 한 쌍을 이루는 듯하다. 공간경험론 역시 진정 그것이 타자를 만나는 경험인 것인지 혹은 너무 리얼해진 테마파크를 체험하는 것인지 알 수가 없는 실정에서 발터 벤야민이 이야기한 경험의 빈곤화는 가속화되고 있다. 그리고 그럴듯

한 장소도 순식간에 증식하는 이미지의 범람으로 이내 탕진
되어 버리는 실정 또한 있으니 장소론이니 공간론이니 할 것
없이 이 역시 네트워크 사회 포맷의 문제라고 할 수 있겠다.
사실 시간과 그 시간을 공유하는 공동체의 활동과 그 세계상
이 누적되지 않는, 즉 코스몰로지 없는 장소는 비장소에 가깝
기에 차라리 리미널 스페이스나 평가절하되었던 정크 스페
이스와 같은 초현실적 비장소가 더욱 잠재성 영역으로 다가
오기도 한다. 종종 유구한 코스몰로지를 역사주의 이념이 대
체해 버려 근본 없는 오늘에 이르게 되었다고도 하지만, 이
코스몰로지가 장소론으로 다시 회복될 수 있을지는 상당한
의문이 들기 때문이다.

미래 시간성의 상실과 공간의 유한성은 근대의 특징인 공간
의 시간화를 멈춘 것이 아니라 더욱 촉진하는 형국이다. 미래
로 가던 공간의 시간화가 이제는 과거로 향하며, 공간을 리
얼한 시간성으로 의사-실재화 하니 이는 테마파크 조성과 비
슷하게 진행되어간다는 것이 특징적이다. 이제 외부는 미래
로 향하는 곳에 있는 것이 아니라 오래된 미래처럼 과거로 향
하는 곳에 있는 듯한데, 사실 테마파크의 주요 특징처럼 결
국 시간과 공간을 폐쇄한다. 근대가 지향했던 전면적인 내부
화가 일어남과 동시에 역사적 시간성은 사라지고 더 이상 근
대라고 부를 수 없는 어떤 장이 등장하는데, 역사가들은 이를
현재주의(presentism)라고 칭한다. 미래도 없고 과거도 없
는 오직 현재만이 존재하는 시간. 알렉산드르 코제브가 이야
기하였고 아즈마 히로키가 발전시킨 동물화의 시간.

밖에 있는 게 아니라 옆(off)으로 비껴나 있기를,
무대 뒤편(off-stage)에 음정이 안 맞게(off-key) 있거나
엇박자(off-beat)로, 그리고 가끔은
저속한(off-colour) 모습으로 있기를….
— 스베틀라나 보임

스베틀라나 보임이 모던의 안과 밖을 떠나 오프-모던을 주장
하는 이유도 앞서 열거한 만만치 않은 곤경 때문일 것이다.

선택지가 별로 없어 보인다. 필자 또한 갈팡질팡 하긴 매
한가지인데, 돌이켜보면 우리는 근대라는 인본주의적 자기
참조의 시대로부터 포스트모던의 역사 참조와 일상 참조의
시대를 거쳤었고, 인스타그램과 핀터레스트라는 이미지 과잉
의 시대에 이르러서는 근본 없는 무한참조 혹은 비참조의 시
대로 진입한 것이 사실인 것 같기는 하다. 젊은 세대들에게
역사적 전거는 더 이상 시대 배경과 함께 시간순으로 읽히지
않고 그것들은 그저 오늘날의 건축 이미지들과 동등한 선상
에서 무작위로 나열되어 읽힌다. 이 현상은 계몽으로 개선될
성격의 것이 아니다. 게다가 AI 이미지들은 진실 소멸을 가
중시키며 건축의 실재성을 무력화하고 건축의 영역과 건축
이미지 영역의 우선순위와 그 가치를 전도시킨다. 이에 따라
실재 건축을 경험하려는 욕망은 더욱 커질 것이지만 이 경험
이 실재(외부성)라는 진실성의 성격으로 이루어질지는 의문
이다. 이 실재 건축은 역사와 장소와 문화적 맥락의 선상에서
존재하기보다는 타임라인의 시간성과 함께 매 사건이 휘발
되어 버리기에 과거도 미래도 없다. 즉 준거(reference)가
없어진다.

이러한 실정에서 비참조건축이라는 주장은, 문화 참조에
의한 정보과잉의 반작용, 윤리, 도덕주의에 대한 염증, 역사주
의 비판이론의 무력함에 대한 기나긴 목도로부터 나왔다. 그
리고 실재감의 상실에 따른 경험 욕망의 갈증으로부터 나온
것이기도 하기에 일견 호소력이 있다. 그리고 이에 더해 이미
지 과잉 시대의 무한참조가 결과하는 근본 없음과 포스트모
더니즘 문화상대주의에 대한 피로감이 한몫하여 더욱 그러
하다. 그런데 모든 문화 정보를 계보학적으로 파괴시켜보겠
다는 비참조건축 주창자의 태도는 니체의 태도를 닮고자 하
며 그를 인용하기까지 하면서도(비참조건축의 저자는 니체
의 신은 죽었다 따라서 우리는 자유롭다 대신에, 이념은 죽었
다 고로 우리는 자유롭다고 이야기한다), 이상하게 순수주의
태도 혹은 건축 순혈주의 태도와 더욱 가까워 보인다. 사실,
'장식은 범죄다'라거나 '덜한 것이 더 한 것이다'라는 근대 건
축의 자기참조적 순수주의 모토를, 지나온 역사와 문화 전반
으로 적용하며 문화정보를 소거해가다보면, 이 태도들이 비

참조건축이 주창하는 그 태도와 무척 가까워짐을 알 수 있다. 주창자는 모든 역사와 문화정보를 소거하고 인간의 초심 혹은 인류의 초심으로 돌아가 건축을 사유해 보자고 하고 있으니 문명 및 문화 고도화의 시대에 그 반작용으로 등장한 의고주의와도 근본 욕망이 유사하다. 그런데 순수주의의 가까운 원조는 퓨리즘(Purism)으로서 이 태도는 앞서 언급한 1, 2차 세계대전 사이의 전간기 시대에 등장했다는 점을 상기해보면 그 정서가 우려스럽다는 생각을 하게 된다. 그리고 그 주창자는 이념이 죽어서 오히려 자유로워졌다고 하는데 우리는 왜 자유는커녕 생존과 탈출에 목매고 있을까?

비참조건축이 앞서 말한 사회 자체의 소실과 헛바퀴 도는 문화 과잉의 염증으로부터 나왔음은 분명하다. 이 문제의식에는 동감한다. 과거 봉건사회가 붕괴하며 신뢰의 지반을 상실하고 문화와 인공환경이 지배하기 시작하던 시대의 초창기, 문화와 학문은 인류의 덕에 기여한 바 없다고 말하며 인류의 초심인 자연으로 돌아가자고 한 루소의 심정이나 원시 오두막을 주창했던 로지에의 심정도 이와 비슷했을 것도 같다. 하지만 『인간 불평등 기원론』을 쓰며 당시의 불합리와 불평등을 타파하고자 초심으로 돌아가고자 했던 루소와 비참조건축을 말하는 이의 태도는 크게 상반되어 보인다. 그 주창자는 지금의 세상이 그럭저럭 잘 돌아가고 있다고 한다. 하지만 누군가는 지금의 시대가 근대나 탈근대이기는커녕 테크노-봉건주의 시대라고 한다. 그리고 계급 없는 계급사회라고도 한다. 과거 봉건계급사회가 궁정 건축가의 건축과 건축가 없는 건축으로 나뉘어졌듯 오늘날의 세상도 이미 그러한 조짐이 보인다. 그리고 사회 양극화의 심각한 세태를 생각해보면, 지금 세상이 잘 돌아가고 있는 것이라고 이야기하는 비참조건축은 각자도생 시대의 각자도생 건축 철학이라 할 수도 있겠다. 지성주의에 반대하려는 의도인지는 모르겠으나 꽤나 거칠고 투박하게 쓰였으며, 제시하는 방법론의 독단적 성격과 확증편향의 정서를 보여주는 『비참조적 건축』이 이상하리만치 국내에서 인기를 끌고 있는 것도 이 문화 쇠퇴 현상과 이념에 대한 염증 그리고 각자도생의 건축 철학 때문일 것이다. 물론 이 부정적 현상은 세계적 추세이기도 하겠지만,

〈기생충〉이나 《오징어게임》과 같이 그러한 현상을 극단에서 자랑스럽게 전시하는 한국에서 비참조건축의 입장이 더 자극적으로 와 닿는 것으로 보인다.

해외의 담론이 밀려들어 오며 현학적인 풍토가 지배하던 시절이 한때 있었다. 앞서 말한 1990년대가 그런 시기이기도 했다. 지반을 다지고 나아가거나 한국적 현실에 천착하기보다는 담론과 스타일을 수입하기에 바빴고 이내 폐기처분하기에도 바빴다. 그리고 담론은 사회의 실종과 함께 사라지게 되었으며, 문제 제기보다는 문제 풀기에 급급한 채 실무에만 몰입하는 풍토가 지배적이 되었던 것이 꽤 오래된 저간의 사정이다. 게다가 학계 담론은 근대식 논리실증주의와 통계, 형식주의 귀납 체계를 강하게 고집하는 참조와 인용의 인식론적 무덤이 된 지도 너무 오래다. 저자의 고유성이 소거되고 하나의 문체로 서술되는 논문체(?)는 동일성을 반복하는 환원주의와 다름 아니기에 차이의 동력을 생산하지 못할 뿐만 아니라 현실적 구체성의 계기를 마련하지도 못한다. 헛바퀴 도는 문화만큼이나 이것들도 대거 논문을 위한 논문이다.

선택지가 많지 않지만 무엇을 할 수 있을까? 섣부른 미래를 제시하기보다는 곤경을 곤경으로서 받아들이고, 불안을 불안으로 받아들이며, 과거를 되돌아보는 근본 질문들을 해 나아갈 필요가 있다. 물론 인류의 초심 혹은 건축의 초심으로 돌아가 생각해 보는 노력도 필요하지만, 그 사이에 일어난 일들을 뛰어넘고 백지화하고 상상의 기원으로 돌아가자는 태도는 곤경을 곤경으로 받아들이는 태도는 아닐 것이다. 이러한 건너뜀이나 순혈주의적 자기합리화는 마치 백지화(tabula rasa)의 근대를 반복하는 듯하다. 전간기가 맞이했던 악몽을 되풀이할 수도 있다는 생각마저 든다. 만일 모든 것이 망했다면 나는 망하더라도 잘 망하고 싶다.

실무에 밀착하지 못했던 그리고 좋은 번역보다는 오역이 많았던 현학적 이론의 시기와, 이론의 축적 없이 각자의 실무에만 매몰되어버린 채 공통의 준거와 지반이 사라진 지금의 이 시기. 이제 이 양극단을 경험한 우리는, 이론과 실무의 착종을 필요로 한다. 예를 들면 합리주의를 경험주의로 비판하고 경험주의를 합리주의로 비판하는 식의 트랜스크리틱이나 관점주의와 같은 시차적(視差的) 관점을 필요로 한다. 양자의 고착된 관점을 무장해제 시킬 필요가 있다. 식민-탈식민도 이러한 시차적 관점을 필요로 하며 그 시각차의 한 축은 한국의 과거와 현실이 되어야 할 필요가 있다. 이는 한국의 정체성을 정의하거나 강화하자는 이야기가 아니라 그 정체성에 의문부호를 붙여가는 이방인의 시각 혹은 소수자의 시각으로서 한국의 과거와 현실로부터 발원하는 문제 제기가 그 한 축이 되어야 한다는 것이다. 따라서 건축가가 이론가가 될 필요는 없더라도 최소한 과거의 전거 및 이론과 함께하며 트랜스크리틱을 할 수 있어야 한다. 이론가는 이론가이기만 할 것이 아니라 활동가가 되어 그가 서 있는 현실을 경험하고 그로부터 시차적 관점을 얻어야 한다. 나아가 문자문화 못지않게 구술문화에 적응하는 활동가가 되어야 한다고 믿는다. 유럽을 지방화하자는 구호까지 들리는 상황에서 이러한 관점을 통해 한국은 더 이상 세계의 변방이나 외부가 아니라 오래 전 이미 내부에 깊숙이 위치해 있었음을 실감하고 그 과정을 추론할 필요가 있다. 그리고 이 내부화의 시기에서 소거된 것들 혹은 마치 있는데도 불구하고 없는 것 취급했던 그런 것들을 다시 살펴보는 것과 함께 지금 서 있는 자리도 되돌아볼 필요를 느낀다. 투박했던 번역과 그 오역의 시대를 한참 거친 지금의 한국 사회와 그 지성계 또한 이제 충분히 성숙했으며, 과거의 시기 속에서 발견되는 분투의 흔적과 보석 같은 고민들이 우리의 뒤가 아니라 우리의 앞에 놓여있다고 생각한다. 그리고 이러한 과정에서 긍정의 자양분과 현실적 지반을 쌓아가야 이에 따른 보편적 미래의 개진도 혹은 그 미래의 예기치 않은 도래도 가능할 수 있을 것이다.

　　이런 논의의 선상에서, 오래전부터 매너리스트의 마음이 생기지 않을 수가 없었다. 로마의 약탈(1527) 이후 가톨릭의 권력과 세계상이 붕괴되고 르네상스가 마침표를 찍은 그다음의 예술가나 건축가들은 무엇을 할 수 있었을까를 생각하며.

그들은 (…) 르네상스 시대의 균형과 조화에 대한 열망을
포기하고, 대신 무너지고 있는 세계에 직면하여 불확실성과
불안이 지배하는 현실을 강조함으로써 반응했다. (…) 그들은

스타일에 전념하지 않으며, 모두 같은 언어를 사용하거나 다가올 형상적 세계를 예상하려고 시도하지도 않는다. 그들은 단순히 건축으로 알려지게 된 것에 축적된 지식을 활용한다. (…) 그것은 그들 모두가 과거에 건축이 어떻게 진화해왔는지에 대한 지식을 참조와 가이드로 사용한다는 사실이다. (…) 우리보다 먼저 온 사람들이 물려준 유산을 존중하며, 이것이 우리 자신과 우리가 걷는 땅과 평화롭게 사는 가장 좋은 방법이라는 것을 이해하는 것과 함께 유토피아를 리얼리즘으로 대체한다.

— 라파엘 모네오

하지만 매너리스트의 태도는 건축에만 국한된 것이 아니다. 이제는 건축 또한 계보학적 의문의 과정에서 그 자체가 해체되고 건축가 또한 사라질지 모른다. 아니 사라지기보다는 재편성되어 지금의 건축가와는 전혀 다른 모습이 되어있을 수도 있을 것이다. 예를 들면, 미술학자 조슬릿은, 이제 의미는 물질적 매체의 안, 밖, 옆, 앞에 있는 문제가 아니라 의미가 펼쳐질 수 있느냐 없느냐를 결정하는 포맷(권리들의 연결성좌)에 의해서 생성되기에 형상이나 질료 같은 물화를 떠나게 된다고 말하며 포맷 비평이 필요하다고 역설한다. 이 극단에서 건축은 물화 없이도 존재할 수 있을 테지만, 그럼에도 불구하고 우리가 그 어떤 자리에 서 있든 매너리스트의 태도와 마음을 갖게 되는 것은 어찌할 수가 없을 것이다.

이렇게 매너리스트임을 자인할 수밖에 없는 필자는 세계 그리고 한국이라는 내부에 불안정하게 거주하는 한 이방인의 마음으로, 아래에 그 나름의 태도와 지향하는 바를 열거해본다.

1. 매너리즘은 외부로의 탈출을 욕망하거나 선망하기보다는 과거와 오늘을 의심의 눈으로 재탐색하고 그 균열의 틈을 확보하며 재번역하여 이를 발판 삼아 새로운 지반을 얻고자 내부에 머무르는 것이지 내부에 미련이 있거나 내부를 고집하는 것은 아니다.

2. 매너리즘은 일종의 과거 그리고 지금에 대한 극복변형*이고, 초월이 아닌 내재성에 속한 포월(匍越)이다. 이는 소외보다는 모든 것을 내부화하기에 이른 오늘날 그 소내화(疏內化) 현상의 심각성을 인지하기에 더욱 그러하다.**

3. 매너리즘은 정합성의 사고도 아니며 인식론의 사고도 아니다. 세상을 종합하기보다는 세상이 부정합할 수밖에 없음을 인정하고 주장하는 어긋남의 존재론이며, 어긋남에서 세상의 생기를 되살려보려는 심폐소생술의 하나다.***

4. 매너리즘은 유토피아를 의심하고 리얼리즘을 선호하기에 이상과 현실이라는 겹눈의 시선으로 세상을 바라보며 시차적(視差的) 무한판단을 감행하는 진동의 정서다.

5. 매너리즘은 미지의 외부 혹은 타자를 만나는 상황에서 일

* 잔니 바티모는 『근대성의 종말』(경성대출판부, 2003)에서 다소 회고적 성격을 보여주는 하이데거의 극복변형 사유를 미래의 방향으로 전유해가며, 근대를 전복하려하기보다는 근대를 끌어안고 서서히 변형시켜갈 수밖에 없는 이 시대의 처지를 상세 기술하는데, 이 과정을 통해서 건축은 그 일체가 하나의 장식미술과 같은 성격을 거치게 될 것이라고 예견하기도 했다.

** 『초월에서 포월로』(솔출판사, 1994), 『소외에서 소내로』(개마고원, 2004) 등을 통해 김진석은 일찍이 해체와 포스트모던의 사유를 경유하고 이를 다시 비판했다. 그리고 한국의 전통과 일상 속에 내재한 사유의 언어를 재발견하며, 서구사상의 초월성과 동일성으로의 반복적 회귀와 그 악순환을 극복하고자 했다. 또한 근대사고의 핵심이라고 할 수 있는 '소외'라는 단어로 이루어지는 사실상의 내부화 현상을 직시하며, 문제는 소외가 아니라 내부가 심각하게 멍들어가고 있는 소내화 현상에 주목했다.

*** 『세속의 어긋남과 어긋냄의 인문학』(글항아리, 2011)에서 저자 김영민은 "이데올로기는 삶과 체계 사이의 불가피한 어긋남에 기생하면서도, 늘 그 일치를 선전하다"고 한다. 이진경은 재일교포 시인 김시종이 일본어로 시 쓰기를 고집하는 것은 탈출하기 보다는 일본이라는 내부에 머무르되 고집스럽게 재일이라는 외부성으로 존재하여 내부의 균열과 어긋남을 드러내는 것을 자기 정체성으로 삼는 떳떳한 존재론이라고 분석한다. 이진경, 『김시종_어긋남의 존재론』(비, 2019).

그러지거나 우스워질 수밖에 없는 주체의 표정이자 실패를 감수하는 주체화의 과정이기에, 완성보다는 미완성, 아이러니보다는 해학을 선호하고, 심지어 오류까지를 감수하며 때로는 그것을 환영하기도 한다.*

6. 매너리즘은 상상력보다는 파상력(破想力)을 보다 높은 가치로 위치시키기에 그러하다.**

7. 하지만 매너리즘의 그 파상력(破想力)은 능동성에서 기인하기보다는 내부에 머무르는 수동성을 동력으로 삼는다.

8. 따라서 매너리스트는 좀처럼 환영받지 못하고, 승전의 소식을 듣기보다는 종종 패전의 잔해 속에서 상념에 잠긴 멜랑콜리아와도 닮아 있다.

9. 매너리스트는 사실 구문론에 집착하기보다는 화용론의 살아있는 시간성을 선호하기에, 스타일에 집착하지 않고 맥락과 조건에 따른 대화와 변용을 중시하며 때로는 일순간 일그러질 수도 있는 변덕스러운 성격을 동반하기도 한다.

10. 매너리스트는 귀납적 환원론을 심히 의심하며, 시각차와 관점주의에 입각한 연역적 추론을 선호하기에 역사주의적이

---

* 히토 슈타이얼의 빈곤한 이미지(poor image)나 글리치 이미지(오류 이미지)가 오히려 발하게 되는 실재의 감각도 이러한 태도의 하나일 것이며, 오류가 창조의 계기이자 그 창조가 전통이 된다고도 한 지적의 언급도 이러한 의미일 것이다. / 김영민은 아이러니가 "지식인이 자신을 주체화할 때 어쩔 수 없이 취하게 되는 태도"라고 하였으며 들뢰즈는 이러한 악순환을 벗어나는 계기로서 아이러니 보다는 '해학'(humor)을 높게 평가했다. 해학은 한국의 유구한 범속성이자 전통 중의 하나인데, 유머라는 영어단어 보다는 훨씬 들뢰즈의 의도에 부합하거나 그것을 뛰어 넘는다고 생각한다.

** 『사회학적 파상력』(문학동네, 2016)에서 김홍중은 꿈 혹은 상상력마저 이데올로기에 포획된 지금의 시대에는 상상력 보다 파상력(破想力)이 더욱 절실하다고 논한다.

기보다는 계보학적이지만, 그 무엇보다 예덕(穢德)의 전통과
그 역사성을 존중하고 그러한 문체를 선호한다.*

11. 그렇기에 매너리스트는 판단보다는 판단 유예의 성향이
있으며, 지식인의 태도보다는 범속성과 그것의 리얼리즘을
존중하니 교양주의와는 거리가 멀다. 그러므로 문화사나 예
술사보다는 차라리 문명사, 인류사의 관점을 공유하지만, 공
리주의나 실용주의적 태도와도 일정한 거리를 둔다.

12. 그리하여 오늘날의 매너리스트는 얼리어댑터라기보다는
후발주자이거나 차라리 시대착오적인 사람이라 할 수도 있
으며 한편으로는 동시대의 탐지견이라 할 수도 있을 것이다.**

---

* 예덕(穢德)은 더러운 덕이라는 뜻. 연암 박지원(朴趾源)은
한문 소설『예덕선생전』의 주인공 엄행수(嚴行首)가 똥거름을
치우는 더러운 일을 하지만 본받을 만한 삶을 살아가는
인물임을 지칭하며 엄행수를 예덕선생이라 칭했다. 조선
정조는 박지원의 글 같은 것들이 패관소품(稗官小品)의
더러운 문체라고 비난하며 순정고문((醇正古文)을
모범으로 삼아야한다고하며 그러한 문체를 배척하는
문체반정(文體反正)을 일으켰었다; 김진석은 순수한 담론과
더러운 현실의 괴리 혹은 보이지 않는 그 둘의 착종에 대해서
이야기하며 한국 지식인들의 순수주의를 비판하고 더러운
주체들의 엉뚱하고 삐딱하고 우스운 행동들에서 심오함을
찾아보자고 한다. / 시인 김수영 또한 잘 알려져 있다시피
"전통은 아무리 더러운 전통이라도 좋다"라고 했는데 백낙청은
이를 "현실에 붙어 온몸으로 밀고 나아가는 정신"이라고
칭했다. 김진석,『더러운 철학』(개마고원, 2010).

** 에드워드 사이드는『말년의 양식』(마티, 2012)에서 여러
훌륭한 예술가들이 말년에 보여주는 종합하지 않으려는 혹은
종합 못하는 태도나 시대착오적 감수성이 빚어내는 도약에
관하여 이야기하며 이는 한 예술가의 차원이 아니라 한 시대의
쇠락기를 대하는 태도와도 함께한다고 한다. 아감벤 또한
『장치란 무엇인가』(난장, 2012)에서 동시대인이란 니체의
'반시대적 고찰'과 같이 그는 자신의 시대와 어울리지 않는
자이기에 시대착오성이 있으며 또한 그 시대와 일정한 거리를
두지만 그 시대에 바짝 붙어 과거의 시간에서 보지 못했던
것들과 지금 시대에서 잘 보이지 않는 것들을 탐지하는
탐지견과 같은 자라고도 했다.

가라타니 고진,『트랜스크리틱』(한길사, 2005)

김영찬 외,『1990년대의 증상들』(계명대학교출판부, 2017)

김홍중,『마음의 사회학』(문학동네, 2009)

데이브 히키,『보이지 않는 용』(마음산책, 2011)

데이비드 조슬릿,『예술 이후』(현실문화A, 2022)

개복 하투니안,『건축 텍토닉과 기술니힐리즘』(스페이스타임, 2008)

디페시 차크라바르티,『유럽을 지방화하기』(그린비, 2014)

마크 피셔,『기이한 것과 으스스한 것』(구픽, 2023)

마크 피셔,『자본주의 리얼리즘: 대안은 없는가』(리시올, 2018)

슬라보예 지젝,『시차적 관점』(마티, 2009)

문강형준,『파국의 지형학』(자음과모음, 2011)

아즈마 히로키,『동물화하는 포스트모던』(문학동네, 2007)

스베틀라나 보임,『오프 모던의 건축』(문학과지성사, 2023)

김영민,『탈식민성과 우리 인문학의 글쓰기』(민음사, 1996)

오구라 기조,『한국은 하나의 철학이다』(모시는사람들, 2017)

윤여일,『모든 현재의 시작, 1990년대』(돌베개, 2023)

이진경,『김시종, 어긋남의 존재론』(비, 2019)

정지돈,『스페이스 (논)픽션』(마티, 2022)

Francisco Gonzalez de Canales, *The Mannerist Mind* (Barcelona: Actar, 2023)

Hal Foster, *Bad New Days* (London: Verso, 2017)

Yanis Varoufakis, *Tecnofeudalism: What Killed Capitalism* (New York: Vintage, 2023)

Shy Morphing, 사진: 서재원, 2024

그 날 아버지는 일곱 시 기차를 타고 금촌으로 떠났고
여동생은 아홉 시에 학교로 갔다 그 날 어머니의 낡은
다리는 퉁퉁 부어올랐고 나는 신문사로 가서 하루종일
노닥거렸다 전방은 무사했고 세상은 완벽했다 없는 것이
없었다 그 날 역전에는 대낮부터 창녀들이 서성거렸고
몇 년 후에 창녀가 될 애들은 집 일을 도우거나 어린
동생을 돌보았다 그 날 아버지는 미수금 회수 관계로
사장과 다투었고 여동생은 애인과 함께 음악회에 갔다
그 날 퇴근길에 나는 부츠 신은 멋진 여자를 보았고
사람이 사람을 사랑하면 죽일 수도 있을 거라고 생각했다
그 날 태연한 나무들 위로 날아오르는 것은 다 새가
아니었다 나는 보았다 잔디밭 잡초 뽑는 여인들이 자기
삶까지 솎아내는 것을, 집 허무는 사내들이 자기 하늘까지
무너뜨리는 것을 나는 보았다 새점 치는 노인과 변통(便桶)의
다정함을 그 날 몇 건의 교통사고로 몇 사람이
죽었고 그 날 시내 술집과 여관은 여전히 붐볐지만
아무도 그 날의 신음을 듣지 못했다
모두 병들었는데 아무도 아프지 않았다
— 이성복, 「그 날」, 『뒹구는 돌은 언제 잠깨는가』 (문학과지성사, 1980), 63쪽

이 시가 발표된 지 40년도 더 지났지만, 요즘도 읽을 때마다
가슴이 아리고 답답하다. 어제오늘 우리의 나날들과 크게 다
른 것 같지도 않고 어찌보면 더 나빠진 것은 아닌가하는 생각
마저 든다. 그래도 그때는 희망이라도 있었지만, 지금은 과연
우리에게 그런 것이 남아 있나 싶다. 하루 멀다 들려오는 성
범죄 뉴스와 자살 소식 그리고 잊을 만하면 터지는 후진국형
대형사고들을 접하면 가슴깊은 심연에 바윗덩어리 같은 것이
내려앉은 듯하여 도무지 일상으로 돌아오기가 쉽지 않다. 이
제는 누구 탓도 할 수 없는 기성 세대로서 출산율, 청소년 자
살률, 노인 빈곤율 같은 숫자들까지 접하고 나면 몰려오는 허
무와 짓누르는 죄책감에 정신적으로 힘들다. 그래도 최대한
정신을 차리고 커피 한잔 마시러 카페에 앉아 있자면 옆에서
들려오는 엄마들의 수다 소리에 누구도 그렇게 아프거나 슬
퍼 보이는 것 같지 않아 보여 나만 제정신이면 모든 것이 정

상인 듯하다. 이성복의 시구처럼 모두 병들었는데 아프지 않은 건지 아니면 아파도 티를 낼 수 없는 건지 알기 어렵다.

세월호 사고 당시 외신이 보도했던 대로, 자본주의의 성공과 부작용의 양극단을 동시에 겪고 있는 우리는 물이 차오르는 객실에서 구조를 기다리고 있던 아이들처럼 이러지도 저러지도 못하는, '가만히 있을 수밖에 없는' 이중구속*에 갇힌 것이나 다름없어 보인다. 이는 혈연, 학연, 지연 등 무엇보다 관계를 중시하는 사회에서 극한의 경쟁을 해야 하는 모순된 상황이 만든 딜레마로**, 마치 시험을 망치고 집에 들어온 아이가 화가 난 얼굴로 나가서 놀아도 된다고 하는 엄마 앞에서 겪는 무력감과 비슷하다. 그런데 이러한 상황은 일상의 도처에 만연하다. 개인의 삶이 중요하다고 말하면서 회식에 빠지면 눈치를 주는 직장 상사, 마음껏 질문을 하라고 하면서 은근히 질문을 회피하는 교수, 언론 자유를 보장하는 척하면서 댓글을 통제하는 정부 등 우리 삶의 거의 대부분이 크고 작은 이중, 삼중, 또는 그 이상의 구속에 처해 있다. 문제는 이러한 상황에서 어떠한 선택을 해도 실패할 수밖에 없다는 것에 있는데, 이는 국가, 사회, 직장, 학교, 부모가 결정해야 할 일을 개인에게 전가하여 은연중에 책임을 떠넘기는 근본적 구조 때문에 그렇다. 하지만 그러한 것을 개인이 눈치채기란 쉽지 않아 실패의 원인을 스스로에게 탓한다. 투명사회***로 가장한 자본주의는 그 사실을 교묘히 숨긴 채 스스로의 착취를

---

* 이중구속(double bind) 이론은 1950년대 문화인류학자 그레고리 베이트슨이 정신분열증(조현병)을 연구하며 처음 제시한 이론이다. 둘 이상의 모순된 메시지를 동시에 전달함으로써 상대가 처하게 되는 의사소통의 딜레마를 말한다.

** 극한의 경쟁에서 이기기 위해서 남한테는 엄격한 잣대를 들이대고 본인은 적당히 봐주는 것이 일반적 심리다. 일본의 철학자 오구라 기조는 『한국은 하나의 철학이다』(모시는사람들, 2017)에서 "한국은 '도덕 지향성 국가'이다. 한국은 확실히 도덕지향적인 나라지만, 그렇다고 해서 "한국인이 언제나 모두 도덕적으로 살고 있음"을 의미하는 것은 아니다. '도덕 지향적'과 '도덕적'은 다른 것이다"라고 했다.

*** 재독 철학자 한병철은 『투명사회』(문학과지성사, 2014)에서 '투명사회'를 서로를 신뢰할 수 있는 사회가 아니라 만인이 만인을 감시하는, 새로운 통제사회로 규정하고 있다.

더욱 종용하고 지칠 때쯤 되면 '소확행'을 던져주며 탈주(출)의 목전에서 스스로 포기하게 한다. 더구나 앙리 르페브르의 말처럼 혁명 다음날 다가올 일상의 비루함과 권태를 이미 여러 실패를 통해 학습했기 때문에 요즘엔 대규모 집회에 나가는 대신 집에서 조용히 봄 딸기를 먹으며 쇼펜하우어를 읽는 사람들이 주변에 많아진 것도 같은 맥락이다. 하지만 이는 완전한 자본주의의 굴레, 나도 모르게 파놉티콘(Panopticon)의 시나리오를 그대로 따르는 것이 되는데 이것이 바로 나만의 소확행을 아무리 누려도 어딘가 불안한 이유다. 블레즈 파스칼은 『팡세』에서 인간은 그렇게 성찰적인 존재가 아니며 병사도, 요리사도, 철학자 그 자신도, 그 글을 읽는 사람조차도 남에게 인정받고 싶어하는 허영심이 마음 깊숙이 뿌리 박혀 있는 욕망적 존재라 했다. 그래서 쇼펜하우어 책을 들고만 있지 읽지를 못하는 것이며 영어 학원 수강을 고민만 하다 등록은 못하고 하루가 다 가는 것이 우리네 삶이다. 그런데 애석하게도 여기서 벗어날 수 있는 길은 쉽게 보이지 않는다. 어떠한 선택도 하지 않고 아무것도 하지 않거나 혹은 에라 모르겠다며 냅다 튀는 것도 돈이나 빽이 있어야 하는 것이라 그리 와닿는 방법이 아니다. 하는 둥 마는 둥 하는 것만이 할 수 있는 유일한 방법이다. 이중구속 이론을 처음 발표한 그레고리 베이트슨은 이러한 이중구속 상태가 장기간 지속될 때 정신분열증의 원인이 될 수 있음을 지적하였다. 그도 그럴것이 어제는 해피했다가도 오늘은 극도로 우울한 조울증의 상태를 사는 우리가 제정신인 것이 오히려 이상하다. 최근 통계에 따르면 성인 10명 중 3명이 정신과 치료를 받고 있다고 하며 실제로 병원에 가지 않는 사람까지 포함하면 절반이 넘을 것이다. 우리나라가 OECD 국가들 내에서 지난 10년간 자살률 1위와 행복지수 꼴등에 가까운 자리를 내주지 않는 것에 고개가 끄덕여지니 더욱 슬프다. 하지만 우리가 이렇게까지 된 것은 우리, 즉 내가 짊어져야 할 몫이다. 마치 남 일 보듯 유체이탈 화법으로 힐난해서는 안 되며 만일 우리가 지식인이라면 더더욱 이 사회의 아픔에 응답해야 하는 것이다. 이것을 우리는 응답(response)하는 능력(ability), 책임(responsibility)이라 부른다.

서양에 모더니즘이 한창 꽃피울 때 이 땅은 일제강점기를 거치고 곧바로 한국전쟁을 겪었다. 그 후, 뒤를 돌아볼 여유조차 사치로 여길 만큼 앞만 보고 달려왔던 대한민국은 전례 없는 빠른 경제성장을 이루어 냈지만 그에 따른 부작용을 혹독히 감내하고 있다. 지금도 여전히 트라우마가 남아있는 우리에게 필요한 건 서로에 대한 격려와 공감이지 누군가의 지적 허영을 채우는 질책은 아닐 것이다. 지구 저편의 잣대로 정답이라 믿는 것을 이식하기 이전에 지금 내가 딛고 있는 이 땅 그대로의 현실을 직시하되 스스로를 되묻게 하는 태도가 필요한 것이다. 2014년 파킹 찬스(PARKing CHANce)의 박찬욱, 박찬경 감독이 제작한 서울시 공식 홍보영상 〈고진감래〉(Bitter, Sweet, Seoul/苦盡甘來)는 예술적, 사회적 그리고 작가적인 측면 모두에서 지식인으로서의 의미 있는 태도를 잘 드러낸다.* 최근 일간지에 실린 영화인 피어스 콘란의 "한국영화들이 훌륭한 이유? 훌륭하지 않은 사회 때문이다"라는 말 또한 아직까지 우리가 가졌던 패러다임의 전환을 요구한다.** 우리는 스스로가 가진 가능성을 잘 보지 못하는 경향이 있는데 특히 서양건축을 절대적 교과서처럼 배운 건축분야는 더욱 그렇다. 마찬가지로 외국인의 시각에서 본 서울은 우리가 애써 외면하고 싶어했던 것들을 다른 시각으로 드러내는데, 건축가 피터 W. 페레토는 2015년 출간한 책 『플레이스/서울』에서 강산을 배경으로 빽빽이 들어찬 이유 있는 단편들의 초현실적이고 불연속적인 모습들을 일종의 유형으로 분류했다. 이를테면 프로방스풍의 예식장 건물, 타투(간판)로 뒤덮인 입면, 잡종 양식의 교회 그런 것들 말이다. 그는 이러한 서울을 "활기 넘치고, 저돌적이며, 어수선하거나 아니면 따분하고, 궁상맞도록 실용적이거나 아니면 고약하도록

---

* 〈고진감래〉가 서울시 공식홍보 영상이라는 점, 상투적인 홍보영상이 아닌 서울의 희노애락을 꾸밈없이 보여준다는 점, 전세계 공모를 통해 11852개의 영상을 제공받고 그중 141편을 선발해 편집한 점, 영상의 퀄리티를 담보할 수 없는 상태에서 사전 각본없이 이루어진 점, B급의 영상과 A급 기술이 묘하게 공존하는 점 등이 특히 주목할 만하다.

** 이명희, 「논설위원의 단도직입: 한국 영화에 빠진, 평론가 피어스 콘란」, 『경향신문』, 2024년 2월 28일, 24면.

키치적이고, 긍정과 아이러니로 한껏 가득한 것"으로 설명하면서 해외의 다른 도시를 따라갈 생각 말고 서울만의 특별함을 받아들이고 포용하는 법을 중요하게 여겨야 한다고 말한다. 때마침 포스트모더니즘과 함께 현대 사상의 패러다임이 유토피아에서 완전히 디스토피아로 넘어간 것은 어쩌면 지금 우리의 헤테로토피아적*인 모습을 예견한 듯 자연스럽게 맞아떨어지며, 특히 20세기 말 질 들뢰즈와 펠릭스 가타리가 『천 개의 고원: 자본주의와 정신분열증』에서 중요하게 언급한 정신분열증 과정의 창조적 잠재성은 시스템이 부재한 우리 사회를 한바탕 해학으로 넘기는 웃픈 대중문화를 두고 한 말처럼 보인다. 소위 건축이라 불리지 못하는 나나 당신이 사는 건물들과 히스테릭한 서울의 모습은 이미 많은 영화감독 혹은 소설가들의 소재가 되어 지구 반대편에까지 공감을 얻었다. 앰비규어스 댄스컴퍼니**는 월곡역 고가와 노래방에서 무당 같은 의상을 입고 콜드플레이의 뮤직비디오에 참여했으며, 아더에러***의 오류를 긍정한 불완전한 옷들은 더 이상 오리지널에 대한 열등감 같은 것은 없어 보인다. K-팝은 물론 영화, 미술, 문학 등 창작의 거의 모든 분야가 '자본주의와 정신분열증'적 부조화, 파편, 병치, 키치 등 근본 없음의 콜라주를 당당하고 여유있게 받아들이고 있지만 유독 건축에서만큼은 여전히 서양에 대한 컴플렉스로 인해 스스로를 원망하고 프리츠커상에 목매달며, 저 멀리에서 찾은 예쁘장한 레퍼런스를 손에 쥐고 그들의 뒤꽁무니를 쫓아가기에 급급해 보인다. 이 땅의 고유한 보이스가 없으니 해외건축가들이 활개를 친다. 인정하고 싶지 않겠지만 박찬욱의 영상이나 피터 W.

* Les Hétérotopies. 미셸 푸코가 비현실적인 유토피아에 대비해서 쓴 공간개념으로 일반적이고 균질적인 호모토피아와는 반대로 비일상적이고 도피성을 띤 비균질적인 현실 공간이다. 다락방, 인디언 텐트, 목요일 오후 엄마 아빠의 침대, 거울, 도서관, 묘지, 사창가, 휴양촌 등을 예로 들고 있다.

** Ambiguous Dance Company. 2007년 결성된 장경민, 김보람이 이끄는 한국의 현대무용 단체로 역설적이게도 '춤'을 추지 않는 것이 그들의 모토이다.

*** ADERERROR. 2014년 설립된 한국을 기반으로 한 패션 문화 커뮤니케이션 브랜드이다.

페레토의 책에서 공통적으로 나타나는 우리의 볼품없고 적나라한 민낯이야말로 극한의 경쟁에서 척박하게 삶을 살아낸 우리의 부모님, 그리고 너와 나의 가장 솔직한 표상일 것이다. 그 모습을 창피하다고 숨기거나 왜곡해서는 안 되며 그렇다고 무조건 감싸고 도는 것도 안 된다. 우리는 이제 무엇을 할 수 있을까?

　　이 시점에서 1960년대 활동한 시인 김수영은 지금 우리에게 많은 점을 시사한다. 현실 긍정과 비판의 양가적 감정을 동시에 끌어안고 지식인의 책무를 고민한 김수영은 당시 사회의 후진성과 허위의식을 비판하면서도 진정한 참여를 하지 못하는 자기 자신을 세련미와는 거리가 먼 '평범한 시어'를 통해 가차없이 드러냈다. 다시 말해, 그는 일체의 정립된 언어와 고정된 언어를 부정직한 것으로 여기고 관습적으로 대물림된 언어가 아니라 '자기의 언어'로 말했다. 김수영의 시와 산문에는 한자어와 영어와 일본어가 동시에 등장하고, 문어와 구어가 구별 없이 사용되며, 관념어와 구체어가 섞여 있음을 발견할 수 있는데 이는 허례허식을 철저히 걷어내고 살갗에 부대끼는 일상과 나 자신을 솔직하게 드러내는 자조적 태도에서 비롯된 것이다.

(…) 이상한 역설 같지만 오늘날의 우리의 현대적인 시인의
긍지는 '앞섰다'는 것이 아니라 '뒤떨어졌다'는 것을 의식하는데
있다. 그가 '앞섰다'면 이 '뒤떨어졌다'는 것을 확고하고 여유
있게 의식하는 점에서 '앞섰다'. (…) 우리의 현대시가 우리의
현실이 뒤떨어진 것만큼 뒤떨어지는 것은 시인의 책임이
아니지만, 뒤떨어진 현실에서 뒤떨어지지 않은 것 같은 시를
위조해 내놓는 것은 시인의 책임이다.
— 김수영, 「모더니티의 문제」, 『김수영 전집2 산문』(민음사, 2018), 576쪽

그리하여, 낙후한 현실에서 시적 진보는 '뒤떨어지지
않은 것 같은 시를 위조해 내는 것'이 아니라 그 낙후성을
'확고하고 여유있게 의식하는 데' 있다. 다시 말해 그것은
낙후성을 과장하는 데 있다. 그러므로 낙후한 현실에서 시적
진보는 풍자의 길을 따를 수 밖에 없으며 현실의 낙후성에

대적하는 풍자는 그 낙후성을 포용하는 애정에 뿌리를 둔다. 풍자란 현실에 대한 비판, 폭력이다. 그러나 사전적 의미의 풍자(satire)는 현실에 대한 전적인 부정과 맹목적인 공격에 그치는 조소주의(sarcasm)도, 현실에 대한 소극적 무관심과 백안시에 그치는 냉소주의(cynicism)도 아니다. 풍자는 현실에 대하여 공격적인 동시에 교정과 개선을 요구하며, 동시대의 결함과 폐단을 질책한다는 점에서 부정적이고 질서 파괴적이지만, 보다 나은 현실을 지향한다는 점에서 긍정적이고 질서 창조적이다. 즉, 풍자는 현실이탈적인 동시에 현실복귀적이고, 질책인 동시에 사랑이다.

—김상환, 『풍자와 해탈 혹은 사랑과 죽음』(민음사, 2000), 51-54쪽

시, 시인을 건축, 건축가로 바꿔 읽어도 하등 이상한 것이 없는데, 그렇다면 현실의 낙후성을 과장한 풍자는 건축에서 어떻게 가능한가? 이는 창작을 위한 참조점을 지금, 여기에 두는 것에서부터 시작하며 무엇보다도 그 대상은 매일 보는 보잘것없는 것에서부터 고상한 것까지 우리 사회의 정신이 꾸밈없이 투영된 것이면 뭐든지 가능하다. 그리하여 당장 내가 디딘 성의없이 포장된 바닥이, 사고를 우려한 공립학교의 두껍고 높은 난간이, 아파트 단지에 덩그러니 버려진 재활용 가죽소파가, 유리보다 프레임이 더 두꺼운 원형창이, 다가구 주택 입구에 덕지덕지 붙은 혹두기 돌이, 양식을 좋아하는 대중의 바로크적 주름이, 길에서 마주치는 살찐 고양이의 얼굴이, 제주도 사방에 널브러진 돌하르방이, 시골집 외관의 허름한 구성이, 구멍가게들의 알록달록한 어닝이, 반지하 방으로 연결되는 키 낮은 현관문이, 미친듯이 춤을 추는 벌룬 입간판이, 거대한 케이지 골프연습장의 그물이, 초미세먼지가 가득한 스푸마토(sfumato)같은 하늘이… 뭐든 가릴것 없이 우리의 정신이 깊게 스민 일상적 언어는 과장과 축소, 병치와 혼합, 생략과 도치, 차용과 전유, 클리셰의 재배열 등을 통해 자본의 시녀로 전락해버린 순결한 모더니즘적 페티쉬와 휴머니즘의 윤리조차도 여유롭고 유머러스하게 뛰어넘는 초-일상의 풍자적 텍스트가 된다. 더 나아가 짬짜면의 지혜가, 백토를 슥슥 바른 무심한 분청사기가, 마르셀 뒤샹의 자전거 바

퀴가, 프랜시스 베이컨의 비재현적인 붓질이, 미켈란젤로의 하다만 조각도, 제임스 스털링의 과장된 입구가, 심지어 어제 『엘 크로키』(El Croquis)에서 본 동시대 건축가의 작업조차도 출처를 떳떳하게 밝힐 수만 있다면 자폐적 참조를 넘어 해석의 연결접속을 넓히는 범-참조점이 된다. 이러한 초-참조적 태도는 현실에 해답을 제시하려는 것이 아니라 현실을 반영하는 것이며, 하나의 정답을 상정하고 섣불리 앞서나가는 것이 아니라 질문을 제기하며 현실 스스로가 앞으로 나아갈 수 있도록 나란히 걷는 것이다.

　일본의 지성 아사다 아키라는 그의 책 『도주론』에서 현대의 고도 자본주의 사회에서 나타나고 있는 '대탈주'의 현상에 주목하며 인간을 두 부류로 나누었다. 과거의 모든 일을 적분(integrate)하여 짊어지고 100억 원을 모으고도 1억 원을 더 모으려고 혈안이 되어있는 파라노이아형(편집증형)과 때마다 제로 시점에서 미분(differentiate)하며 항상 지금의 상황을 예민하게 살피고 순간에 집중하는 스키조프레니아형(분열증 형)이 그것이다. 이제까지 근대사회를 지탱한 것은 가족을 중심으로 정주해온 편집증적 유형이지만 여러 부작용, 부조리가 만연한 지금, 언제라도 도주할 채비를 하고 경계선에 머물며 중심에서 이탈하는 가벼움이 필요하다고 필자는 역설한다. 한마디로 경쟁의 틀에 박혀 억압된 무거운 자아를 벗어던지고 인간을 몰아치는 자본주의로부터의 '지적 도주'를 제안하는 것이다. 가족과 나의 성공이 편집증적 삶의 원동력이라면 건축가에게 그것은 '작품 의지'일 것이다. 많은 건축가들은 자신의 작업이 작품이 되길 원하고 행여나 시공 디테일이 안 살까봐 노심초사하며 받은 만큼 이상의 노력을 들인다. 20년 전이나 지금이나 여전히 『엘 크로키』에 나오는 것이 꿈이고 언젠가 세계적인 상을 타길 바란다. 하지만 사대주의에 뿌리를 둔 이러한 편집증적 집착은 현실을 외면하고 직시하지 않다보니 우리 사회를 개선하거나 일깨우는 데 전혀 도움이 되지 못할 뿐 아니라 대중과 건축의 간극을 더욱더 벌린다. 건축주는 작품을 구현하지 못한 건축가로부터 이해를 못한다고 욕먹고, 시공자는 도면을 못 본다고 욕먹고, 사용자는 수준이 떨어진다고 욕먹는다. 집이든 상가든

공예 같은 디테일과 수입산 물성으로 말끔하게 떨어지는 공간은 돈 벌어주는 도구가 된 지 오래되었고 누구의 작업인지도 분별하기 어려울 정도로 유행이 되었지만 누구도 섣불리 개성적 취향을 드러내지 못한다. 그렇다면 이제는 '작품 의지'라는 지극히 자본주의적인 욕망을 잠시 내려놓고 위트와 유머로 우리의, 그리고 나의 현실에 가볍게 농담을 던져보는 것은 어떨까? 진정성, 근본주의 그런 말은 잠시 삼켜두고 하는 둥 마는 둥 주변을 맴도는 '아웃 건축가'는 어떤가?

비 오는 날 걱정이니 선홈통은 노출하고 기둥처럼 꾸며보자. 오염될 만한 곳엔 혹두기 돌을 붙이고 난간이 약하다하니 구렁이만큼 두꺼운 환봉으로 계단실을 둘러보자. 고양이의 코에 보일러 연도를 삐죽 내밀고 입구 필로티에는 하르방을 끼워넣어 보는 것은 어떠한가. 창호 위엔 단열재 덩어리로 인방을 만들고 창호 앞에는 다들 좋아하는 스타벅스 초록의 나뭇잎 방범창을 달아보자. 안방에는 그래도 장지문 하나는 있어야 폼이 나지 않겠는가. 살덩어리 같은 선홍빛 대리석이 거실 한가운데 있다면 더욱 좋겠다. 자랑스러운 건물의 입구는 번듯하게 색색깔의 형강으로 꾸미고 시골집은 운치가 나게 가짜라도 굴뚝을 만들자. 어둡다고들 난린데 간접 말고 직부등을 달자. 벽돌은 아깝게 자르지 말고 모자란 곳은 미장으로 채워보자. 창이 있어야 하는 곳에는 창을 내고 기둥이 필요하다면 박아라. 천장에는 천장재를 지붕에는 지붕재를 써서 건물을 조각내자. 하나의 재료로 모놀리스(monolith)를 만들면 멋지겠지만 그러한 건 비석밖에 없다. 조각품이야 내가 구상하고 내가 만들지만 건축은 내가 구상하고 남의 손으로 만든다는 사실을 명심해야 한다. 미장면이 마음에 안 든다고 내가 직접 헤라를 들 수는 없으며 들어서도 안 된다. '라틴어를 할 줄 아는 벽돌공'이 직접 될 생각 말고 '라틴어를 할 줄 아는 벽돌공'처럼 생각하고 치밀하게 설계해라. 그리고 라틴어를 할 줄 모르는 벽돌공이 시공할 것을 여유 있게 받아들이고 망가질 각오를 해라. 현장에서의 실수를 기다렸다가 더욱 과장하자. '공예'를 할 생각 말고 '공사'를 하자.
　　대체 이것 말고 무얼 할 수 있단 말인가?

Seoul Pikionis, 사진: 서재원, 2024

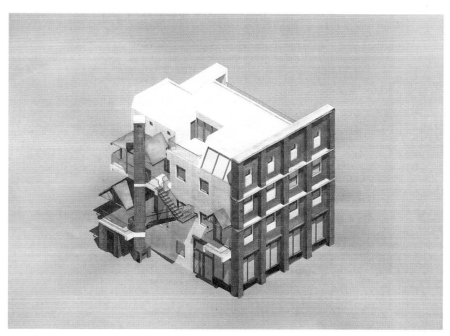

김효영, 압구정근린시설, 액소노메트릭

'참조와 인용'이 뭐가 그리 대수일까. 인용 없는 사상이 어디 있고 참조 없는 창조가 있었을까? 지금을 비참조적인 세상이라 선언한(나로서는 납득하기 어려운) 유명 건축가의 책 제목이 오히려 참조라는 단어를 유행하게 했는지도 모르겠지만, 모든 정보들이 노출되어 있고 표절 논란으로 한창 예민한 지금, 참조와 인용이 주목해 이야기해야 하는 주제일까? 그러나 과거와의 단절을 통한 새로움을 더 이상 기대하기 어렵다는 측면과, 감각적인 질을 강조하는 공간들이 소비의 욕망을 부추기는 수단으로 변질되는 상황에서, 해묵은 참조와 인용이 순진하게도 다른 가능성을 모색할 수 있을지도 모른다는 막연한 기대를 하게 한다. 참조와 인용은 그것을 돌아보게 한다는 측면에서 해석적이다. 신형철은 해석학(hermeneu-tics)이라는 단어 안에 전령사 헤르메스(Hermes)의 이름이 들어 있는 것은 해석이라는 행위의 본질이 전달일지도 모른다는 점을 암시한다고 말한 바 있다. 전달한다는 것은 그것을 다른 상황에서 접하게 하는 것이다. 참조와 인용은 어떠한 대상이나 내용을 해석하고 다른 상황으로 불러옴으로써 순수하게 새롭지 않은 것이 다른 의미와 가치를 발생시킬 수 있는 잠재성을 갖도록 한다. "거침없는 유희적 참조와 차용"이라는 평을 듣는 입장에서, 나의 작업이 무엇이 구별되어 보이는지, 나는 참조와 인용을 왜 필요로 했고 그것을 통해 무엇을 기대했는지 이 기회를 빌려 돌아보려 한다.

[문학적 기획]은 하나의 단어를 그 단어의 바깥과 만나게
함으로써만 가능한 일이다. 물론 이때 바깥이란 다른 단어일
수도 있고 다른 사건일 수도 있을 것이다. 또는 동일한 단어와
동일한 사건이 타자의 말과 행위 속에서 나오는, 그리고
과거와는 다른 방식으로 사용되고 표현됨을 목격하면서
촉발되는 정념의 강렬한 힘 같은 것들.
― 심보선, 『그을린 예술』(민음사, 2013), 100쪽: 진은영과 함께한
2009년 여름 스터디 모임에서 그녀가 써온 문장을 발췌한 글

기대어 이해하기
후두암 수술을 받고서 바닷가에 부부가 말년을 보낼 집을 계

획한 건축주가 최대한 바다를 보게 해달라고 말했을 때 카스파 다비드 프리드리히의 〈안개 바다 위의 방랑자〉를 떠올렸다. 나오지 않는 목소리로 요청하는 건축주의 말과 그림 안에서 운해를 보고 있을 표정을 알 수 없는 남자의 뒷모습이 바다를 매개 삼아 겹쳐졌다. 감정을 흔드는 낯선 경험을 그리 큰 감동을 받지 않은 낭만주의 회화에 기대어 이해함으로써, 상황에 공감하고 이입하는 데 큰 도움이 되었다. 이후로 감정이입은 내 작업의 중요한 태도가 되었고 무엇을 떠올리는 것 (참조하는 것)은 이야기의 출발이 되었다. 바다를 향한다는 것이 무엇일까 끊임없이 묻던 중에 우연히 바닷가의 모텔 건물을 마주쳤다. 후면의 복도는 창 없이 방들을 연결하고 모든 방이 바다를 정면으로 면해 창을 낸 모습이 무척이나 솔직하고 명료하게 보였다. 복잡했던 고민이 해소되었고, 이내 시멘트 블록을 무심하게 쌓은 듯하지만 벽을 건너며 동선이 연결되고 벽을 따라 시선이 열리는 알도 반 아이크의 파빌리온을 소환했다. 이렇게 모여진 상황과 참조점들, 후두암, 바다, 카스파의 그림, 모텔, 알도 반 아이크의 파빌리온이 연결되며 하나의 이야기를 만들었고, 그 서사를 따라 집은 어떤 성격을 가질 수 있게 되었다. 성격은 살아 있는 존재의 특성이다. 서로 관련이 없던 (참조된) 것들이 집이 만들어지는 상황과 연결되며 탄생설화와 같이 생명력을 부여해주어 부부와 같이 바다를 보며 살아가는 집이 되길 바랐다.

"사실이란 텅 비면 설 수 없는 자루와 같은 겁니다. 그걸 세우기 위해선, 그것이 존재하게 된 이유와 감정을 집어넣어야만 하죠."
— 나인혜, 「뜨거운 몸짓의 아포리즘」, 『2022 젊은건축가상: 새로움의 층위』 (모로북스, 2022), 68쪽: 루이지 피란델로의 『작가를 찾는 6인의 등장인물』을 인용

위계 없는 놀이

감정이입을 하자고 마음먹으니 어린이집 설계에서 무엇에 이입해야 할까가 고민되었다. 다행인지 유치원에 다니던 딸아이를 데려다주던 길에 동네 어린이집의 현란한(?) 대문이 눈에 들어왔는데, 크지 않은 대문과 주변 벽에 형형색색의 온갖 것들, 뾰족한 성의 첨탑과 성벽, 나비와 버섯, 기차와 피노키

오가 떠다니고 있었다. 유치하다고 치부한 것들이 어린이의 공간에서 항상 나타나는 이유는 그 대상들의 허구적 성격(가상성)이 아이들의 장난기 어린 상상력과 맞닿아있기 때문일 것이다. 이런 생각은 마그리트의 중절모를 쓴 신사가 비가 되어 내리는 그림(Golconde)으로 나아갔다. 한편으로는 세모, 네모, 동그라미 블록을 쌓아 구상과 추상의 경계를 오가는 장난감 블록이 놀이의 성격을 대표하는 듯했다. 자연스럽게 로버트 벤추리와 칸의 세모, 네모, 동그라미 개구부가 소환되었다. (특히 이 부분이 근본 없다는 평가가 나오는 지점인 듯하다.) 아이들에 공감하기 위해서 주관적이고 파편적으로 선택한 참조점들은 무척 피상적이고 원래 그것이 가지고 있던 위상과 위계를 지운다. 동네 어린이집의 대문과 벤추리와 칸의 건축물이, 벽지 또는 포장지와 마그리트의 작품이, 알도 반아이크의 파빌리온과 모텔이, 작가와 작품이라는 후광을 내려놓고 같은 층위에서 이어지며 새로운 놀이를 만든다.

유희는 외양 그 자체(어떤 현실도 가리지 않고, 어떤 목적의 수단도 아닌 외양)를 즐길 수 있는 능력이다. 유희는 형식과 재료, 능동성과 수동성, 목적과 수단 등 사회적 위계가 되기도 하는 개념적 위계들 같은 전통적인 위계들을 무력화시킨다. (…) 외양을 가지고 노는 능력은 예술 작품들이 지닌 특정한 본성과 연결된 것이 아니라 감성적 경험 자체의 독특성과 연결된 인류의 공통된 잠재성을 정의해 준다.

— 심보선, 『그을린 예술』, 154쪽: 자크 랑시에르의 홍익대학교 강연문을 인용

시대착오와 동시대성

집에 대한 개인의 취향은 그가 속한 시대와 지역의 맥락을 바탕으로 형성된다. 지금은 문경으로 통합된 점촌에서 오랜 세월을 살아온 부부가 짧은 아파트 생활을 마치고 다시 마당 있는 삶으로 돌아오면서 집에 대해 가장 먼저 떠올린 것이 기와지붕이다. 어쩌면 당연한 것이리라. 기와지붕을 염두에 두고 계획을 진행하면서 평면이 전형적인 30평 아파트의 구성을 벗어나기 어려운 것이 의외였는데, 지금 삶의 방식이 취향과는 무관하게 기능에 익숙해져 버린 탓인지도 모른다. 옛 시

절 번듯한 집의 표상인 기와지붕과 현대의 표준적인 삶을 반영하는 아파트 평면, 이 둘의 낯선 조합은 한 시대가 다른 시대로 흘러가는 와중에 남아 있는 옛것과 새로운 것이 공존하며 집에 대한 인식과 삶의 내용이 항상 미끄러지는 우리 사회의 단면인 것 같고, 한편으로는 빠르게 변화하는 세월을 그리 예민하지 못한 감각으로 버티며 살아낸 부모님 세대의 모습인 것 같아 그 어색함이 애틋하게 느껴졌다. (윗글은 기와올린 집을 설명하는 기존 글을 인용하고 수정했다.) 서로 다른 시간과 공간을 대변하는 기와지붕과 아파트 평면의 만남이라는 상황에서 몇 개의 이미지를 찾았다. 그중 하나는 1934년 『조선일보』의 오버코트 광고다. 그림 속의 남성은 갓을 쓰고 곰방대를 들고 고무신을 신었지만, 그 위에 서양풍의 오버코트를 걸친 모습이 지금은 우스꽝스러워 보일지몰라도 그 당시에는 세련된 멋쟁이었을 것이다. 또 하나의 이미지는 갑신정변을 주도했던 서광범과 김옥균으로, 한 명은 갓 쓰고 도포를 입었고 다른 한 명은 서양식 의복에 가죽 부츠를 신은, 서로 완전히 다른 복식을 하고서 나란히 앉아 있는 사진이다. 일제 강점기를 거치며 옛것과 새것, 우리의 것과 외부의 것이 충돌하던 시기가 있었다. 건축은 지금도 비슷한 것이 아닐까. 그렇다면 이러한 상황 앞에서 어떤 것이 촌스럽다고 얼굴을 돌리며 지울 것이 아니라, 정면으로 마주하고 당당하게(또는 더 첨예하게) 그것을 드러낼 때 현재의 우리를 긍정할 수 있는 시작이 되지 않을까? 무엇이 소환될 때는 그것이 속한 세계를 부른다. 기와지붕의 세계와 아파트의 세계가 서로 마주하고 부딪칠 때 일부는 깨지고 훼손될지라도 그것이 지금의 우리가 사는 사실적인 집이 될 수 있을 것이다. 집이 완성되고 부모님이 사용하던 가구들, 목재로 만들어진 클래식한 장식의 소파와 테이블과 장식장, 수많은 화분과 도자기, 담금주 술병들, 가족사진이 집에 돌아오며 집과 한 몸으로 부모님의 삶을 생생하게 증명해주었다.

그에게는 우리가 "현재성"으로서 지각하는 모든 것과 관련하여 오직 "위상차와 시대착오 속에서" 드러나는 것만이 동시대적인 것이다. 이런 의미에서 동시대인이란 현재적 세기의 스펙터클을

서광범과 김옥균.

어둡게 만들어 이런 어둠 자체 속에서 "우리에게 도달하려
애쓰지만 그럴 수 없는 빛"을 지각하려는 사람일 것이다.
(…) 아감벤은 이런 임무가 용기-정치의 덕-과 시를 동시에
요구한다고 덧붙인다. 그가 말하는 시란 언어를 부러뜨리고,
외관을 부수고, 시간의 통일성을 분산시키는 기예이다.
— 조르주 디디-위베르만, 『반딧불의 잔존』(길, 2020), 69쪽: 아감벤의 글을 인용하며

놀이의 마술

'복터진 집'은 건축주가 오랫동안 운영한 복어 요릿집의 이름
이다. 기존의 음식점 자리에 다시 복어 요릿집이 들어갈 상가
와 가족이 살 집을 의뢰하면서 신기한 집을 지어달라는 부탁
이었다. 건물의 홍보를 위한 요청임을 감안하더라도 마냥 즐
겁고 행복한 상상을 하게 했다. 호안 미로와 클레의 그림을
들여다보며, 마치 딸이 어렸을 때 그렸던 그림처럼 보는 사람
이, 사는 사람이, 오가는 사람이 행복해지는 마법 같은 집이
되었으면 했다.

만일 그렇다면, 만일 마술을 부릴 수 있다는 느낌보다 더 행복한
것이 없다면, 비로소 마술에 관한 카프카의 수수께끼 같은
정의도 명확해진다. 카프카는 그 이름을 정확하게 불러야 삶이
우리에게 다가온다고 쓴 바 있다. 왜냐하면 "그것이 마술의
본질이기 때문이다. 창조하는 것이 아니라 호출하는 것(1921년
10월 18일 자 일기)."
— 조르조 아감벤, 『세속화 예찬』(난장, 2010), 31쪽: 카프카의 일기를 인용하며

서른 개에 가까운 꽤 많은 수의 스티로폼을 깎아 대다가 결국
다섯 개의 원을 그리는 순간 충분한 만족감이 들었다. 다섯
개의 이어진 원은 아치의 구조와 형태를 하고 있지만 양 끝의
원이 벽 바깥으로 밀려나면서 아치의 원형(原型)에서 벗어나
즐거운 모양으로 남은 듯했다. 빼닮을 필요 없이 연상되는 무
엇을 부르기만 하면 되어서, 그때부터 이런저런 유사한 이미
지들을 찾거나 모형을 본 지인들이 보내준 것들을 모으기 시
작했다. 복어에서부터 식빵과 요리사 모자, 주변에 가로수로
심어진 벚꽃, 구름, 솜사탕, 팝콘, 발가락 양말, 여중생 머리의

헤어롤, 에이스 벤츄라의 앞머리… 마치 복터진 집이라는 이름의 동음이의어 놀이와 같이 즐겁게 이어졌다. 이 차이의 놀이는 사후에 일어났지만 무의식중에 영향을 준 이미지들을 호출하는 것 같기도 하고, 이 집을 보는 사람들에게도 즐거운 상상을 부추기며 계속 이어질 것이다. 이 집을 지나는 모두에게 복이 터지기를!

이 차이의 놀이를 통해 의미는 열린다. 그리고 한 번 열린 의미는 이제 생산적, 창조적 역할을 발휘한다. 그것은 서로 춤추고 의지하고 포개짐으로써 단언의 의미를 다변화한다. 나뭇잎에는 나무가 들어 있고, 새의 형상이 들어 있다. 하늘은 비둘기 모양의 바다를 담고 있고, 맥주병은 자라나 당근이 된다. 중절모를 쓴 신사는 비가 되어 하늘에서 내리기도 하고, 잘려나간 커튼의 빈자리가 되기도 한다.

— 진중권, 『현대미학강의』 (아트북스, 2013), 167쪽: 미셸 푸코의 『이것은 파이프가 아니다』를 인용하며

순수하게 물신적인

건축이 시대와 사회의 기록이라면 압구정의 건물들은 우리 사회의 결집된 욕망들을 고스란히 보여준다. 야구를 좋아하는 건축주가 그 당시 유행하던 일본식 술집을 압구정에 개업하면서 지었던 이름과 메뉴판부터 수상했다. (메뉴판에 43,000원이 4할 3푼으로 적혀있는 식이다.) 꽤 오랫동안 좋은 성적으로 운영한 후 건물을 인수해 새 건물을 지을 꿈에 부푼 건축주는 누구보다 열정적이었다. 미국에서 보았던 야구장의 벽돌 입면, 기존의 건물이 가지고 있었던 스킵플로어, 뉴욕 뒷골목에서 보았던 철재 계단, 벽난로와 굴뚝, 발코니와 박공지붕 등 수많은 아이디어를 나열하는 건축주의 모습은 한편으로 거부감이 들면서도 묘하게 순수해보였다. 아르침볼도의 인물화에서 정물화의 대상이었던 과일과 채소들이 모여 욕심꾸러기지만 천진난만하게도 보이는, 허세를 부리는 것 같으면서도 허술한 듯 보이는 표정을 떠올리며 건축주가 나열한 요소들을 그러모아 압구정의 성격을 드러내는 얼굴을 만들 수 있겠다고 생각했다. 압구정의 거리는 어느 곳보다 자본

적이고 물신적이지만, 건축이 그 맥락과 조건, 취향, 욕망에서
자유로울 수 없다면 우리는 그것을 가지고 그것을 넘어서는
이야기를 해야 하지 않을까? 아감벤의 말대로 이런 임무가 용
기와 시를 필요로 한다면 결국 그 재료가 우아하지 않더라도
그것으로 그림을 그려야 하고 시를 짓고 건물을 만들어야 한
다. 두 입면이 만나는 모서리에 언젠가 붙은 야구공은 이 그림
의 화룡점정이 되었고, 어디에도 연유하지 않은 요소들이 모
여 압구정의 정체성을 보여준다는 것은 아이러니한 일이다.

"'상상 밖의 모자들로 가득한' 모자 가게들, '굳은 진흙 계곡',
'빗물과 먼지로 더러워진 진열창들', 주식 투자가들, 정치인들,
기자들, 창녀들이 제자리걸음하는 '태양에 의해 건조되고
매음에 의해 이미 불붙게 된 것 같은 널빤지들의 공화국', 이
모든 것이 '수치스러운 시'를 짓는다. 그러나 유형들, 행위들과
시대들이 뒤섞인 이 수치스러운 시는 정확하게 사람들이 그
비밀을 잃었다고 말했던 체험된 세계에 내재한 시의 현대적
형태다. 현대는 모든 것이 뒤섞이고, 상품 장식이 환상적인
동굴과 동등해지며, 모든 간판이 시와 체험된 세계의 수치가
되는, 모든 광고물은 미지의 식물이 되는, 모든 쓰레기는 문명의
어떤 시기의 화석이 되는, 모든 폐허는 사회의 기념비가 되는
곳이다."
　　　자본주의 시대의 저자-기능은 자본주의가 양산한
상품 기호들을 재료로 삼아 '수치스러운 시'를 짓는다. 그것이
수치스러운 이유는 평범한 삶에 대한 동경이 궁극적으로는
물신에 대한 욕망으로 드러나기 때문이며, 그럼에도 그것을
시라고 부를 수 있는 이유는 그 욕망의 가면 너머에서 사물들에
대한 사용과 향유의 잠재성이 뚜렷해지기 때문이다.
— 진중권, 『현대미학강의』 (아트북스, 2013), 167쪽: 미셸 푸코의 『이것은
파이프가 아니다』를 인용하며

　　　자화상과 별자리
건축물의 리모델링은 고유의 형상과 분위기를 지우는 선택지
가 있다는 측면에서 그것을 유지하는 그 자체로 인용의 성격
을 가진다. 40년간 석회석을 채광하던 동해 폐쇄석장에서 돌

을 부수는 역할을 하던 쇄석장은 시멘트를 파내는 구덩이가 깊어지고 그곳에 물이 채워져 호수가 되는 모습을 바라보며 이곳의 시작과 끝을 함께했을 것이다. 육중한 구조물과 거대한 설비들이 힘차게 움직였을 시절의 자부심을 보여주면서도, 할 일을 마치는 순간 갑자기 시간이 멈춘 것처럼 낯선 공간은 쓸쓸함을 전해주었다. 새롭게 시작해야 하는 시점에서 스스로를 돌아보며 지나온 과거를 연민으로 위로하고 다른 측면으로는 날 선 비판으로 질문하며 변화를 위한 결심과 기대를 표현하는 일은 마치 화가가 자화상을 그리는 일과 같지 않을까 (이 구절 또한 동해 폐쇄석장을 설명하는 기존 글의 부분을 인용, 수정했다).

나는 자화상이란 것이 어떻게 무언가를 소통하고 왜 그렇게 그려졌는지를 검토했다. 아울러 우리 모두를 아우를 수 있는 무언가(우리 자신의 재현)가 자화상 안에 있다고 믿는다. 우리 모두는 그 비중이 어떻든 간에 자기이면서 동시에 공적인 존재다. 그렇기에 우리는 세상을 향해 어떤 '얼굴'을 매일 만들어낼 수밖에 없다.
— 로라 커밍, 『자화상의 비밀』 (아트북스, 2018), 17쪽

많은 화가의 자화상 중에서 고갱의 〈황색 예수상이 있는 자화상〉이 인상적이다. 그의 눈빛에서 자부심과 함께 미래에 대한 불안을 볼 수 있다. 〈시계와 침대 사이〉라는 자화상 속의 에드바르 뭉크의 모습은 축 처진 어깨를 늘어뜨리고 양발을 살짝 벌리고서 늙고 약하디약한 모습이지만, 죽음의 그림자 속에서도 여전히 안간힘을 쓰며 버티고 서 있는 모습이 감동을 자아낸다. 건물에서도 스스로를 돌아보는 어떤 표정의 얼굴을 그려낼 수 있을까? 할 수 있다면 그 얼굴은 건물의 과거와 미래를 모두 담고 있을 것이고, 그 얼굴에는 어떤 시대를 살아왔고 또 살아가야 할 우리 모두의 모습이 비칠 수 있을 것 같다. 서로 다른 시간과 공간에서 출발한 별의 빛을 이어 의미를 만들고 이야기를 전하는 벤야민의 별자리 비유처럼 그 건축은 예전과 지금을 만나게 하고 여기와 저기를 연결하며 새로운 이야기를 덧붙여 모두에게 전할 수 있을 것이다.

과거가 현재를 밝힌다거나 현재가 과거를 밝힌다고 말해서는 안
된다. 이와 반대로, 하나의 이미지는 '예전'이 '지금'과 번쩍이며
만나 하나의 별자리를 형성하는 곳이다. 달리 말하자면
이미지는 멈추어 선 변증법이다. 왜냐하면 현재가 과거와 맺는
관계는 순수하게 시간적이고 연속적인 반면, '예전'이 '지금'과
맺는 관계는 변증법적이기 때문이다. 즉 그것은 연속적인 것이
아니라 어떤 단속적인 이미지이다. 오직 변증법적 이미지들만이
진정한 이미지들이다.
— 조르주 디디-위베르만, 『반딧불의 잔존』, 168쪽: 발터 벤야민의 『아케이드
프로젝트』를 인용하며

흔적이자 징후

인제 스마트 복합쉼터는 소양호에 면한 국도변의 작은 휴게
소를 리모델링하는 작업이지만, '스마트', '복합', '쉼터'라는 이
름에서부터 드러나듯이 공존하기에는 어색한 상황들이 억지
로 연결되어 있다. 공모 현장 설명회에서 나눠준 자료에는 이
사업을 통해 이곳을 관광거점으로 만들어 지역경제를 활성화
시키자는 야심 찬 내용이 담겨 있었다. 하지만, 더 눈길을 끌
었던 것은 현장설명회가 열린 기존 건물의 2층에 소양강댐을
건설하며 수몰된 마을과 사건을 기록한 게시물이었고, 대지
의 곳곳에 표지판의 형태로 남아 있었다. 이 표지들은 어릴 적
들었던 소양강댐 건설과 수몰 사건을 어렴풋이 기억하게 했
고, 언제가 모를 다큐멘터리에서 본 집과 고향을 잃은 수몰 마
을 주민이 소양호를 바라보는 쓸쓸한 시선을 떠오르게 했다.

잔존하는 역설적 시간성이 추구하는 것은 징후의 시간성
이외에 다른 것이 아니다. 하나의 징후가 형성된다는 것은
이를테면 하나의 잔존이 육체를 취한다는 것이다. 잔존하는
유령적 이미지가 불현듯 우리에게 현실화하여 출현하는 순간에
이미지는 하나의 징후로서 현상한다. (…) 즉 징후는 현재와
과거를 모두 변모시키는 시대착오의 경험이다. 그것은 우리가
이미지 앞에서 경험하는 이질적인 시간성들의 현실화와 다른
것이 아니다. 디디-위베르만이 이미지가 하나의 징후로서
"시간을 개방한다"고 말하는 것은 바로 이러한 의미에서이다.

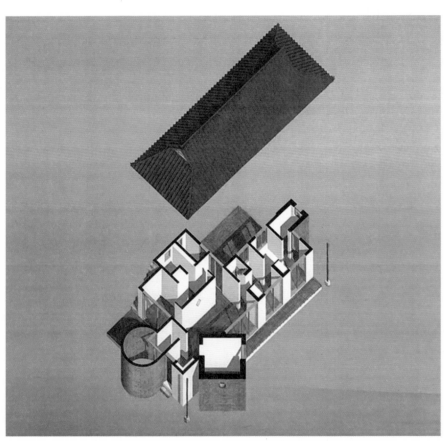

김효영, 점촌 기와 올린 집, 액소노메트릭.

수몰의 기억, 소양호의 서정적 경관, 경쟁적 욕망이라는 서로 다른 분열적 상황은 마그리트의 〈데칼코마니〉(La Decal-comanie)를 떠올리게 한다. 하나의 인물이 복제된 듯 두 개의 동일한 형상이 하나는 채워져 있고 하나는 비워진 것처럼, 인제 스마트 복합쉼터의 건물은 새로 복제되었고 기존의 것은 비워졌다. 비워진 건물은 마감을 벗겨내고 콘크리트 뼈대만 남아 마치 수몰의 유적과도 같이 기념비가 되었고, 곳곳에 놓아둔 돌과 황동욱의 설치작업으로 꼭대기에 올려진 재현된 돌은 폐허의 상징이 되었다. 이곳은 비워짐으로 인해 온전히 소양호를 바라보는 장소이고, 호수 아래 잊힌 과거의 흔적이자, 발전이라는 욕망에 의해 다시 마주하게 될 사건의 징후다. 새로 만들어진 건물은 지역경제 활성화라는 격렬한 요청에 부응해 한껏 멋을 부린 곡면의 지붕으로 비워진 건물과 확연하게 대비된다. 이곳은 대부분 평화롭고 적막하며 쓸쓸하다가 가끔은 왁자지껄하게 흥이 나는 일들이 반복될 것이다. 프로이트의 정신분석학에 따르면 정신분열증은 감당하기 어려운 상황에 대응하기 위한 일종의 치료기제다. 결국 이 분리는 섞이기 어려운 것을 나누어 다시 화해하기 위한 것이다.

사태를 가시화하고, 사태의 "인식 가능성"의 현재 속에서 사태에 비판적 역량을 마련하는 것은 바로 대조와 차이다. 마치 우리 자신의 과거를 이해하려면, 지나간 시간에 기대어 미래에 관한 자신의 근심을 만들어내는 시대착오적 재몽타주, 위험을 감지하는 행위에 내재한 이 특수한 지식으로 현재를 재조정할 줄 알아야 하는 것처럼 말이다.

— 조르주 디디-위베르만, 『가스냄새를 감지하다』(문학과지성사, 2023), 23쪽

참조와 인용이라는 이야기 짓기, 건축 짓기

'참조와 인용'이 뭐가 그리 대수일까. 모든 창작자가 참조를 하고 모든 학자들도 인용을 한다. 심보선은 진은영과 랑시에르를 인용했고 아감벤은 카프카를, 위베르만은 벤야민과 아감벤을, 진중권은 푸코를 언급했고 나는 그 글들을 다시 인용

했다. 나는 작업을 하는 와중에 카스파와 마그리트와 미로와 클레와 고갱과 뭉크와 아르침볼도와 신문광고와 선물포장지를 떠올렸고, 알도 반 아이크와 칸과 벤추리와 게리와 스털링과 모텔과 동네 어린이집 대문을 참조했다. 그리고 벽돌 벽과 세모네모동그라미 창과 팔작지붕과 굴뚝과 야구공과 식빵이나 요리사 모자 같은 아치와 따개비 같은 콘크리트와 폐허의 돌덩이와 치맛자락 같은 지붕과 여러 도형들, 나인혜의 표현을 빌자면 "구상과 추상이 뒤섞인, 때때로 저속하고 간간이 유치하며 대체로 순수한 형상"들을 소환했다. 나는 이러한 참조점들을 따라 기대어 이해하고 공감할 수 있었고, 때로는 못나 보이거나 유치해져도 좋을 만큼 용기를 낼 수 있었으며, 우리 시대의 위험을 감지하고 비판적인 시선을 가질 수 있었다. 참조와 인용은 해석적이어서 소환자의 해석에 의해 참조되고 인용된 내용들은 지금 여기와 만나 이야기를 만들고 전하며 다시 해석의 대상이 된다. 벤야민의 아름다운 별자리의 비유처럼 나의 이해와 기대에 의해 호출된 것들이 지금 여기를 살고 있는 우리와 만나 건축이라는 몸을 짓고서 새로운 이야기를 전해주었으면 좋겠다. 그리고 누군가는 이 건축물과 이야기에 새로운 해석을 덧붙이며 또 다른 이야기를 이어나가주길 바란다.

그렇다면 마지막으로, 해석학적 마인드의 건축가는 무슨 특질을 지니는가? 그것은 일종의 감수성이라 말할 수 있을 것이다. 놀이가 적절한 곳이 어디인가에 대한 감수성, 문제해결의 단서가 언어와 역사적인 자료 속 어디에 숨어있을까에 대한 감수성, 말하기보다 듣기가 더 적절할 수 있는 순간, 그러니까 타인의 가정을 의문시하기 전에 자신의 가정부터 의문시해야 하는 순간에 대한 감수성 말이다. 이런 감수성에는 앎이 깃든다. (…) 오히려 그것은 주의를 기울이고, 탐구하고, 인식하고, 예상하고, 질문하고, 가능성과 더불어 놀이하는 하나의 방식이다.
— 폴 키더, 『가다머』(시공문화사, 2015), 132-133쪽

난폭하고 아름다운 이종교배의 상상력   임윤택

그의 난폭하고 아름다운 이종교배의 상상력 앞에서 세간의
안이한 동종교배의 자식들은 문득 왜소해지고 만다. (⋯) 이
난폭하면서도 아름다운 문장들의 배후에는 어떤 미학적 준칙이
있는가.
― 신형철, 『몰락의 에티카』 (문학동네, 2008), 235쪽

어떤 감각 그리고 어떤 의심

어떤 감각이 있다. 소진의 감각이다. 이 감각은 이 시대를 지
탱하던(는), 혹은 이 시대의 건축을 지탱하던(는) 역사적, 미
학적, 규범적 계기*가 더 이상 작동하고 있지 않다는 자각에
서 오는 감각이다. 단순화와 논란의 위험성을 감수하고 얘기
하자면, 20세기 중반 이후 한국 건축은, 전통 역사에서 건축
적 원형을 찾아 그 기원을 사후적으로 구성하는 데 몰두하였
고(역사적 계기), 모더니즘에 기반을 둔 추상 미학을 탐미하
면서 사회적 가치를 건축에 담는데 매진했으며(미학적/윤리
적 계기), 서구 건축의 형이상학적 전통을 절대적 참조점으로
지향(규범적 계기)하며 건축 형식을 창조하고 담론과 제도로
정립해왔다. 다시 한번 단순화와 논란의 위험성을 감수하고
얘기하자면, 한국 건축의 기원의 역사를 묻는 존재론적 질문
은 고루해졌고, 형식 미학은 낡고 정체됐으며, 형이상학적 규
범은 우리 현실에 안착하지 못한 채 홀로 자족하며 겉돌고 있
는 듯 보인다. 이 가운데 우리 내부를 반성적으로 들여다 보

---

* 이는 각각 건축의 파토스적, 에토스적, 로고스적 차원에
대응한 계기라고 전제한다. 또한 비판적 계기 등이 중요한 건축
형식 생산의 계기로 거론될 수 있다.

거나 바깥을 참조하는 등의 변화를 시도하는 비판적 계기는 작동하지 않거나 부재하는 듯 보인다. 박제된 역사적 시간성에서 탈피하고, 텅 비어버린 미학적 형식에서 자유로워지며, 절대화된 서구적 규범을 상대화할 수 있는 상상력을 찾아보기란 매우 힘들다.

이 글은 이와 같은 인식을 가지고 한국 건축의 현실을 돌아보고 건축 형식 생산 계기들의 변화를 추동할 방안을 모색한다. 이 글은 특정 시대와 영토의 건축 생산 체계에는 개별 건축이나 건축가를 포괄하면서도 넘어서는 특정한 건축 형식 생산의 계기들이 존재한다고 전제하며 같은 건축 형식 주변에는 같은 질문이 되풀이되고 있다고 이해한다. 한 시대 또는 한 세대가 지난 지금, 동일한 건축 형식이 다시 반복되고 있다고 진단하고 새로운 건축 형식 생산을 위한 새로운 계기들, 새로운 질문들이 필요한 상태라고 믿으며 주도적 위치에 있던 건축 생산 계기들의 소진을 문제 삼는다. 그리고 그 동안 묻지 않고 남겨진 질문들의 존재가 새로운 질문들을 추동하리라 기대하면서 그 가능성의 영역과 현재적 유효성을 모색한다. 시대가 소진되었다고 느끼는 건축가들에게는 총체성과 통일성을 향한 감각보다 비시의적으로 잡거하는 것들 사이의 이종교배를 상상하는 것이 새로운 질문을 위한 덕목으로 제안된다. 간단히 말해 이 글은 비시의적으로 잡거하는 것들의 시간과 영토를 탐구하는 건축에 대한 이야기이다.

기꺼이 비시의적이고 착오하는 질문들의 영토

지난 세기는 시대적 불가피성을 빌미로 많은 질문들을 유예하거나 간과해 왔다. 역사에서 건너뛰거나 묻지 않고 남겨둔 영토의 존재는 첨예하게 다가온다. 이를 우리는 어떻게 이해하고 어떤 태도를 취할 수 있을까? 역사가 아니면서도 과거에 속하고 그렇다고 온전히 현재도 아니면서도 현행하며, 미래를 가리키지 않지만 미래에 새롭게 회귀할 준비가 되어있는 어떤 혼재하고 잡거하는 시간과 영토가 있지 않을까? 현재의 제도와 규범 속에 엄연히 존재하지만 제도 속에서 특권적 지위를 누리지도 않으면서도 마냥 제도에 종속되어 있지도 않으며 그 가장자리를 감지하는 어떤 것들이 기거하는 영토 말이다. 또한 부분적이고 파편적이어서 결코 총체적이지 않지만 부분만으로도 전체적 윤곽을 암시하는 잠재력을 가진 어떤 것들이 느슨하게 분산돼 있는 영토말이다. 물리적으로 어떤 시대와 지역이 암시되기도 하지만 꼭 특정 시대와 지역만으로 소급되는 것은 아닌 불확정적 영역이다. 그럼에도 불구하고 확실하고 중요한 것은 이들이 생존과 삶의 영역에 속하는 리얼리즘의 영토라는 점이다. 과거에 생산됐지만 여전히 현재적이며 총체적 의식의 외부로 밀려나 존재하지만 누군가에게는 엄연한 현실인, 어떤 알리바이도 필요 없는 영토다. 이 건축의 영토는 파편적이고 분산적이지만 엄연히 지금 우리 현실의 일부를 구성한다.

이렇게 존재하는 모든 것들은 참조를 통해서든, 인용을 통해서든, 콜라주나 몽타주를 통해서든, 모방과 오마주를 통해서든, 패러디나 풍자를 통해서든, 혼성모방 또는 단순반복을 통해서든, 매너리즘적이든 절충주의적 변용을 통해서든 건축가의 설계 테이블 위에 새로운 질문의 형태로 올려질 잠재성을 가진 것으로 제안된다. 이들은 역사적 관점이 아닌 철저히 현재적 유효성을 담보하는 조건하에서 채택되길 기다리는 어떤 것들이다. 여기서 이들의 유효성은 건축의 유토피아적 미래를 환영적으로 현시하는 데 있는 것이 아니라 오직 시의성 또는 시대정신이라는 관념과 규범적 제도의 틀을 뒤흔들고 소진하는 계기들에 의심을 던지는 목적에 부합한지에 달려 있다. 이들이 배태할 새로운 질문들은 건축가의 '시각뇌'*를 이종교배의 상상력으로 쇄신시킬 것으로, 새로운 가능성의 영역에 눈을 뜬 건축가의 '시각뇌'는 더 이상 전과 같을 수 없고, 이들이 생산하는 건축 형식도 이전과 같을 수 없을 것이다.

징후들

한 포럼**에서 미술·디자인비평가 임근준이 승효상에 대해

* 다음 각주에 설명한 포럼에서 미술·디자인 비평가 임근준이 사용한 용어.

** 제12회 김옥길 기념강좌의 일환으로 열린 연계포럼. 2012.10.8. 참석 패널: 김일현(경희대학교 건축학과 교수),

내린 평가는 승효상 개인에 대한 평가를 넘어 그가 속한 세대 전체 혹은 시대 전체에 대한 평가로 들린다. 임근준은 승효상에 대해 "아주 강하게 자신이 동시대인이라고 웅변함에도 불구하고, 그 관점은 아직까지 모더니스트의 그것에서 크게 벗어나지 못했음을 수 차례 재확인할 수 있었"다며 "지속적으로 과거의 전통에서 하나의 건축적 원형을 찾아서 어떤 차원을 이론적으로 해석해내고, 또 그것을 서구의 건축적 원형과 비교해가며 자신의 건축적 알리바이로 제시"하지만, "그 숱한 논의 전개가 결과물과 아무 상관이 없어 뵈니 참으로 괴이한 일"이라고 평가했다. 이는 지금도 건축을 통해 우리건축의 기원을 상상하고 표상해내는 일을 여전히 중요한 것처럼 여기며 한국 건축의 존재론적 근거를 묻는 질문을 반복하고 있는 현실과, 이런 질문들과는 별도로 이제는 낡아 버린 모더니즘 건축 형식에 기대어 여전히 건축을 생산하고 있는 우리의 현실을 정확히 지적한 표현이다. 우리는 한국 건축을 내외적으로 증명해야 하는 질문과 대답에 건축을 너무나 오랫동안 복무시켜왔다. 담론적 영(0)의 시대 또는 공백의 시대에 건축이 스스로를 근거 지으며 동시대적임을 증명해야 하는 시대적 불가피함이 있었을 것이다. 그러나 서로 불화하고야 마는 과거의 전통과 서구적인 원형을 더 이상 건축의 알리바이로 삼을 이유는 없어 보인다. 이제 그런 불가피함은 해소되었고 이는 건축 형식의 불화로 표면화되었다. 또한 이들 건축이 기대고 있던 모더니즘 형식 미학도 충분히 낡았다. 이제 "모더니즘으로 돌아가는 길은 영원히 봉인되었다."*

그럼에도 이들 세대가 건축적 알리바이를 웅변하며 담론적 주도권을 지금까지 형성해온 데에는 대안적인 담론의 공백 상태에 기인하는 바가 클 것이다. 현실과 유리된 담론은 자족

배형민(서울시립대학교 건축학부 교수), 임근준(aka 이정우, 미술·디자인 평론가), 황두진(황두진건축사사무소 소장), 사회 김광수(당시 이화여자대학교 건축학과 교수, 현 건축사사무소 케이웍스 대표). 당시 포럼은 '지역성은 정치적 혹은 문화적 용어이다'라는 제목으로 『건축신문』(2012.12)에 수록되었고, 현재 건축신문 웹사이트에서 확인 가능하다.
* 프레드릭 제임슨, 『포스트모더니즘, 혹은 후기자본주의 문화 논리』(문학과지성사, 2022), 306쪽.

하고, 외부에서 빌어온 건축 형식은 담론과 불화하는 것이 공공연한 현실이다. 더욱 문제적인 것은 담론이 건축 형식과 불화하는 것을 인식하지 못한 채 같은 질문과 대답을 되풀이하며 자족하고 규범화(특권화가 아니라면)되면서, 제도의 옷을 입고 특권적 지위를 누리는 것처럼 보인다는 점이다. 이런 현실 속에서 후속 세대의 건축은 주도적인 담론적 지위를 확보하는 데 원천적으로 실패할 뿐 아니라, 대항 담론이나 주변적 지위, 또는 더 쪼그라든 영토를 감수하며 제도와도 싸워야 되는 상황에 직면하게 됐다. 대부분의 건축은 법과 제도가 정한 틀 안에서 기꺼이 스스로의 모서리를 깎아가는 걸 감수하며 매스 스터디나 하며 경제적 최적화를 위한 볼륨과 면적을 만들어내는 것뿐인 마냥 쪼그라든 영토를 받아들여야 했다. '용적률 게임'*을 한국적 상황의 특수성을 포괄하는 주제로 국제적으로 공표하며 다시 한번 담론화하였을 때는, 이 쪼그라든 영토를 건축의 현재적 조건으로 완전히 인정한 것이었다. 이제 이 흐름은 거부하기 힘든 국면에 접어든 것처럼 보인다.

이와 더불어 건축의 영토는 한번 더 윤리적 테두리 안으로 쪼그라든다. 공공과 일상은 건축을 윤리와 비윤리로 가르며 건축의 영토를 이분한다. 쪼그라진 영토에서 공공과 일상의 가치를 앞세운 공공건축물 현상설계가 국가 시혜적 제도로 전면화되고 건축가들은 이를 현실적 돌파구로 수용한다. 저성장 시대인 요즘, 이들 국가적 프로젝트는 언제나 문전성시다. 문제는 국가 제도를 내면화하면 공공윤리적으로 안전한 선택을 할 수 밖에 없다는 지점이다. 이 사이에서 다른 건축, 다른 윤리를 말하는 건축가는 배격되거나 스스로를 유배하는 수 밖에 없어 보인다. 단순화의 위험을 무릅쓰고 말하자면, 실제로 이 시스템을 통해 생산된 많은 건축물은 일정한 공식이나 틀에 따르는 공인된 공공 건축물의 윤리나 미학이라도 있는 것처럼 보인다. 다른 건축 형식이나 미학, 다른 윤리는 공공의 장에 설 자리가 애당초 없어 보인다. 공인된 미학을 의심하는 건축은 불순한 것으로 여겨져 제도 밖으로 마땅히 밀려나거나 건축 자체의 밖으로 밀려나가는 것까지 감

* 2016년 15회 베니스비엔날레 국제건축전 한국관 주제.

수해야 하는 것처럼 여겨진다. 그렇게 국가 제도 또한 체계화되어 배제의 기제가 되고 건축 형식은 규격화된다.

　반대로 공공 복리에 복무하는 건축은 국가적 인정으로 보상받는다. 국가 단위부터 작은 지자체까지 체계화된 각종 지역별 건축상과 연령이나 연도별로 구분해 수여하는 건축상까지 건축의 공공 기여와 성과는 제도적으로 보상받고 위무된다. 하지만 이들 수상 제도를 통해 담론적 흐름이나 새로운 건축 형식의 등장은 말할 것도 없고, 한국 건축의 시대상이라든지 건축의 경향이라든지 생산 체계의 변화 같은 것이 포착되길 기대할 수 없어 보인다. 많은 건축상이 이에 대해서 관심이 적거나 불문에 부치고 공공이나 일상 등 윤리의 이름으로 잘 다듬은 매스와 매끈한 솜씨로 조탁된 표면을 우대하거나 쉽게 기존 권위에 기댄다. 건축상이 그저 개별 건축가들의 차이짓기 욕구를 공인하는 수단으로 전락한 듯 보이게 된 지 오래다. 답보하고 불화하는 담론과 건축 형식을 규범화하고 제도화하고 윤리화하는 데 건축상도 제도로서 일정부분 가담할 수 밖에 없다. 제도는 제도의 밖을 상상할 수 없다. 그래서 각종 건축상은 차이를 웅변하는 수상작들의 면면과 달리, 큰 차이를 생산하지 못하고 동일화 일로에 있는 건축 형식을 특권적으로 고착화하는 데 복무할 뿐 아니라, 우리를 현실에 자족하게 만들고 다른 상상력을 제약하는 데 동원된다.

　그래서 이들 담론과 각종 제도를 체계적으로 내면화하면서 특권화된 담론과 규범화된 미학과 윤리를 벗어나는 것을 상상하지 못하게 된 건축이 몰두할 수 있는 것은 그저 '차이짓기 욕망'만이 느껴지는 특이한 덩어리 미학이거나 매끈한 표면 미학뿐인 것일까. 스스로 운신할 수 있는 영역을 좁혀온 건축은 그저 덩어리를 배치하고 비틀고 그 모서리를 잘라낸 뒤 팬시한 재료들로 마감해 스스로 스펙타클로서 도시에서 발광하는데 몰두한다. 또는 덩어리의 총체적 미학을 성취하기 위해 굴곡이나 돌출은 최소화하고 접합 디테일의 완성도에 집착하며 재료의 물성이라는 물신에 기꺼이 건축을 기탁한다. 표면을 도착적 패티시로 조탁한 건축과 공간은 장인정신을 표현한 특별한 인간주의적 함의를 갖는 것처럼 격상된다. 그러나 이런 것들로 건축을 아무리 조탁하고 스스로 발광하여

도 동일성으로 치닫는 형식 미학 속에서 그저 이런저런 '차이 짓기의 욕망'만이 읽힐 뿐이다. 이 '차이짓기의 욕망'은 정확히 한국 건축이 실패하는 지점에서 우세하다. 그래서 욕망이 점 령한 한국 건축의 도착적 현실은 스스로의 문제 인식에도 실 패하고 있고 이에 대한 대응도 현실과 엄청난 인식적 괴리를 보이며 실패한다. 또한 이 인식적 괴리로 인해 건축을 쪼그라 들게 만들고 있는 각종 규범적 테두리들의 존재와 그 한계를 감각하지 못하고 그 너머를 상상하는 데 실패한다.

　　말 위에 건축을 쌓는 것은 건축의 다른 가능성을 여는 상 상력의 발현일까 아니면 단지 다른 차이짓기 욕망의 발현일 까? 대표적으로 인문학적 건축이라는 개념은 건축의 인문학 적 가치를 설파해 대중이 건축을 인식하는 데 기여를 했을지 모른다. 그러나 정작 건축적 기여가 무엇인지 묻지 않을 수 없다. 인문학적 건축 논의는 한국 건축이 놓여있는 현재적 위 기를 인문학적 가치와 결합함으로써 타개해보려는 시도일 것이다. 그런데 정작 이 논의는 한국 건축이 놓여 있는 실제 현실에 대해서는 무관심해 보이고 건축에 대한 필요 이상의 과대평가가 자주 읽힌다는 점에서 미심쩍다. 또한 건축이 어 떤 위기에 처했다면 위기를 극복하는 길이 건축의 가치를 과 하게 부풀리는 데에도, 현대 사회에서 어쩌면 더 큰 위기를 겪고 있는 다른 학문 분과를 도입하는 데에도 있을 것 같지 않다. 건축과 인문학이 겪고 있는 위기의 원인과 증상이 소비 주의가 지배하는 후기자본주의 사회라는 현대적 조건*이라 는 생각까지 이르면 인문학을 통해 건축의 위기를 타개하는 방법을 모색하는 것은 그 자체로 넌센스로도 보인다. 그래서 인문학적 건축이라는 조어는 건축이 놓여있는 현실적 조건 을 무시하는 것이 아니라면 그저 또 다른 차이짓기 욕망의 발

---

*　건축적 성취를 포함한 미학적 성취나 인문학적 성취는 비용의 잉여를 바탕으로 탄생하는데 자본주의가 전지구적으로 전면화된 후기자본주의 사회에서는 자본 자체 외의 잉여가 쉽게 허용되지 않는다. 자본은 자본 자체의 잉여만을 추구하며 이런 잉여를 축적함으로써 자기증식하는 체제이기 때문이다. 후기자본주의 사회와 문화생산에 대한 내용은 프레드릭 제임슨, 『포스트모더니즘, 혹은 후기자본주의 문화 논리』를 참조.

현으로 쉽게 의심할 수 밖에 없다. 이런 점에서는 '지문(터무늬)'을 설파하며 땅이 건축을 점지해주길 바라는 주술적 건축이나, '인문'을 설파하며 건축의 가치가 건축을 넘어선 인간적 가치에 가 닿길 바라는 바람을 말로 담은 건축이나 건축의 실재적 현실에는 관심이 없어 보인다는 점에서 대동소이하다. 건축은 말만으로 담을 수 없는 엄연한 현실에 놓여 있다. 현재 한국 건축에 필요한 것은 스스로가 놓여 있는 자리를 가상적 가치로 상상하는 것이 아니라, 이 필연적 현실 위에 서 있는 실재적 조건을 있는 그대로 응시하는 것이다. 건축이 현실에서 실패하며 위기를 겪고 있다면 이는 보다 고차원적인 가치, 가령 인문적 가치를 표상하는 데 실패했기 때문이 아니라 건축이 건축을 통해 세계를 인식하는 데 실패하고 있기 때문이다. 더 중요하게는 건축을 통해 세계를 인식할 수 있는 틀을 사회에 제공하는 데 실패하고 있기 때문이다. 이런 가운데 건축이 자기 충족적 자율성의 체계 안에 머무는 것도 문제지만, 정확한 현실 인식 없이 다른 학문 분야에 건축의 회복 가능성을 떠넘기는 것도 똑같이 문제적이다.

서구의 인정을 갈구하며 일명 '프리츠커상 수상 프로젝트'*라는 희대의 정책을 내놓았을 때 한국 건축의 문제적 현실에 대한 감각은 정점에 이른다. 자족하는 듯이 보이는 내적 성취와 풍성해진 건축적 생산물들의 휘황찬란한 외견과는 달리 여전히 서구적 인정 또는 인증을 갈구하는 현실을 고백한 것 같은 상징적인 사건이다. 그 많은 유학파 건축가들, 그 학위와 경험과 지식으로 쌓은 현실의 허상적 면모에 대한 자기 고백과도 같은 순간이었다. 더 큰 문제는 인정을 갈구하면서도 정작 한국 건축이 손에 든 것이 그리 많지 않거나 제대

* 한국정부는 2019년 '넥스트 프리츠커 프로젝트(NPP)'라는 명칭으로 청년 건축가 30인을 선발해 해외 유수의 설계사무소에서 선진 설계기법을 배울 수 있도록 1인당 3,000만원을 지원하는 사업을 구상한 바 있다. 경향신문은 이 사업에 대해 "'왜 우리는 프리츠커 상을 받지 못하는가'라는 질문에 정부가 '국내 건축가들이 해외 선진 건축설계를 배우지 못했기 때문'이라고 답한 셈이다"라고 평가했다. 「건축 노벨상 받아오라고?…'프리츠커 프로젝트'에 화난 건축업계」, 『경향신문』 2019년 6월 1일.

로 된 것이 거의 없다는 사실이다. 여전히 서구를 규범적 모델로 상정하고 인정을 갈구하는 것 자체도 문제지만, 제대로 된 건축을 손에 쥐고 있지 않다는 것은 한국 건축의 가장 치명적인 문제다. 여전히 과거에 기대어 현재적이지 못할 뿐 아니라 외부적 자극에도 둔감해 보편적이지도 못한 건축 생산에 빠져 있는 현실을 자각하지 못하고 자족하고 있는 인식이 만들어낸 사건이다. 마치 서구의 인정만으로 한국 건축의 문제가 해결되는 것처럼 여기는 나이브함까지 엿보인다. 말하자면 이는 규범화되고 제도화된 과거의 건축적 계기들이 지금까지 그 소진을 유예하며 펼쳐놓은 현재 한국 건축의 적나라한 현실이다. 자기동일성으로 치달을 수 밖에 없는 구조적 한계 속에서 빈손으로 있는 것이 직면해야 할 현실이다. 그 구조적 한계를 인식하지 못하는 한 차이와 인정을 꿈꾸어도 결국 차이를 만들어 내는 데 필연적으로 실패한다. 이 상황을 자각하지 못하는 현실이 더 뼈아프기에 이 정책은 그저 물정 모르는 공무원의 착오적 발상이라고 치부하기에는 상징적이다. 한국 건축에 시급한 것이 있다면 프리츠커상 수상 따위를 꿈꾸는 것이 아니라 현실을 정확히 들여다보는 것이다. 그리고 그 시작은 지금까지 당연하게 여긴 것들을 의심하고 새로운 눈으로 바라보는 데 있을 것이다. 불가능한 혁명적 전복을 꿈꾸기보다 이종교배의 상상력으로 기꺼이 현실을 응시하는 그런 눈 말이다.

그래서 새로운 질문은 건축을 규정하는 담론과 규범, 제도를 의심하는 것에서부터 시작한다. 누군가의 정의나 규정, 인정이나 인증에 얽매이지 않는 건축의 가능성을 상상하는 것이다. 이런 의심과 질문을 던지는 시선과 관점에서 진짜보다는 가짜가, 시의적인 것보다는 비시의적이거나 시대착오적인 것이, 전체적인 것보다 부분적이고 파편적인 것에서 가능성을 본다. 여기에 당연한 것들을 뒤흔드는 새로운 질문들의 가능성이 놓여있다고 믿는다. 쪼그라진 건축의 테두리 밖을 모색하거나, 현재가 아닌 다른 시간을 탐구하거나, 현실을 "옆으로 비켜서서(off)"* 비스듬히 바라보며 지금까지는 가짜로,

---

* 스베틀라나 보임, 『오프모던의 건축』(문학과지성사,

시대착오적인 것으로, 파편적인 것으로 여겨지던 것들이 기거하는 영토를 탐구하며 이들을 통해 그려낸 현실의 윤곽을 조금씩 당기거나 밀며 새로운 질문들을 추동하는 것이다.

즉 기꺼이 비시의적이고 착오적인 어떤 것들이 잡거하는 영토에 건축을 밀어 넣는 것이다.

의도적으로 착오하고 비시의적인 것들

의도적으로 착오적인 어떤 것, 비시의적으로 오래된 것들, 새롭지 않고 진부한 것들이 가진 힘은 건축가뿐 아니라 많은 사람들이 이미 수 차례 거론한 주제다. 다음과 같은 사례들은 현실의 윤곽을 어렴풋이나마 짐작해 보려는 건축가들, 이를 통해 현재의 질문을 갱신할 새로운 질문의 영토를 탐구하려는 건축가들에게 의미 있는 참조점을 제공할 것이며 새로운 질문이 놓여 있을 대안적 시간과 영토의 가능성을 엿보게 해 줄 것이다.

조르주 디디-위베르만은 『반딧불의 잔존, 이미지의 정치학』에서, 바르부르크가 제안한 "역사와 시간의 시대착오적인 구조 자체를 지칭하는 개념"(191)으로서 잔존이라는 개념을 소개한다.* 바르부르크는 "어떤 특정한 시대의 이미지 속에서 발견되는 고대적인 이미지의 흔적"(188)의 존재방식을 잔존이라고 일컬었는데, 이 잔존은 "어떤 다른 시간을 기술"하며 "모든 연대기적 분할을 횡단하"고 "연대기적 질서를 종횡무진 휘젓는" "시대착오의 시간"이라고 정리한다. "잔존은 어떠한 시대구분에도 배타적으로 귀속되지 않는다."(이상 190) "이질적인 시간성이 끊임없이 변증법적인 긴장을 유지하며 서로를 변모시키기 때문에" "시간의 시대착오적인 구조는 변증법적인 구조"(191)라고 주장한다. "잔존의 관점에서 현재·

2023), 8쪽. 근대성에 관한 대안적 계보학 또는 진보의 직선적 내러티브에 대한 제3의 길을 모색하는 방법으로 제안한 개념인 오프모던을 설명하며 표현한 '옆으로 비켜나(off) 있기'에서 차용한 표현(해당 책의 맞춤법 오류로 보이는 '빗겨나'를 수정하여 인용함).

* 조르주 디디-위베르만, 『반딧불의 잔존, 이미지의 정치학』(도서출판 길, 2012), 191쪽(옮긴이 해제), 이후 이 단락 내에서 같은 책에서 인용한 페이지를 괄호 속에 표기한다.

과거·미래는 모두 시대착오적인 시간성이 된다. 잔존의 불균질한 시간성은 현재와 관련해서는 과거와 완전히 단절한 '시대정신'을 불가능하게 만들고, 과거와 관련해서는 현재적인 요소가 전혀 개입되지 않은 순수한 '기원'을 불가능하게 만들고, 미래와 관련해서는 직선적인 진보를 가정하는 역사의 '목적론'을 불가능하게 만든다"(191)고 주장한다. 디디-위베르만의 이 주장을 이 글이 규명하고자 하는 비시의적이게 잡거하는 시간성과 영토성을 가리키는 것으로 읽을 수 있다. 우리가 규명하고자 하는 시간과 영토는 건축 발전 단계의 다음 단계를 꿈꾸거나 완전히 새로운 건축을 위한 근거를 위한 것이 아니다. 이미 생산의 힘을 소진한 것들을 위한 변모의 계기를 이질적인 것들의 도입을 통해 이 시간과 영토에서 발견하고자 할 뿐이다.

  디디-위베르만이 바르부르크로부터 가져와 제시한 잔존의 개념은 일정 부분 피터 아이젠만이 제시한 다음의 태도와 연결되는 듯하다. 피터 아이젠만은 특정 건축에서 현대적이지 않은 과거의 형식이 뒤늦게까지 잔존하는 것들을 발견하는 데서 건축의 비판적 가능성을 읽었다. 아도르노가 정립한 개념과 이를 참조하여 에드워드 사이드가 쓴 『말년의 양식에 관하여』(On Late Style)*에서 영감을 받은 피터 아이젠만은 여기서 발견한 비판적(critical) 건축을 위한 아이디어를 'lateness'**라는 개념으로 제시한다. 아이젠만은 비판적 계기들이 소진되고 새로운 형태 생성을 위한 기술발전에 몰

---

*   에드워드 사이드, 『말년의 양식에 관하여』(마티, 2012).
**   Peter Eisenman with Elisa Iturbe, *Lateness* (Princeton University Press, 2020). 여기서 lateness의 번역은 뒤늦음, 늦게옴 등의 뉘앙스이나 정확한 한국어 번역이 힘들어 원문으로 그대로 사용하였다. 에드워드 사이드의 '말년의 양식에 관하여'에서는 late style을 말년의 양식, 만년의 양식, 후기의 양식 등으로 번역할 수 있는 것과 차이를 보인다. 이는 아이젠만이 아도르노와 사이드의 글을 참고했지만 작가의 말년에 드러나는 양식을 지칭하는 데 쓴 이들과 달리 late, 혹은 lateness라는 용어를 비시의적이게 늦게까지 존재하는 것들을 가리키는 데 사용했기 때문에 발생하는 차이이다. 이 용어의 차이는 아이젠만의 이 책 서문과 결론을 참고.

두하는 현대 건축에 lateness라는 개념이 새로운 비판적 관점을 제안할 수 있을 것으로 본다. 여기서 아이젠만은 선형적 역사 발전론에 부정적인 의견을 보이는 한편 한 시대와 건축 형식의 긴밀한 연관으로 드러나는 시의성과 시대정신을 문제 삼는다. 시대적으로 형성된 관습과 규범이 건축에 표상되지만 후대의 건축 형식이 반드시 선대의 부정 위에 형성되는 것은 아니고 선대의 발전된 양태를 의미하는 것도 아니라는 입장이다. 그저 선형적으로 흘러가는 역사 속에서 다른 계기와 목적에 따라 순차적으로 만들어진 것들이며 그렇기 때문에 완전한 부정이 불가능한 가운데 서로 다른 형식은 공존할 수 밖에 없다는 입장이다. 그래서 아이젠만은 특정 시대의 규범적 건축 형식으로 구성된 건축물에 이와 시기적으로 어긋나는 (late한, 즉 뒤늦은) 다른 건축 형식의 도입만으로도 건축이 비판적일 수 있을 가능성을 읽어낸다. 그리고 더 나아가 의도적으로 시대착오적인 형식을 병치시킴으로써 한 시대가 당연하게 여기고 있는 관습적 표현에 새로운 관점을 제시하고, 나아가 건축 형식의 변화를 추동할 수 있을 것으로 보았다. 아이젠만은 한 시대의 표현으로서 인정된 규범적 관습을 기꺼이 포용하면서도 역사주의적 회고에 빠지지도 않고, 이에 대한 부정이나 혁명적 변화를 통한 전복을 선택하기 보다 비시의적이고 시대착오하는 것들이 추동하는 비판적 상상력을 선택한다.

아이젠만은 건축을 시간적 범주뿐 아니라 다른 어떤 하나의 범주로도 설명하지 못하는 비결정성(undecidability)의 영역으로 끌고 가는 것이 건축에 비판적 계기를 제시하는 것으로도 보았다. 이 비결정성은 아이젠만의 또 다른 책에서 다룬 바 있다.* lateness가 함의하는 시간적 범주를 포괄하는 보다 넓은 범주에서 건축의 비결정적 특성에 내재된 비판의 가능성을 본다. lateness가 보다 시간적 뒤섞임을 강조한 개념이라면 비결정성의 개념은 시간적인 범주를 포괄하면서도 더 다양한 건축적 요소들이 잡거하는 '이단적이

* 피터 아이젠만, 『포스트 모던을 이끈 열 개의 규범적 건축 : 1950~2000』 (서울하우스, 2014).

고 위반적인' 건축물들을 가리키는 개념이다. lateness가 뒤늦게까지 존재(잔존)하는 과거의 어떤 것들을 통해 현재의 시간적 규범에 틈을 내며 현재의 테두리를 비판적으로 탐색할 수 있는 가능성을 연다고 한다면, 비결정적 건축은 시간적 범주를 넘어서 건축 규범의 "가장자리와 돌출부"에 위치하며 정통성과 표준들에 대한 "이단적이고 위반적인 본질을 내포"*하는, "동시적이면서 상호 모순된 표현으로 하나의 해석, 하나의 의미, 하나의 이미지를 거부"**함으로써 건축적 규범의 테두리를 비판적으로 탐문한다.

　　이렇게 건축에서 시간적으로 늦은 것들과 가장자리에 위치한 위반적인 것들의 혼재를 탐구하는 일은 총체성으로서의 건축을 부정하는 것이다. 아이젠만은 *Lateness*의 결론에서 이 지점을 분명히한다. 즉 모더니즘 미학이 추구하는 완결되고 통일된 형식 미학에 균열을 내는 분열적이고 파편적이고 불완전성의 경향을 가진 것으로 lateness의 가치를 정립한다.*** 자기지시적 체계 속에서 결코 착오적일 수 없는 것이 모더니즘이라면 착오적인 어떤 것들을 의도적으로 도입해 모더니즘의 (무시간성이 아니라면) 시의성과 완전성을 파열하는 한 방편으로 lateness와 비결정성을 제시한다. 아이젠만은 여기서 모더니즘을 비판적으로 갱신할 가능성을 보았다. 하지만 그는 모더니즘(또는 포스트모더니즘) 미학의 다음 단계에는 그다지 관심이 없다. 건축 역사의 선형적, 연대기적 발전론에 부정적인 그의 입장에서 중요한 문제가 아니다. 그보다는 비판적 계기 자체의 다음 스테이지에 관심이 더 많아 보인다. 또한 다른 비판적 계기들이 차례로 소진된 현재, lateness가 그가 제안할 수 있는 비판적 계기의 최신버전이라고 할 때(가장 발전적 형태임을 의미하지는 않는다) 미학적 형식의 뒤섞임이 만들어내는 비판적 효과 그 자체를 규명하는 데 관심이 있어 보인다. 이 글이 건축에서 비판적 계기를 다루는 것은 아니지만 (그렇다고 이 글에 비판적 계기에

---

* 같은 책, 15쪽.

　　　** 같은 책, 28쪽.

*** Peter Eisenman with Elisa Iturbe, *Lateness*, p. 94.

대한 함의가 전혀 없는 것은 아니다. 결국 한국 건축이 스스로의 생산적 계기를 갱신하거나 교체하지 못하고 있다면 이는 비판적 계기가 부재하거나 작동하지 않는다는 뜻이기 때문이다.) 우리에게 중요한 것도 모더니즘의 다음 스테이지가 아니라는 점에서(이것이 궁금하다면 이미 너무 늦은 궁금증이다), 그리고 비시의적 뒤섞임, 형식적 혼재를 중요하게 다루고 있다는 점에서 아이젠만의 아이디어는 우리에게 충분한 참조점을 제공한다.

아이젠만의 주장은 시사하는 바가 크지만, 아이젠만이 담론 내에서 큰 성취를 이룬 건축가들과 그들의 작업에 집중한다는 점에서 이 글이 취하는 태도와는 명백한 차이가 있기도 하다.* 이 글에서는 오히려 느슨한 규정의 관습적 표현양식(아이젠만의 표현을 빌면 비관습적 표현양식)에도 관심이 많고, 역사의 뒤편, 남겨진 것들에도 큰 관심을 기울인다. 더 평범하고 흔전만전한 것들의 가능성에 가치를 부여하고 주목한 사람들도 있었다.

관습적인 것/ 흔전만전한 것/ 한물간 것/ 오래된 것

헬 포스터는 발터 벤야민이 초현실주의자들을 오래된 것들의 언캐니한 회귀에서 혁명적 에너지를 감지한 최초의 집단으로 규정했다고 말한다.** 이 때 오래된 것들 또는 한물간 것들이 갖는 혁명적 에너지는 "친숙했던 이미지와 사물이 역사의 억압에 의해 생소해지는 언캐니, 즉 19세기에는 낯익었던 것들이 20세기가 되자 낯선 것으로 복귀하는 언캐니"***로 시간적 거리, 즉 일종의 비판적 거리가 확보됨으로써 발생하는 언캐니에서 유래한다. 역사는 억압적으로 이 혁명적 에너지를 축적한다. 이어 헬 포스터는 현대적 물품과 구식 물건은 "서로 다른 생산양식과 사회구성체에 속하는지라, 두 물건이 상기시키는 형상들이 서로 다른 정동을 불러일으키는 것은 분명"****하다고 설명하는데, 이를 21세기에 혁명적으로 회귀

* 같은 책, pp. 14-18 내용 참조.

** 헬 포스터, 『강박적 아름다움』 (아트북스, 2018), 186쪽.

*** 같은 책, 187쪽.

**** 같은 곳.

할 수 있는 20세기를 위한 조건으로 읽을 수도 있을 것이다. 여전히 동시대를 구성하는 현실이지만 압축적 발전을 겪은 우리 사회의 20세기 생산물은 생각보다 거리가 멀지도 모른다는 점에서, 그리고 실제로 20세기 생산물들이 전통과 현대 사이의 역사에 의해 억압받고 있다는 사실에서 이들이 혁명적으로 회귀할 수 있는 조건은 어느 정도 갖춰진 것처럼도 읽힌다. 하지만 사태는 그리 간단하지 않다. 포스터와 벤야민이 말하는 19세기 것들의 언캐니한 회귀는 20세기의 기계 생산품과 비교되는 아우라를 지닌 수공예품에 한정되곤 했다. 한국의 20세기 건축 생산물들이 수공예적으로 생산된 측면이 있더라도* 벤야민이 이야기하는 아우라를 지녔다고는 보기 힘들 것이다. 그럼에도 불구하고 한물간 것들이 현재에 비시의적으로 잠거하며 만들어낼 수 있는 효과(언캐니라 부르든 혁명적 회귀라 부르든)는 우리가 여전히 참조할 수 있는 지점이다. 초현실주의자들이 "한물간 구식 물건을 구해내 기계생산품을 조롱"하든지, "자본주의 이전의 과거에 억압된 이미지나, 아니면 자본주의가 미치는 범위 바깥에 억압된 이미지를 가지고 자본주의적 물건에 도전"하든지, 아니면 또 "자본주의적 물건을 바로 그 물건이 내세우는 야심을 가지고 패러디"** 한 것과 같은 수사학적 시도를 지금 원용해볼 수 있지 않을까. "한물간 구식 건축을 구해내 현대건축을 조롱"하든지, "모더니즘 이전의 과거에 억압된 건축이나, 아니면 모더니즘이 미치는 범위 바깥에 억압된 건축을 가지고 모더니즘적 건축에 도전"하든지 아니면, 또 "모더니즘적 건축을 바로 그 건축이 내세우는 야심을 가지고 패러디"하는 수사학적 상상력을.

　　　오래 되고 한물간 것들의 혁명적 회귀보다 평범하고 관습적이며 흔전만전한 것들이 구성하는 문화의 연속적 차원

---

*　가령 박길룡은 『한국현대건축의 유전자』(공간, 2005)에서 한국전쟁 직후의 건축적 상황을 "모더니즘을 손으로 빚기"(32쪽)라는 말로 표현하며, "장비와 자재는 부족하지만 풍부하였던 인력 자원"(49쪽)으로 당시 많은 건축물이 말 그대로 손으로 만들어낸 수공예적 특징을 띨 수밖에 없었다고 설명한다.

**　핼 포스터, 『강박적 아름다움』(아트북스, 2018), 188쪽.

에 관심이 많은 건축가들도 있다. 애덤 카루소(Adam Caruso)
는 흔전만전한 것들을 통한 건축 문화의 연속적 차원을 강조
한다. 알도 로시와 로버트 벤추리로부터 유래한 스위스 ETH
의 건축적 전통을 보다 추상적인 스위스 건축의 전통과 대비
하여 설명할 때 그 지점이 확실해 보인다.*

1960~70년대 모더니즘의 흐름이 이어지며 건축의 사회
적 역할을 강조하는 가운데 로시와 벤추리는 형태적인 것들
을 강조하며 유형과 형식 및 이들이 놓여있는 물리적 조건으
로서 도시와 역사 등에 주목했다. 다소 간단히 요약하자면 이
들은 건축과 도시에서 역사적, 문화적, 형태적 연속성을 강조
했다. 로시가 ETH에서 강의한 이래로 이 영향에서 유래한 특
정한 건축적 흐름이 현대 스위스 건축의 한 특징으로 자리 잡
아 현재까지 이어지고 있다. 벤추리는 ETH에서 가르친 적은
없지만 같은 시기에 중요한 미국적 참조점을 제공한 건축가
로 거론된다.

로시가 길지 않았던 ETH 생활을 정리하고 떠난 뒤에도
이 건축적 경향을 이어받아 건축가 미로슬라프 식(Miroslav
Sik)** 등이 유추 건축(Analogue Architecture)라는 개념
으로 정립한 이 흐름은 스위스 도시 환경의 연속성을 구성하
는 데 관심이 많은 현대 스위스 건축가들에게 중요한 근거를
제공한 것으로 평가한다. 유추 건축은 로시가 『도시의 건축』
에서 제시한 유추 도시(città analoga / analogous city)
라는 "건축 설계 이론의 한 가설"***을 ETH 교육과 실무를 통
해 실증하고 발전시킨 개념이다. 카루소는 국제적인 건축가

*   Adam Caruso, "Whatever happened to Analogue
Architecture," *AA Files*, no. 59 (Autumn, 2009), pp. 74-75.
참고로 여기서 언급한 Analogue Architecture 전통과 반대
지점에 있는 (보다 개념적이고 추상적 건축을 하는) 스위스
건축가로 Christian Kerez와 Valerio Olgiati가 언급된다.

** 체코 프라하 태생으로 1968년 스위스로 이주 후
2018년까지 ETH에서 학생들을 가르치고 퇴임하였다. https://
archive.arch.ethz.ch/sik/sik.arch.ethz.ch/index.
html에 1983년부터 2018년까지 ETH에서 가르친 학생들의
작업이 정리되어 있다.

*** 알도 로시, 『도시의 건축』 (동녘, 2006), 351쪽(이탈리아
제2판 서문).

를 꾸준히 배출하고 있는 스위스 건축의 흐름 속에서 이 개념
이 구식이거나 지역적 담론으로 축소되는 것에 반대하며, 이
아이디어가 제시하는 유형(typology), 모방(mimesis), 도시
역사(history of city)가 여전히 현대 건축에 있어서도 강
력한 커뮤니케이션 수단이 될 수 있다고 강조한다. 그래서 유
추 건축은 일상의 도시 공간에서 발견되는 특별하지 않은, 일
반적인, 또 진부하지만 널리 알려진 형상들이 도시 환경 및
문화의 연속성을 형성한다고 본다. 이들을 '직접적'이기보다
'유추적'으로 확장하고 변형하여 건축물들에 적용하고 도시
를 일관성 있지만 다채롭게 채우는 일에 관심이 크다. 이들은
자신의 건축물들이 평범한 건축물들의 형식 범주에 속하게
되는 것에 전혀 거부감이 없어 보인다. 이들에게는 건축의 독
보적 차이를 드러내는 것보다, 오래된 흔전만전한 것들이 혁
명적 힘을 가지고 회귀하는 것보다, 미학적 형식을 빌어 공통
적인 문화적 기반을 연장하고 확장하는 것이 더 중요하다. 이
들은 이런 공통의 기반이 한 사회를 지탱하는 연속적인 지식
을 축적하는 것으로 여긴다.

　　여기서 중요하게 지적해야 할 것은 오래된 것, 과거의
것, 역사적인 것을 다루는 태도다. 그들에게 오래된 것, 과거
의 것, 역사적인 것은 역사적 맥락과 상관없이 자신들이 설정
한 맥락 안에서 중요하게 다뤄진다. 역사적 시대와 이들 사물
이나 건축의 연관이 완전히 부정되거나 무시되는 것은 아니
지만 역사적(historical)이거나 역사주의적인(histori-
cist) 기존 관점과는 다른 관점이다. 역사와 과거에 대한 다
른 태도는 2017년 CCA(Canadian Center for Architec-
ture)에서 진행한 한 전시*에서 보여준 건축가들의 태도와
이에 대한 큐레이터의 해설을 참조해 설명할 수 있다. 이 전
시의 큐레이터인 조반나 보라시(Giovanna Borasi)는 역사
를 기존의 역사가나 이론가들과도 다르고(역사적이지도 않
고) 포스트모던 건축가들과도 다르게(역사주의적이지도 않

*　CCA, *Besides, History: Go Hasegawa, Kersten Geers,*
David Van Severen (Montreal, 2017), 전시 내용과 글을
묶어 전시와 같은 제목의 단행본으로도 출간되었다.

게) 다루는 세대들이 등장했다는 평가로 참여 건축가들을 소
개한다. 이들 새로운 세대에게 "역사는 연구하는 것이기보다
이용할 수 있는 무엇이 되었다"는 평가다.*

　　이 전시는 일본 건축가 고 하세가와(Go Hasegawa)와 벨
기에 건축가 그룹 OFFICE(Kersten Geers and David Van
Severen)의 합동 전시로, 자신들이 설계한 건축물 도면의 일
부를 각자 정한 주제에 따라 CCA가 소장한 방대한 아카이브
에서 발견한 (주로) 20세기 건축물들과 병치하거나 같은 맥
락에서 서로의 건축물을 묶는 방식의 전시였다. OFFICE는
'경계로서의 평면'(Plan as Perimeter)이라는 주제로, 하세
가와의 경우 '조합 원리로서의 단면'(Sections as Logic of
Assembly)이라는 주제로 자신의 도면 및 상대 건축가의 도
면을 두고 아카이브에서 선별한 도면들과 병치하는 방식이
었다. 엄밀한 의미에서 역사적 참조라 할 수 없지만 임의적이
고 사후적으로 구성된 이들 도면들의 짝으로 인해 현재적 건
축 작업들이 일정한 수준의 역사적 맥락으로 (재)구성되는 효
과를 거두게 된다. 동시에 구체적인 역사적 맥락에서 떨어져
각 건축가의 현재적 관심사에 맞는 형식에만 초점이 맞춰져
선정되었기 때문에, 이들 작업은 큐레이터의 설명처럼 일반
적 의미의 역사(적) 전시와는 다른 의미도 갖게 된다. 실제로
이 전시의 핵심도 이 지점에 놓여 있다. 즉 역사(적 생산물)를
다루지만 과거의 건축을 역사적이거나 역사주의적으로 다루
기보다 현재적 유효성을 구성하기 위해 역사를 전유하는 방
식을 보여주는 전시였다. 이렇게 역사는 과거라는 단단하고
고정된 영토에서 떨어져 나와 기꺼이 유동하는 현재에 자유
로이 배치된다. 역사를 역사로 다루는 것은 건축가의 주된 일
이 아니었지만 건축가들은 역사의 힘에 쉽게 굴복했고 역사
는 항상 무거웠다. 우리가 대안적인 시간과 영토를 다룬다고
했을 때 과거와 역사의 시간을 피해갈 방도는 없다는 점에서

---

* "History becomes something that can be used
rather than just studied." CCA 홈페이지 전시소개에서
인용. https://www.cca.qc.ca/en/events/49014/besides-
history-go-hasegawa-kersten-geers-david-van-
severen.

역사를 그 무게에 눌리지 않고 다르게 취급하는 건축가들의 태도는 무척 시사적이다.

마지막으로 위 전시는 위대한 건축물과 건축가들의 아카이브를 대상으로 구성한 것이긴 하지만 참여 건축가들 또한 진부한 것들, 혼전만전한 것들에 대한 관심을 명확히 표명했다는 점을 덧붙이고 싶다. 진부한 것들은 CCA 건축 아카이브에 속하지 않는, 즉 역사에 속하지 않는 건축 형식들을 의미한다. 진부한 것들은 제도 안에는 있지만 역사에는 속하지 않는 것들이거나, 애초에 제도 바깥에 있으면서 관습적인 공통된 형식들을 지니고 있는 것들이다. 이들이 여기에 관심을 갖는 까닭은, 단지 일상적 사물과 건축물들에 대한 관심을 넘어서 건축은 발명할 수 있는 것이 아닌 이미 있는 것들을 재발명하거나 재발견하거나 재결합하는 것에 불과하다는 인식이 깔려 있다.* 이들은 진부함에 대한 관심을 표명한 자신들의 건축물을 역사적 건축물들과 대별함으로써 스스로의 건축에 역사적 의미를 재구성하기도 했지만, 지금껏 건축 역사 또는 담론의 앞줄에 있었던 영웅적이거나 스펙터클한 건축을 생산하는 선대(또는 다른 동시대) 건축가들의 입장과 다른 태도를 가지고 있음도 명확히 한다. 이들에게도 건축은 위대한 건축가가 새로운 것을 발명하고 창조해내는 영웅적 행위이기보다는, 도시와 문화에 잔존하는 사소하지만 공통적인 것들을 조금씩 변형해가며 연속적인 역사를 이어가며 축적해가는 집단적 행위에 가까워 보인다. 이런 지향에서 비시의적인 것들을 뒤섞는 아이젠만의 lateness나 로시로부터 이어지는 유추 건축과 유사한 태도를 읽을 수 있다. 애덤 카루소도 "새로움이라는 건 넌센스"(Novelty is nonsense)라는 말로 건축을 창조와 발명으로 보는 입장에 공공연히 반대했다.**

* Edited by Giovanna Borasi, *Besides, History: Go Hasegawa, Kersten Geers, David Van Severen* (Montreal: CCA, 2018), p. 84.

** Adam Caruso의 Interview, "Novelty is Nonsense"는 다음 영상에서 확인할 수 있다. https://youtu.be/Jyfq7uL-NXg?si=QdP2PHQJ22zBdmZq.

앞서 언급한 건축가들에게서 공통적으로 발견되는 점을 요약하면 이들에게 건축은 발명이나 창조의 문제가 아니라 발견과 배치의 문제로 보인다는 점이다. 건축에서 창조와 창의력의 절대적 힘을 무시할 수는 없지만, 거의 모든 것이 완료되고 꽉 찬 상태로 건축을 비롯한 문화 환경을 물려받은 후대의 문화 생산자들에게는 이미 존재하는 것들의 발견과 재배치를 통해 당대성을 문제 삼으며 창조적 힘을 발휘하는 선택은 나름 합리적으로도 보인다.

소진하는 계기들의 갱신을 위하여 건축을 비시의적으로 잡거하는 어떤 가능성의 영토로 밀어 넣었을 때 기대할 수 있는 것도 완전히 새로운 건축을 발명하는 일이 아니다. 똑같이 배치와 발견이 문제가 되는 지점에서 건축의 질문을 갱신하는 것, 또는 새로운 배치를 위한 영토를 확장하거나 영토를 규정하는 경계선을 이리 저리 밀며 새로운 발견의 가능성을 확보하는 것을 기대한다. 이 가능성의 영토에서 발굴한 건축적 질문으로 충분히 다른 형식의 생산으로 이어질 수 있을 것이란 점은 앞의 사례들을 통해 가능성을 읽을 수 있다. 애당초 건축에 있어 형식 또한 배치의 문제였을 지 모른다는 점에서, 이미 존재하는 것들의 재배치, 비시의적 뒤섞임, 형식적 혼재는 그래서 다른 형식을 예정한다.

그럼에도 불구하고 한국적 상황이 다르고 또 어려울 수 있다는 점 또한 거론해야 한다. 우선 유럽 상황과 비교해 한국 건축의 역사를 전통 건축의 특정 범위까지 확장하더라도 한국 건축이 놓여있는 시간적 범주와 영토적 범주는 너무나 협소하다. 대륙을 가로질러 긴 시간 동안 쌓아 올린 역사에 기반한 유럽 도시의 건축과 비교해 한반도에 한정된 역사적 축적은 그 너비와 깊이가 근본적으로 다를 수 밖에 없어 보인다. 이런 제한된 도시, 역사 상황에서 또 다른 가능성의 시간과 영토의 존재를 규명하는 것에서부터 어려움이 따른다. 주어진 시간과 영토를 이미 다 남김없이 사용하고 소진한 것은 아닌지 의구심도 따라온다. 우리가 다른 시간과 영토를 상상하지 못하는 것도 어쩌면 당연하게 느껴지기도 한다. 그러나 역설적인 점은 압축적인 성장 과정에서 많은 것들을 불가피하게 건너 뛰었던 역사가 가능성의 영토를 내재하고 있다는 사실이다. 그리고 그 가능성의 영토가 충분히 언캐니하고 비시의적이게 회귀할(혁명적 회귀까지 기대하지는 못한다 하더라도) 준비가 된 것처럼 보인다는 사실이다. 그래서 과거와 역사 그대로를 규명하는 것보다 건너뛴 것들의 역사를 규명하는 것에서 더 큰 가능성을 본다.

또 다른, 더욱 중요한 문제는 한국이 국제적 건축 문화지형에서 고립되어 있다는 점이다. 분단된 국경으로 대륙과 연결되지 못한 채 고립된 문화 지형 속에 갇히게 된 형국이다. 다른 문화와 달리 대지라는 조건에 묶여 있는 건축은 이 고립된 지형 속에서 홀로 고군분투하거나 자족한다. 교류는 제약되고 변화는 더디다. 여기서 일본 건축이 취했던 태도는 좋은 참조 대상이다. 일본은 근원적으로 섬나라의 정체성을 가질 수 밖에 없었다는 점에서 한국의 사정과 다른데, 이소자키 아라타에 따르면, 그래서 일본은 매우 일찍부터 고립에 대한 두려움을 인식하고 건축에 임하고 있었다. 가라타니 고진의 『은유로서의 건축』의 서문에서 이소자키 아라타는 일본의 이런 처지에 대한 정확한 인식을 보여준다.

이소자키는 "일본에서는 (…) 완전히 비판적이기 위해서는 이중의 역할을 수행해야 한다. 이런 상황은 내게도 친숙한 것인데, 내 작품도 마찬가지로 일련의 이중 구속들에 의해서 틀지어졌기 때문이다. 우리 일본은 일본 비판에 참여해야만 하고 또 외부세계 비판에도 참여해야만 한다. 만일 이 이중적인 스탠스를 우리가 완전히 구축할 수 없다면, 우리의 작품은 결코 이 외로운 섬의 경계들에서 벗어날 수 없을 것이다"고 말한다.* 일본이 놓여 있는 지리적 조건으로 인해 직면한 이중적 비판의 어려움을 지적하는 것인데, 이는 비단 섬이라는 지리적 조건에서만 기인하는 어려움은 아니다. 사실은 서구라는 거대한 문화적 중심의 외부에 존재하는 문화적 변두리가 공통으로 처해 있는 어려움이다. 그래서 일본이라는 단어를 한국으로 바꾸어 읽고 섬을 반도로 바꾸어 읽어도 위화감

* 가라타니 고진, 『은유로서의 건축: 언어, 수, 화폐』 (한나래, 2017), 20-21쪽. 번역 일부 수정.

이 거의 없다. 문제는 그런 이중적 비판의 어려움을 인식하며 문화생산과 비판의 계기로 삼는가에 있다.

건너뛴 과거의 시간과 영토를 탐구하며 발견한(할) 질문들이 그저 우리만 만족하고 끝나는 또 다른 자족으로 이어져서는 안 된다는 것은 사실 우리가 놓여 있는 지리적 여건과는 별 상관이 없다. 새로 발굴한 질문들은 한국 건축 내적으로도 충분한 갱신의 계기가 되어야 하지만 건축 일반에 대해서도 어떤 지점에서든 보편적 건축의 질문에 맞닿아 있으면서도 충분히 비판적일 수 있어야 한다. 이 태도는 내적으로 변화 없이 정체하고 손에 든 것이 없으면서도 자족하고 외부로는 인정을 구하는 모순적인 태도와는 엄청난 인식적 차이를 보인다. 이 차이를 우선 인식할 때 한국 건축의 변화는 시작될 것이다. 만일 일본 건축의 성과가 부럽다면, 그들의 프리츠커상 수상자 목록이 부럽다면, 우리가 배워야 할 것은 서구의 건축도 아니고 일본의 건축은 더더욱 아니며, 그런 건축을 가능하게 한 명확한 자기 인식, 즉 근본적으로 이중적 비판의 상황에 놓여있을 수 밖에 없는 현실을 인식하고 기꺼이 안과 밖으로 동시에 불손한 건축을 상상하는 태도일 것이다.

자기 영화를 제외한 다른 영화를 보지 않는다는 압바스 키아
로스타미(Abbas Kiarostami)의 말을 믿을 수 없었다. 그가
좋은 영화를 만든다는 사실을 믿고 싶지 않았던 것일지도 모
르겠다. 하지만 영화감독을 거칠게 장르 영화감독과 오투어
(auteur)로 구분한다면, 장르 영화 관습을 참조할 수밖에 없
는 (그리고 그것을 따르거나 비트는) 전자보다 후자의 범주에
포함되는 키아로스타미가 영화를 보지 않는 일을 이해할 수
없는 것은 아니다. 하지만 자기 참조도 참조다.

　　『박찬욱의 몽타주』,『박찬욱의 오마주』에 언급된 영화
의 수, 쿠엔틴 타란티노, 장뤽 고다르, 프랑수아 트뤼포가 본
영화의 수가 영화광의 입을 오르내린다. 영화감독과 배우가
DVD로 가득 찬 선반 사이를 거닐며 영화에 관한 이야기를 나
누는 콘비니(Konbini)나 크라이테리온 컬렉션(Criterion
Collection) 유튜브 채널의 영상은 영화가 참조에 기반한
매체임을 상기하게 한다.* 건축도 다르지 않다.

　　건축 제안 자체뿐만 아니라 작품 제목, 사진, 드로잉 등
건축 형식과 요소를 결정하고 만들기 위해서는 과거의 사례
를 돌아봐야 한다. 참조를 통해 과거로부터 발전, 진보할 수
있기 때문이 아니다. 참조 대상을 밝히는 것이 논문에 참고
문헌을 명시하는 것 같은 윤리이고 이전 세대를 존중하며 이
후 세대를 배려하는 일이기 때문도 아니다. 여기서 윤리나 도
의, 건축에 진보가 존재하는지에 대해 이야기하고자 하지 않

---

*　Konbini, https://www.youtube.com/@konbini.
Criterion Collection, https://www.youtube.
com/@criterioncollection.

는다. 다만 그것은 과거의 작품을 알아야 그것을 반복하는 과오를 범하지 않을 수 있기 때문이다. 건축 행위가 창작임에 동의한다면, "물건 따위를 처음으로 만들어 냄"이라는 창작의 정의와 "참고로 비교하고 대조하여 봄"이라는 참조의 정의를 상기할 때, 만든 작품이 어떤 측면에서든 처음으로 만들어진 것인지 여부를 참조를 통해 가려낼 수 있음은 명백하다.* 참조함으로써 누구도 걷지 않은 길을 찾을 수 있다.

건축에서 참조의 중요성을 되새기기 위해 "건축가가 할 수 있는 가장 중요한 일은 참조 대상과 척도, 측정 시스템을 제시하는 것"이라는 커스틴 기어스(Kersten Geers)의 말을 굳이 경유할 필요는 없을 것이다.** 키아로스타미처럼 참조 대상을 밝히지 않는 건축가가 있는 한편 소상히 밝히는 건축가가 있다. 후자는 다시 각 작품에 대응하는 참조 대상을 일일이 소개하는 이와 작품 세계를 관통하는 참조 대상의 목록을 책, 글 등의 형식으로 한 번에 제공하는 이로 나뉜다. 여기서 후자는 건축에서 참조의 역할, 중요성을 가늠해 볼 수 있는 한 지표다. 예를 들어 오스발트 마티아스 웅거스(Oswald Mathias Ungers)는 저서 『모폴로지』(Morphologie: City Metaphors)에서, 발레리오 올지아티(Valerio Olgiati)는 『2G』(2006), 『엘 크로키』(El Croquis, 2011), 『건축가의 이미지』(The Images of Architects, 2013), 그리고 인스타그램에 공개한 이미지 자서전(Iconographic Autobiography)에서 사진, 이미지 형식으로 참조 대상을 공개했다.*** 건축

* 국립국어원 표준국어대사전, '창작'과 '참조'를 참조.
** 참조 대상을 밝히는 일의 중요성을 역설한 다른 인물로는 짐 자무쉬, 장뤽 고다르 등이 있다. 커스틴 기어스 발언의 원문은 다음과 같다. "I would almost dare to say that the most important thing you can do as an architect is introduce a set of references, a ruler, a measuring system." Kersten Geers, David Van Severen, "Kersten Geers & David Van Severen," by Go Hasegawa, Conversations with European Architects (Tokyo: LIXIL Publishing, 2015), p. 233.
*** 비참조적 건축을 주창하는 발레리오 올지아티조차 어떤 것도 참조하지 않은 건축을 만들고자 하는 것이지 참조 자체를 거부하는 것이 아니다. 올지아티는 자신의 건축 세계를 와하카

물 자체나 그것의 이미지뿐만 아니라 도면을 참조 대상 삼기도 한다. 파라(fala)는 1961년부터 1992년까지 일본 건축가에 의해 지어진 주택의 도면과 사진을 모은 책 『일반적인 용의자』(the usual suspect)를 공개했다.* 정식 출판되지 않은, 엮은이인 파라와 책의 제목 '일반적인 용의자'가 어디에도 명시되지 않은 이 책은 그들의 건축이 1960-90년대 일본 주택의 평면도 구성과 형태를 직접적인 맥락으로 삼고 있음을 암시한다. 글도 참조 대상으로 제시되기도 한다. 다양한 책의 글이 잘 보이게 스캔한 이미지를 나열한 바우쿤스트(Baukunst)의 『생각들』(Pensées)이 그 예다.** 『일반적인 용의자』를 통해 파라의 건축을 평면도와 단면도 상의 형태와 구성, 건축 요소에 초점을 맞추어 이해할 수 있다, 반면 『생각들』은 바우쿤스트의 건축을 형태나 구성보다 전체적인 시스템에 초점을 맞추어 독해하게 한다. 하나의 작품과 그것과 대응하는 참조 대상을 소개하는 방식이 아니라, 참조 대상 전체의 목록을 제시하는 방식은 건축에서 참조가 담당하는 역할과 중요성을 단적으로 보여준다.*** 참조는 창작과 독해 모두를 돕는다.

여기서 건축가가 글, 평면도, 사진, 드로잉을 포함해 무엇을 참조할 수 있는지 자문해 봄직하다. 《심슨 가족》의 에피소드 〈더 세븐비어 스니치〉(The Seven-Beer Snitch)에서 프랭크 게리는 구겨 땅에 버린 마지 심슨의 편지를 참조해 콘서

유적, 마야 유적을 인용하며 설명하기도 한다. 그의 '이미지 자서전'에 대해서는 다음 글을 참고하라. 이희준, 최나욱, 「건축가의 이미지」, 『C3』 421(2022): 124-129쪽.

* @fala.atelier, "'the usual suspects' 1961-1992 japan," Instagram, June 6, 2023, https://www.instagram.com/p/CtHg2FNt85p/?utm_source=ig_web_copy_link&igsh=MzRlODBiNWF1ZA==.

** Adrien Verschuere, Frédéric Einaudi, Baukunst: Pensées (Marseille: Éditions Cosa Mentale, 2021).

*** 『사이트 앤 사운드』(Sight and Sound)나 『씨네21』에서 영화 목록을 발표하기는 하나 한 작가가 참조 대상만을 전시하는 식으로 목록을 공개하는 일은 흔치 않다. 발터 벤야민이 쓴, 인용구로만 이루어진 글은 대표적인 예외다.

트홀을 설계한 건축가로 그려진다.* 쓰레기를 참조하는 이 이
야기를 경유하지 않더라도 작품뿐만 아니라 (감각의 대상이
아닌) 관념, 실체를 특정하기 어려운 자연 현상 등 모든 것이
참조 대상이 될 수 있다.**

　짚고 넘어갈 것은 어떤 대상의 안티테제를 참조하는 일
은 해당 대상을 참조하는 일과 다름없다는 점이다. 뉴욕 기반
의 스튜디오인 스페셜 오더(Special Offer, Inc.)가 디자인
한 찰리 XCX(Charli XCX)의 앨범 《브랫》(brat)의 아트워크
를 그 예로 들 수 있다. 스페셜 오더는 "무엇인가 잘못된 것처
럼 보이면서 좋지 않다고 여겨지는" 아트워크를 제안하고자
했다.*** 밀란 쿤데라의 표현을 빌리면 그들은 유행, '좋은 디자
인'이라는 관념, 대중의 취향 등을 블랙리스트에 올리고, 동시
에 그것을 참조했다.**** 마찬가지로 발레리오 올지아티가 아
버지 루돌프 올지아티와 스위스의 건축을 벗어나려 했다는
점에서 루돌프 올지아티와 스위스 모더니즘 건축은 그의 블
랙리스트에 속한 대상이면서 동시에 참조 대상이다. 반대로
피터 마클리(Peter Märkli)는 루돌프 올지아티 건축을 적극

* 프랭크 게리가 직접 본인을 연기했다. "The Seven-Beer
Snitch." *The Simpsons*, created by Matthew Nastuk,
season 16, episode 14, Gracie Films, April 3, 2005.

** 이시가미 준야는 지평선을 참조하고 그 원리를 비틀어
KAIT 플라자(KAIT Plaza)를 설계했다. 도쿄 도립 중앙 도서관,
국립 국회 도서관, 도쿄 이과 대학교 도서관, 도쿄대학교
도서관에서 출간된 지 오래되어 사용하더라도 법적으로
문제 되지 않는 기후 관련 도서에서 도표를 발췌했다. 그
도표는 그의 책 『건축의 다른 축척』(*Another Scale of
Architecture*)뿐만 아니라 발레리오 올지아티가 엮은
『건축가의 이미지』에서도 확인할 수 있다. Junya Ishigami,
Another Scale of Architecture (Kyoto: Seigensha Art
Publishing, Inc., 2010). Valerio Olgiati, *The Images of
Architects* (Chur: The Name Books, 2015).

*** Sadie Bell, "Charli XCX Responds to Criticism
of Her Brat Album Artwork: 'I'm Not Doing Things to Be
Nice'," *People*, April 2, 2024, https://people.com/charli-
xcx-responds-brat-album-artwork-criticism-8623469.

**** 블랙리스트와 골드리스트는 쿤데라가 지적 유행을
비판하기 위해 사용했던 표현이다. 밀란 쿤데라, 『만남』
(민음사, 2012), 67-69쪽.

적으로 자기 건축에 가져왔다. 루돌프 올지아티 건축은 마클리의 골드리스트에 속했던 것이다. 이렇게 블랙리스트와 골드리스트의 기준은 고정된 것이 아니며 건축가마다 다르다.

마클리는 당대 일반의 골드리스트에 속했던 알도 로시에는 관심을 두지 않았다. 또 그에게 모더니즘 건축과 고전 건축은 위계 차이 없이 동일하게 낡은 것이었고, 다른 건축가가 모더니즘 건축을 참조하듯 그는 고전 건축의 주두를 참조하여 건축물을 설계했다.* 그는 참조 대상의 자의적 선정이 유효한 건축으로 이어질 수 있음을 보여준다.

마클리가 상기시키는 것은, 건축가는 참조 대상을 연대기에서 떼어 자기 작품에 적용할 수 있다는 사실이다. 다시 말해 건축가는 지정학적 위치, 시대, 인과 관계, 널리 동의한 작품의 핵심 등으로부터 자유롭다.** 근대 브라질은 르 코르뷔지에와 그의 모더니즘을 '브라질 식인주의'(Antropogfagia)라고 불리는 자신들의 방식으로 흡수했다.*** 그렇게 탄생한 폴리스타 스쿨(Paulista School)은 다시 스위스 건축가 파스칼 플레머(Pascal Flammer)의 주된 참고 대상이 되었다.**** 발레리오 올지아티가 인용한 기원전 와하카 유적, 루이스 칸이 참조한 16세기 스코틀랜드 성채, 그리고 리처드 르플레스트리어(Richard Leplastrier)가 참조하는 일본 전통 목조 건축은 동일한 위계의 참조 대상이다. 물론 역사의 인과 관계는 중요하다. 그러나 선형적 연대기에 얽매이지 않

*   Peter Märkli, "Peter Märkli," by Go Hasegawa, *Conversations with European Architects* (Tokyo: LIXIL Publishing, 2015), p. 104.

**   널리 동의한 작품의 핵심을 누락하여 참조하는 건축 방식에 대해서는 다음 글을 참고하라. 이희준, 「가능한 건축」, 『일민미술관』, https://ilmin.org/ima_on/2023imacritics2/.

*** Pascal Flammer, "Pascal Flammer," by Go Hasegawa, *Conversations with European Architects* (Tokyo: LIXIL Publishing, 2015), pp. 192-193.

**** 폴리스타 스쿨은 파울로 멘데스 다 로차와 빌라노바 아르티가스(Vilanova Artigas)를 필두로 하는 1950년대 브라질 상파울로를 기반으로 하는 건축가 집단이다. 같은 책, p. 189.

아야 한다. 때론 연대기의 탈피가 작품의 핵심에 가닿는 것을 도와주기도 한다.*

특히 건축가의 출신지는 그 의미가 과대평가되곤 한다. "어머니를 강간하고, 아버지를 찌르라"는 이소자키 아라타의 반세기 전 발언도 그 흔적이다.** 이는 단게 겐조의 건축을 포함한 앞선 일본 건축과 서양 건축에서 더 나아가자는 의미였다. 소셜미디어로 인해 건축에서 국경의 의미가 어느 때보다도 적어진 오늘날, 참조의 측면에서 이렇게 말할 수 있다. "어머니, 아버지와 절연하고 새로운 부모를 얻든, 찌르든, 모시든 마음대로 하라." 이는 "그들처럼 할 수 없다는 자각"도, "그들처럼 하지 않아야 한다는 자의식"도 아니다.*** 영화평론가 허문영의 주장처럼 이는 가치 판단의 문제가 아니라 작가(건축가)의 선택일 뿐이다.****

어떤 것이든 각자 원하는 방식으로 참조할 수 있다. 여기서 주지해야 할 점은 "멍청한 우아함"이나 대상을 정치, 사회, 지리적 맥락으로 환원하는 독해 방식에서 벗어나 참조 대상을 다루어야 한다는 것이다.***** "나는 원하기 때문에 원한다."****** '마스터 아키텍트' 부활의 염원을 담은 이 렘 콜하스의 표현은 참조에 관한 한 유효하다.

* "『파르지팔』을 제대로 이해하려면 우리는 그런 사소한 역사적 사실에서 벗어나 작품을 원래 맥락에서 떼어내 탈맥락화해야 한다." 슬라보예 지젝, 『폭력이란 무엇인가』 (난장이, 2011), 215-216쪽.

** 磯崎新, 「きみの母を犯し、父を刺せ」, 『都市住宅』 6910 (1969.10).

*** 허문영, 『세속적 영화, 세속적 비평』, (도서출판 강, 2010), 133쪽.

**** 한국 영화의 과거는 미국 영화이거나 유럽 영화이거나 일본 영화라는 주장, 그리고 한국 영화는 탈연대기적인 역사를 바탕으로 한다는 아드리앙 공보의 발언에서 볼 수 있듯, 한국 영화는 이런 참조 방식을 단적으로 보인다. 같은 책, 78-79쪽.

***** 밀란 쿤데라, 『만남』, 95쪽.

****** "I want it, because I want it!" Bernard Colenbrander, "On the Eve of Something Big and New," OASE 75 (2008): pp. 80-84.

공간 디자인에서 시간 디자인으로 —
현대 건축에 관한 다섯 가지 테제

송률, 크리스티안 슈바이처

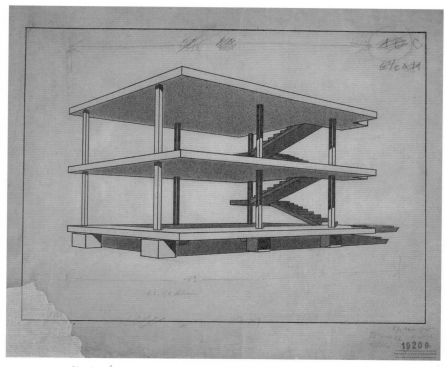

Charles-Édouard Jeanneret (Le Corbusier), 'Maison Dom-Ino', 1914-15,
© Fondation Le Corbusier, Paris.

첫 번째 테제:

건축가들은 건축 역사와 결함 있는 관계를 맺고 있다.

건축가들은 건축 역사와 결함이 있는 관계를 맺고 있다. 건축은 창조적인 과정이다. 과학이 아니다. 건축은 감과 본능에서 나오며, 사회화, 상황, 시대정신, 재능, 경험, 쌓이는 지식에 의해 형성된다. 그리고 이 모든 것은 설계 과정을 통해 이성적으로 된다. 건축은 특정 시점에서 사회가 필요로 하는 것을 느끼는 것이다. 바로 지금처럼 말이다.

건축 역사를 객관적으로 바라보는 건축 역사학자와는 달리, 건축가들은 역사를 매우 주관적으로 바라본다. 자신의 행동을 설명하는 이야기에 들어맞는 것만 역사에서 뽑아낸다. 건축가들은 역사를 맥락에서 분리시키는 경향이 있다. 그들은 그들의 주의를 잡아끄는 조각들만을 알고 있으며, 그 조각들은 그들의 관심사와 공통 부분을 갖고 있거나 그들의 목적에 맞게 왜곡할 수 있는 것들일 뿐이다. 1924년 미스 반 데어 로에의 에세이 「건축과 시대」(Architecture and the Times)가, 1966년 알도 로시의 책 『도시의 건축』이, 1978년 렘 콜하스의 『정신착란증의 뉴욕』이, 그리고 다른 많은 건축가들이 쓴 글이 그렇다. 이것이 건축가들이 쓴 텍스트가 항상 긴급한 느낌을 지니는 이유다. 그것들은 항상 어느 정도 선언서처럼 읽힌다. 그들의 목적이 항상 표면 위로 뚜렷이 드러나 있다.

건축가가 역사를 탐구하는 것은 단지 다음과 같은 두 가지 이유 때문이다. 1) 자신의 주장에 신뢰성을 부여하기 위해 사고적 전통의 맥락 속에 자신을 놓기 위해서거나, 아니면 2) 주관적인 결정을 사후적으로 정당화하거나, 자신의 주장에 객관적인 진리의 냄새를 부여하기 위해서다. 따라서 건축가가 역사를 언급할 때는 절대 믿지 말아야 한다.

두 번째 테제:

20세기는 공간 디자인의 시대였다.

1893년, 독일의 미술-건축 역사학자인 아우구스트 슈마르조

(August Schmarsow)는 공간을 해방시켰다.* 라이프치히 대학교 취임 연설에서 그는 추상적인 공간으로의 지적 전환을 이끌었다. 그는 건축적 공간을 물리적인 측면(한 방, 또는 방들의 배치)뿐만 아니라 철학적 개념으로 확장하였다. 이어서 1896년에 발간된 그의 책 『라움게슈탈퉁』(*Raumgestaltung*: 공간계획)은 출판 즉시 다양한 언어로 번역되어 유럽 전역에 확산되었다.

아돌프 로스와 요제프 프랑크(Josef Frank)는 슈마르조의 라움게슈탈퉁 개념을 구현하기 시작한다. 그들의 라움플란(Raumplan) 개념이 적용된 건물은 이제 공간이 '흐르고', '겹쳐지고', '얽혀 있는' 등의 특성을 가지기 시작했다. 공간(space)이 방(room)으로만 이해된다면 결코 이뤄낼 수 없는 가치다. 방은 흐를 수 없지만, 공간은 흐를 수 있다. 우리가 눈을 감고 상상할 때, '거주 공간'은 '거주하는 방(거실)'과 분명히 다른 의미를 내포한다.

이러한 잠재력을 건물 디자인에 완전히 적용하는 것은 매우 천천히 진행되는 과정이었다. 건축은 비용이 많이 드는 느린 분야다. 하나의 발상을 실제로 경험할 수 있는 물리적인 공간으로 옮기기 위해서는 끝없는 실험이 필요하며, 이는 시행착오를 위해 많은 지어진 건물이 필요함을 의미한다. 전통적인 건물 방식, 익숙한 시각, 기술적 제약은 극복되어야 한다. 아돌프 로스는 1908년 그의 아메리칸 바부터 1922년 루퍼 하우스까지, 진정한 슈마르조적 공간을 발전시키는데 14년이 걸렸다.

마찬가지로 르 코르뷔지에는 자신의 돔-이노 시스템의 개념적 잠재력을 완전히 이해하고 적용하기까지 15년이 걸렸다. 이 시스템은 제1차 세계대전 초기에 독일군에 의해 파괴된 벨기에의 한 마을을 빠르고 싸게 재건하기 위한 해결책으로 1914년에 처음으로 개발되었다. 콘크리트 블록으로 바닥을 채운 철골 구조는 프로젝트의 불가피한 필요성에서 비롯된 것이다. 대지 구획, 평면, 외관 등 모든 것은 여전히 공간을 방으로 이해하는 전통적인 방식을 보이고 있다.

* August Schmarsow, *Raumgestaltung* (Leipzig: 1896).

1926년쯤 기술은 새로운 생각, 즉 추상적 공간 개념을 완전히 따라잡을 수 있을 만큼 발전했다. 콘크리트는 이제 누구든 제대로 사용할 수 있는 방법을 알게 되었고, 필요하면 손쉽게 구할 수 있는 실현 가능한 건축 재료가 되었다. 같은 해에, 르 코르뷔지에는 앤트워프의 메종 기에트(Maison Guiette)에서, 이제 콘크리트 구조 시스템을 갖추기는 하였지만 기둥을 벽 안으로 이동시킨 돔-이노 계획안을 실현했다.* 그래서 아직 형식을 지배하는 것은 로스의 순백 정육면체와 같다. 메종 기에트는 사실, 돔-이노 시스템을 숨긴 라움플란이 적용된 집이다.

1929년이 되어서야 그는 바이센호프 주거단지의 주택들에서 돔-이노 시스템의 개념적 잠재력을 완전히 펼쳐 보였다. 1920년에서 1923년 사이 처음으로 생각하기 시작한 그의 '건축의 다섯 가지 원칙'이 마침내 전체적으로 드러났다. 필로티로 땅에서 들어 올려진 몸체, 자유로운 구성이 가능해진 외관, 물리적, 정신적 제약에 묶이지 않는 자유로운 공간을 위한 자유로운 평면계획, 그리고 그로부터 만들어질 수 있는 자유로운 형태.

그 후로, 돔-이노 건물은 두 가지 현실에서 존재했다. 하나는 사회 및 기술적 문제에 대한 해결책으로, 또 하나는 추상적 공간을 생각하는 개념적 도구로서다. 이로써 건축은 건물을 짓는 것에서 철학으로, 물질의 세계에서 관념의 세계로 전환되었다. 건축된 현실은 추상적 공간의 부산물이 되었으며, 인과관계가 바뀌었다. 마크 위글리는 이를 다음과 같이 표현했다. "디자인은 항상 이론에 관한 것이다. 디자인은 물질적인 것이 아니다. 디자인은 세상에 대한 이론적인 읽음이다. 또는, 더 정확히 얘기하자면, 디자인은 하나의 제스처다. 그 제스처로 이론은 물리적 세상에서 자신을 드러낸다. 디자인에 대하여 말한다는 것은 이론에 관하여 말한다는 것이다."** 피터 아이젠만은 이보다 더 극단적이다. "'진짜 건축'은

* Antoine Picon, "Dom-ino: Archetype and Fiction," *Log* No. 30 (Winter 2014).
** Mark Wigley, "Whatever Happened to Total Design?," *Harvard Design Magazine* No.47 (Summer 2019).

드로잉으로만 존재한다. '진짜 건물'은 드로잉 바깥에 존재한다. 여기에서 차이는 '건축'과 '건물'이 동일하지 않다는 것이다."* 나는 여기에 한 단어를 덧붙여 말하고 싶다, "'더 이상' 건축과 건물은 동일하지 않다."

세 번째 테제:
형태는 물질적 세계에서 불가피하다.
독일어권에서 보통 하는 말이 있다. "건축가가 무엇을 해야 할지 모를 때는 원을 그린다." 이는 건축가가 아무것도 이야기할 것이 없을 때, 형식주의로 물러난다는 감상을 표현하는 말이다. 형태는 작업의 실제 내용이 없다는 사실을 숨기기 위한 빠른 해결책이며, 건물의 존재 이유에 대한 의문을 회피하면서도 건물을 생산하는 가장 쉬운 방법이다.

1950년대, 존 헤이덕은 '9개의 정사각형 그리드 문제'를 만들었다. 이는 학생들이 디자인이나 건축이 무엇이어야 하는지에 대한 기존 개념과 진부한 생각을 소거하고 극복하기 위한 연습이었다. 9개의 정사각형 그리드가 주어진다. 어떤 때는 선으로 표시된 추상적인 칸막이로, 어떤 때는 실제 공간 크기의 틀에서 기둥과 보로 주어졌다. 학생들은 이제 아홉 개의 그리드에 반응하여 건축 요소를 추가해야 한다. 기능, 프로그램, 물질성, 구조적 제약, 사회적 맥락 등이 배제된 추상적 공간을 구성해야 한다. 이는 건축을 벽, 바닥, 기둥 등으로 해체한 뒤 이것들을 구문론과 문법으로 재배치하고 재구성한 피터 아이젠만의 '언어의 건축'에 대한 이해와 일치한다.

'9개의 정사각형 그리드 문제'는 건축을 공간적 관계만으로 축소했다. 다른 관건들, 예를 들자면 기능 또는 프로그램과 형태의 관계, 시공 기술이나 디테일과 형태의 관계, 사회적, 지리적, 정치적 맥락과 형태의 관계와 같은 문제들은 고려되지 않았다. 티모시 러브(Timothy Love)는 이에 대하여 명확히 함축했다. "(9개의 정사각형 그리드) 문제는 독자적 체계로서의 건축 원리에 집중하도록 하며, 건축이 세계 속에

* Iman Ansari, "Interview: Peter Eisenman," *The Architectural Review* No. 1395 (May 2013).

존재하여야 한다는(예를 들어 정체성의 표현) 근거들로부터 관심을 다른 곳으로 돌렸다."*

개념적 그리고 실험적 건축의 탄생과 함께 1960년대와 1970년대 초기의 급진적 실험을 거친 후, '9개의 정사각형 그리드 문제'는 건축 교육에서 개념주의를 소개하는 간단한 도구로 인정되었다. 이는 1970년대 후반부터 1990년대 후반 즈음까지 미국 동부 대학에서 시작되어 다양한 변형과 계속되는 축소판을 거치며 전 세계로 확산되어 널리 사용되었다.

'9개의 정사각형 그리드 문제' 자체는 잘 알려져 있지 않지만, 지금의 건축가 세대들은 이를 기반으로 한 몇 가지 변형에 널리 전수되었다. 현재까지도 이것은 "자유로운 형태 만들기", "형태 실험" 또는 바우하우스에 대한 잘못된 참조로 "기초 형태 학습" 등으로 축소되어 1학년 과정에서 찾아볼 수 있다. 이 접근 방식은 공간적으로 복잡한 기하학과 형태를 만들어내지만, 건축은 인간이 다양한 삶을 펼칠 수 있는 그릇과 배경이라는 그 자체의 복합성을 제거한다. 건축은 그것의 더 큰 맥락으로부터 분리되어 형태 만들기로 축소된다. 단지 학생들이 건축은 형태를 통해 미적으로 표현되어야 한다고 믿게 되고 나서야, 거의 여분의 생각으로, 사회와 기술적 관건들이 소개된다.

물질의 세계에서 형태는 불가피하다. 형태는 볼 수 있고, 들어가 볼 수 있으며, 만질 수 있고, 이해할 수 있으며, 측정할 수 있다. 전달 가능한 모든 사고 과정은 형태로 끝난다. 그것이 책에 인쇄된 텍스트의 레이아웃이든, 건물 내 공간의 관계든 말이다. 그러나 '형태 만들기'는 '의미 만들기'와 같지 않다. 의미는 복잡하게 얽혀 있는 사회적, 기술적, 미학적, 정치적 문제들을 해결하려는 것으로부터 발생한다. 그중 단 하나의 요소만으로는 절대로 생겨날 수 없다. 특정한 형태를 생성하는 과정에서 사회적, 기술적, 정치적 맥락이 생략된다면, 이 과정은 단순히 형태 자체만을 재생산하며 형식주의가 되어간다.

* Timothy Love, "Kit-of-Parts Conceptualism, in Architecture as Conceptual Art?," *Harvard Design Magazine* No.19 (Fall/Winter 2003).

특정 문제에 대한 해결책으로 시작된 모든 건축 운동은 형식적 표현이 이를 주도하는 가치보다 더 중요해질 때 자기만족적 이념으로 변한다. 이런 상황은 건축 역사에서 매우 자주 일어났다. 급진적인 사고의 변화 움직임이 하나의 '양식'으로 표현된 것이다. 그러면서 형식적 측면은 더 단단히 고정되고 애초의 이 변화를 시작한 문제와는 아무 상관이 없어진다. 1932년 필립 존슨의 MoMA 전시 《국제주의 양식》은 근대주의를, 1980년 첫 회 베니스 건축 비엔날레의 전시 파올로 포르토게시(Paolo Portoghesi)의 《라 스트라다 노비스시마》(La Strada Novissima)는 탈근대주의를, 1988년 마크 위글리의 MoMA 전시 《해체주의 건축》은 해체주의를 양식화하는 계기가 되었다. 각 전시에서 선보인 양식으로 그 이후에 지어진 모든 것은 단순한 형식주의에 불과했다.

미스 반 데어 로에는 1927년에 아이러니하게도 『형태』(Die Form)라는 이름의 잡지에, 「건축에서의 형태에 관한 편지」(Briefe an 'Die Form')라는 제목의 글에서 탈맥락적 형태 생성과 형식주의 사이의 관계를 완벽하게 표현했다. "내가 공격하는 것은 형태가 아니라, 형태 그 자체를 목적으로 하는 것이다. 나는 내가 경험하며 배운 것으로부터 이러한 공격을 한다. 형태를 목적으로 하면 필연적으로 단순한 형식주의에 이르게 된다. 이 노력은 오직 외부를 향하고 있다. 하지만 내부에 생명을 가진 것만이 살아 있는 외부를 가질 수 있다."*

네 번째 테제:
우리는 절충주의에 빠져 있다.
한국에는 근대주의가 형식주의로 변질된 후에야 도달했다. 그러면서 근대주의를 발생시킨 문제들과는 매우 다른 문제들에 강요되었다. 한국에 도달한 근대주의는 그것의 특정한 형식적 표현을 구현하도록 이끈 기본 가치 체계, 발상, 사고 과정, 전략적 접근으로부터 오랫동안 단절되어 있었다. 이는 탈근대주의도 마찬가지다. 한국에는 진정한 근대주의 건물

* Mies van der Rohe, "Briefe an 'Die Form'," *Die Form* No. 2 (1927).

이나 탈근대주의 건물이 하나도 없다. 한국 건축가의 건물이든 외국 건축가의 건물이든 말이다. 거의 모든 건물이 형식상 일부 반복된 형태로 보이며, 두 원칙이 무작위로 섞인 경우가 많지만 본질적으로는 어느 것도 아니다. 거의 모든 건물이 근대주의 또는 탈근대주의 형태를 띠는 것처럼 보일 뿐이며, 더욱이 이 두 원리를 되는대로 혼합하여 사용하고 있다. 그 중 본질적인 것은 없다.

1971년, 찰스 젱크스는 처음으로 그의 「2000년까지의 진화 나무」(Evolutionary Tree to the Year 2000)를 발표했다. 이는 20세기 건축 담론을 형성한 모든 주요 양식, 운동, 표현, 인물을 도표로 나타낸 것이다. 그는 2000년에 이 진화 나무를 수정하여 최종판을 후속으로 발표했다.* 이는 한 세기 동안 건축에서 일어난 모든 일을 우리 눈앞에 펼쳐 보이는 매우 인상적인 도표다. 동시에, 2000년 이후 이러한 사고의 흐름이 어떻게 계속될지 궁금해진다. 건축 담론을 확장하고 추가할 가치가 있는 본질적이고 새로운 것이 있었는가? 아니면 이 모든 흐름이 사라지고 1930년대와 40년대의 표현주의와 구성주의처럼 점선으로 흐려질 것인가?

도표 하단에는 한 세기 전체에 걸쳐 구분되지 않은 검은색으로 칠해진 영역이 있다. 젱크스는 이를 "환경의 무인식적 80퍼센트"(Unselfconscious 80% of Environment)라고 이름 붙였다. 여기에는 주요 사건의 개념을 차용하기는 했지만 그것에 대한 자기 인식을 하지 않은 채 적용한 큰 기업 건축 회사나 정부 계획 기관 등의 일들이 포함된다. 또는 건축 담론에 영향을 미치지 않거나 참여 의지가 없어 무인식에 머물러 있는 것들이 포함된다. 예를 들면, "공동주택", "신도시", "보급형 모던", "카탈로그 건축", "세계화", "CAD", "인터넷", "지속가능성 운동" 같은 용어들이 이 영역에 등장한다.

* Charles Jencks, "Evolutionary Tree to the Year 2000," *Architecture 2000: Predictions and Methods* (London: Praeger, 1971); Charles Jencks, "Jencks' Theory of Evolution, An Overview of 20th Century Architecture," *The Architectural Review* No. 1241 (July 2000).

이 영역은 도표의 이미지에서는 단지 20퍼센트만을 차지하지만, 우리 건축 환경의 80퍼센트가 여기에 속한다고 젱크스는 말한다. 그러나 나는 심지어 95퍼센트라고 주장한다. 정확히 표시한다면 이 영역이 전체 도표를 거의 새까맣게 할 것이다. 그리고 바로 여기에 지난 24년 동안 건축에서 일어난 거의 모든 일이 위치해야 할 것이다. 우리는 지금 절충주의 시기에 있다. 이전에 발전된 모든 것들은 부품 창고가 되어 그 조각과 부분들을 더 이상 이해할 필요 없이 무인식적으로 선택하고 차용할 수 있다.

19세기도 같은 식으로 끝났다. 초기에는 고전주의와 비더마이어(Biedermeier) 양식을 통해, 재정적으로나 정치적으로 새롭게 힘을 얻은 부르주아가 지배 계급과 차별화하기 위해 독립적인 형식적 표현을 찾으려 했다. 이는 민주화의 시작이었다. 새로운 형식이 일단 확립되자 그 어휘는 기능과 외모를 위하여 하위개념의 다양한 표현을 할 수 있는 역사주의로 확장되었다. 그리고 결국은 절충주의의 나락으로 떨어져 이전의 모든 것들의 원래 의미와 무관하게 무작위로 사용되었다.

여러 면에서 20세기는 그 전 세기의 흐름과 매우 유사하다. 근대주의 운동은 일련의 심각한 사회 문제에 대한 해결책을 발전시키는 것으로부터 추진력을 얻었으며, 이는 제1차 세계대전 이후 유럽의 민주화로 인해 문제 해결을 위한 강력한 동기를 얻게 되었다. 그때까지 사회적 문제로부터 가장 큰 피해를 받고 있던 사회계층의 목소리가 갑자기 정치적 결정권자들을 선택할 수 있는 무게를 획득했기 때문이다. 1920년대 독일의 『바우벨트』(Bauwelt) 같은 유럽 건축 잡지를 살펴보면, 근대주의 운동이 어떻게 형성되어가는지 마치 저속 촬영한 일련의 프레임처럼 펼쳐진다. 처음에는 무작위의 양식과 형태가 절충적으로 이것저것 마구 섞여 있는 사이에서, 드물게 새로운 운동에 대한 기사나 프로젝트가 어색하게 두드러지며 시작된다. 오늘날과 매우 비슷한 모습이다. 그러면서 1925년에는 전체 내용의 약 50퍼센트를 차지하고 있고, 1930년에는 거의 잡지 전체를 채우고 있다. 1950년대부터 이 새로운 건축 언어는 다시 더 다양한 표현을 허락하기 위하여 탈근대주의로 확장했다. 본질적인 내용에 대하여 말할 것이 다 소진된 1990년대는 절충주의로 떨어졌다.

발레리오 올지아티는 2018년 출간된 『비참조적 건축』에서 우리가 현재 처한 상태를 매우 정확하게 요약하고 있다. 그는 우리가 견고하게 붙잡고 있는 이념과 참조가 점점 없어지는 세계를 묘사한다. 이념의 부재는 어떠한 이념도 인용할 수 있게 하고, 참조의 부재는 어떠한 참조도 인용할 수 있게 한다. 비참조적 건물은 고정된 상징과 이미지, 그리고 그것들의 역사적 함의의 어휘 밖에서 그 자체로 의미 있는 실체라고 그는 주장한다. 이는, 본질적으로, 절충주의에 대한 정의다.

건축에서 지금 우리가 절충주의에 빠져 있는 이 현상의 기원은 세계화와 형식주의로 변질된 탈근대주의가 만났을 때로 거슬러 올라갈 수 있다. 1989년 갑자기 알도 로시가 설계한, 유럽의 맥락 안에서 그 정체성과 연관성을 갖기 위해 유럽 건축 역사로부터 영향을 받은 호텔 일 팔라초(Il Pala-zzo)가 일본 후쿠오카에 등장했다. 알도 로시는 자신의 건축에 대한 견해가 아닌 자신의 형식주의를 일본에 들여놓은 것이다. 1990년 알도 로시는 프리츠커상을 수상했고, 1991년에는 이 건물이 AIA(미국 건축가 협회) 명예상을 받으며 그해 최고의 건물로 인정받았다. 스타 건축이 탄생했다. 지역성과 맥락으로 형성되던 정체성은 브랜딩과 마케팅으로 만들어가게 되었다. 이제 아이디어는 정치적, 이념적, 개념적, 지리적 경계를 넘어 여행할 수 있다. 유럽의 아이디어가 일본으로 여행하여 다른 맥락에 놓이며 원래 의미로부터 분리되어 다른 의미를 갖게 된다. 아이디어는 교환 가능하고, 결과적 의미 또한 교환 가능하다. 절충주의는 스테로이드를 맞아 기형적으로 몸을 키운 형식주의다.

나는 건축이 작동하는 현재의 틀에 대한 올지아티의 분석에 동의한다. 앞에 거론한 이유들로 인해 비참조적 세계라기보다는 탈맥락적 세계라고 부르고 싶다. 그러나 그의 결론에는 강력히 반대한다. 그는 비참조적 세계에서 의미를 창출하기 위해 일체성, 새로움, 질서, 경험, 의미 부여, 저작권 등의 원칙을 제안한다.* 이러한 원칙들은 1990년대 스타 건축의 논리에 의해 개발된 것으로, 다른 건축가의 양식과 차별화하기 위해 자신의 양식을 만들고, 독특한 디자인을 내놓되 여전히 동일한 브랜드로 인식될 수 있어야 한다. 이러한 특정 조합의 원칙들은 자크 헤르조그, 페터 춤토어, 크리스티안 케레츠(Christian Kerez)가 썼을 법한 내용이기도 하다. 올지아티를 포함한 이들은 모두 스위스 건축가로, 이러한 원칙들이 매우 좁은 문화적 조건의 틀 내에서 작동하고 있음을 암시하며, 따라서 보편적일 수 없다. 사실 이러한 원칙들은 개인화를 통해 탈맥락화를 강화하고 가속화한다. 소위 올지아티는 "당신의 브랜드가 여전히 인식 가능한 한, 타협이나 윤리적 제약 없이 원하는 대로 하라"라는 내용의 교과서를 쓴 것과 같다.

다섯 번째 테제:
우리는 시간 디자인의 세기로 접어들고 있다.
1989년 여름, 미국의 정치학자 프랜시스 후쿠야마(Francis Fukuyama)는 역사의 종말을 선언했다.** 소련연방의 붕괴와 냉전 종식으로, 20세기의 생존을 위협하던 문제들이 해결된 것처럼 보였다. 자유시장경제를 가진 자유 민주주의가 승리한 것이다. 1990년대는 무한한 가능성과 기하급수적인 성장을 이루었던 시기로, 스타 건축가 문화를 정점으로 이끌었다. 그러나 위험 신호의 징조들은 무시되었다. 이 모든 것 뒤에는 우리가 이러한 생활 방식을 위해 치러야 할 대가, 즉 기후 변화가 기다리고 있었다. 인류가 직면한 최악의 실존적 위기다.

환경 파괴는 임박해 있다. 2015년 파리 협정에서 지구 온난화의 한계로 설정된 섭씨 1.5도 임계점을 2023년에 넘어섰다. 이제 과학자들은 21세기 동안 지구의 온도가 섭씨 2.7도 올라갈 것으로 예측하고 있다. 이는 지난 1만 년 동안 인류 문명을 발생시킨 인류의 "기후 적소"로부터 20억 명의 사

* Markus Breitschmid and Valerio Olgiati, *Non-Referential Architecture* (Basel: Park Books, 2019).
** Francis Fukuyama, "The End of History?," *The National Interest Journal* (Summer 1989).

람들을 밖으로 몰아낼 것이다. 공급망이 붕괴되고, 식량 가격 이 급등할 것이며, 사회적 불평등이 심화되고, 민주주의가 무너지며, 기근, 대규모 이주, 지속적인 갈등과 전쟁을 낳을 것이다. 이렇게 수백만 명이 사망할 것이다. 이는 우리의 사회 구조와 생활 방식을 파괴할 것이며, 누구도 이 파괴의 영향을 피해 갈 수 없을 것이다. 우리 모두는 이 문제에 대하여 알고 있지만, 정치적 의지 부족과 거대 기득권 기업의 이해관계가 이를 해결하지 못하게 막고 있다. 기하급수적 성장 모델을 본보기로 작동하는 신자유주의적 세계 경제는 천연자원을 고갈시키고 자연과 인간의 서식지를 파괴하고 있다. 이러한 상황에서 한국과 사우디아라비아는 여전히 이산화탄소 배출량이 증가하고 있는 유일한 선진국이다. 그리고 한 사람이 배출하는 이산화탄소량으로 따지면 2035년부터 한국은 미국을 추월할 것으로 보인다. 세계에서 가장 많은 이산화탄소를 배출하는 중국도 1인당 배출 기준으로 보면 22위에 불과하다.

건축은 전 세계 이산화탄소 배출량 40퍼센트와 전 세계 폐기물 발생량의 약 60퍼센트에 대한 책임이 있다. 2003년 이후 중국 혼자서 3년마다 쏟아부은 콘크리트 양은, 미국이 온 20세기 동안 사용한 콘크리트보다도 더 많다. 20세기 건축을 가능하게 한 콘크리트는 이제 최악의 이산화탄소 배출량과 자원 소모를 야기하는 지구상에서 가장 파괴적인 재료로 판명되었다. 모래, 자갈, 석회 채굴로 인해 매년 지역 생태계 전체가 사라지고 있다. 현재 우리의 생활 방식은 지속 가능하지 않다. 우리가 이제까지 살아온 방식을 계속 이어간다면, 지구의 천연자원과 환경시스템은 되돌릴 수 없을 정도로 훼손되고 고갈될 것이다. 건축은 기후위기 문제의 핵심에 있으며 해결에 기여할 의무가 있다. 그 해결안은 지속 가능한 건축이다.

지속 가능한 건축은 재료, 에너지, 개발을 위한 토지를 사용함에 있어 개선된 효율성과 절제를 통해 건물의 부정적인 환경적 영향을 최소화하며 전체적인 생태계를 지키려고 노력하는 건축이다. 기술적인 관점에서 보면, 1980년대부터 지금까지 우리는 지속 가능한 건물을 설계하는 데 필요한 모든 것을 배웠다. 그러나 우리는 지속 가능한 디자인을 위한 개념적 틀이 부족하다. 대부분의 건축가는 지속가능성을 덧붙여야 하는 생각 정도로, 단순히 법적 요구사항을 충족시키기 위해 개념을 조정하거나 더 좋게 하는 정도로 접근한다. 이렇게 지어진 건물은 지속가능성의 개념이 있건 없건 동일하게 작동한다. 관련 없는 개념이나 언어로 지속가능성을 속이려는 지속 가능한 건물은 건축으로서의 가치를 잃는다. 오직 소수의 건축가만이 지속가능성을 디자인 개념으로부터 분리할 수 없는 출발점으로 삼는다.

찰스 젱크스가 그의 「진화 나무」에서 지속가능성 운동을 무인식적인 영역으로 추방한 것은 우연이 아니다. 이 행위로 그는 그 중요성과 잠재력을 축소하려 했거나, 아니면 20세기에 형성된 그의 건축 이해와 정의로는 이 운동의 중요성과 잠재력을 볼 수 없었던 것이다. 피터 아이젠만은 지속가능성을 단호히 거부했다. "지속가능성은 건축과 아무 관련이 없다"며, "내가 본 최악의 건물들은 지속 가능한 건축가들에 의해 지어졌다"고 말했다. 라파엘 비뇰리는 "지속가능성은 양식과 아무 관련이 없거나 없어야 한다"고 말했다. 이 점에서 그들은 근본적으로 틀렸다. 지속 가능한 건축은 모든 내용물은 있지만 양식이 없고, 윤리는 있지만 미학이 없는 것으로 평판이 나 있다.* 아이젠만과 다른 건축가들이 지속가능성 운동에 대하여 비판하는 것은, 19세기의 잔재들이 초기 근대주의자들의 장식이 제거된 흰색 정육면체에 대해 비판했던 것과 같다.

젱크스는 이를 '지속가능성 운동'이라고 명명함으로써 그 중요성을 예견할 수 있었을 것이다. '운동'은 근대주의 운동과 마찬가지로 모든 것을 포괄하는 문제에 대한 직접적인 응답으로, 공유된 가치 체계로 묶여 있다. 이는 21세기 초의 절충적 주관성과 개인주의에 대한 역운동이다. 근대주의자들은 운동의 힘을 증명했다. 지속가능성은 다가오는 가까운 미래에 불가피하다. 그것이 해결책이기 때문이다. 그래서 이 또한 근대주의가 그랬던 것처럼 특정한 새로운 형태를 만들어낼 것이며, 결국 어느 시점에서는 양식과 형식주의로 굳어질

* Lance Hosey, "Six Myths of Sustainable Design," *Green Building Advisor* (March 2015).

것이다. 그러나 우리는 아직 초기 단계에 있다.

지속가능성의 기술적 해결책으로 "21세기를 위한 새로운 돔-이노 하우스"는 이미 그려졌을 가능성이 크다. 그러나 우리는 아직 그것의 개념적 잠재력을 인식하지 못하고 있다. 르 코르뷔지에가 1914년 그의 주택에서 아직 돔-이노 개념의 잠재력을 못 알아차렸듯 말이다. 지난 15년 동안, 새로 지은 건물 중 나의 관심을 끌었던 것은 손에 꼽을 정도다. 거의 모든 건물은 이미 본 것 같거나, 건물의 개념이 이전에 적용됐던 것 같거나, 또는 기저의 계속 반복적인 원칙이나 방법론을 바로 인식할 수 있는 것들 뿐이다. 건축은 우리가 현재 직면하고 있는 문제들과 단절된 것 같다. 20세기의 끝없는 반복, 샘플링, 리믹스. 하지만 나는 한국과 해외에서 흥미로운 건물 개조 작업이나 임시 구조물을 많이 접했다. 그들 모두 공통으로 갖고 있는 본성은 '시간'의 개념이다. 그들은 '시간'을 드러낸다. 지속, 변화, 일시성, 과정. 이러한 성격은 나의 관심을 끌었던 몇 안 되는 신축 건물들도 가지고 있었다. 그들은 영원할 것처럼 거기에 서 있거나, 미완성인 채로 또는 계속 발전할 가능성을 내재하고 나타났다.

지속가능성은, 보다 넓은 의미에서, 과정을 시간의 흐름과 함께 끝없이 지속적으로 유지하거나 지원할 수 있는 능력을 의미한다. '시간'은 지속 가능한 건축을 개념화하고 나아가 건축 전체를 개념화하는 핵심이다. 물질세계에서 형태가 불가피한 것처럼, 시간도 불가피하다. 그러나 시간 그 자체의 잠재력은 아직 제대로 활용된 적이 전혀 없다. 우리는 그것의 끝이 '완성된' 3차원인 건물을 설계하고 짓는다. 건물의 노화, 내구성, 유지 관리, 노후화는 단지 기술적 세부 사항이나 보장 의무 같은 부차적인 것으로 여긴다. 르 코르뷔지에의 돔-이노 다이어그램이 처음부터 공간 해방의 가능성을 내포하고 있었던 것처럼, 이제 우리는 시간을 해방해야 한다. 우리는 이제, 그 결과가 어떻든 "4차원 건물"을 설계하고 짓기 시작해야 한다.

기술적인 측면에서 우리는 순환 디자인, 재료 재사용, 해체 가능한 건축 시스템, 수명 주기 관리 등과 같은 전략을 알고 있지만, 이러한 전략들을 여전히 20세기에 정의된 건축에 적용하고 있다. 이 낡은 언어는 더 이상 우리를 도울 수 없으며, 사실 우리가 처한 위기의 주된 원인이다. 우리는 다시 한번 우리가 직면한 문제가 우리의 존재를 이끄는 원리에 대한 이해를 산산조각 내는 시점에 있다. 이제, 불가피하게도, 그 문제들이 우리의 존재성이 이루어지는, 인간이 만든 환경을 창조해내는 원리에 대한 우리의 이해를 산산조각 낼 것이다.

인류가 직면한 가장 큰 존재적 위기가 다가옴에 따라, 우리가 건축이라고 이해하고 있는 20세기에 확립된 용어들을 우리는 재정의할 필요가 있다. 근대주의자들이 기능, 공간, 계획안 또는 형태를 재정의했던 것처럼 말이다. 이제 건축은 외관이 아닌 내용으로 이해되어야 한다. 건축은 하나의 대상이 아닌 모든 것의 관계로 이해되어야 한다. 건축은 건물디자인이 아닌 사회디자인으로 이해되어야 한다. 건축은 기능하기 위해 존재하는 것이 아니라, 영향을 미치기 위해 존재해야 한다. 조직화하기 위하여 존재하는 것이 아닌 가능성을 주기 위하여 존재해야 한다. 무엇을 제공하기보다는 가능하도록 하기 위하여 존재해야 한다. 건축은 결코 하나의 결과가 아닌, 항상 진행 중인 과정으로 이해되어야 한다. 이러한 재정의를 통해서만 우리는 건축을 단지 공간 디자인이 아닌 "시간 디자인"(Time Design)으로 이해할 수 있다.* 모든 디자인은 처음부터 변화, 적응, 변형, 확장, 축소, 유지, 사라짐, 변신, 융합, 불확정성, 유연함, 유동성, 미완성, 진행 중, 지속성, 일시성, 개선을 가능하게 하는 시간을 전제로 개념화되어야 한다.

세계 건축 담론은 서서히 지속가능성에 대한 개념적 이해로 전환되고 있다. 이 담론은 아직 한국에 도달하지 않았다. 도달했다 해도 형식주의의 또 다른 표현으로서 보여주기 식으로만 존재한다. 따라서 한국은 의미 있는 수준에서 건축을 할 수 있는 기회를 또다시 놓치고 있다. 은유적인 그리고 문자 그대로인 시간을 낭비하지 말자. 나는 더 이상 건물이 어떻게 생겼는지, 공간이 얼마나 환상적인지에 관심이 없

*   Ryul Song and Christian Schweitzer, "Architecture is Fundamentally Social," 2019, Seoul, reprinted as Future School Manifesto, in Future School Compiled, Seoul, 2021.

다. 나는 오직 저기 서 있는 건물이 이 위기를 해결하기 위해 무엇을 할 수 있는지 알고 싶다. 그렇다면 건축의 새로운 언어와 개념을 발전시킬 수 있을 것이다. 우리는 20세기를 없었던 일로 할 수 없다. 더이상 건축은 건물이 아니다. 그렇기 때문에 건물이 형태로 해결책을 나타낼 수 있을 때만이 건축으로서 의미를 가질 수 있다. 그러나 건축은 지금 귀양 중이며 재창조 과정에 있다. 한편 건축가들은 여전히 계속해서 건물, 건물, 건물, 건물, 건물, 건물, 건물, 건물, 건물, 건물, 건물, 건물, 건물, 건물을 설계하고 토론하고 있다.*

*   wParaphrased from Hans Hollein, "Architecture in Exile" (1960).

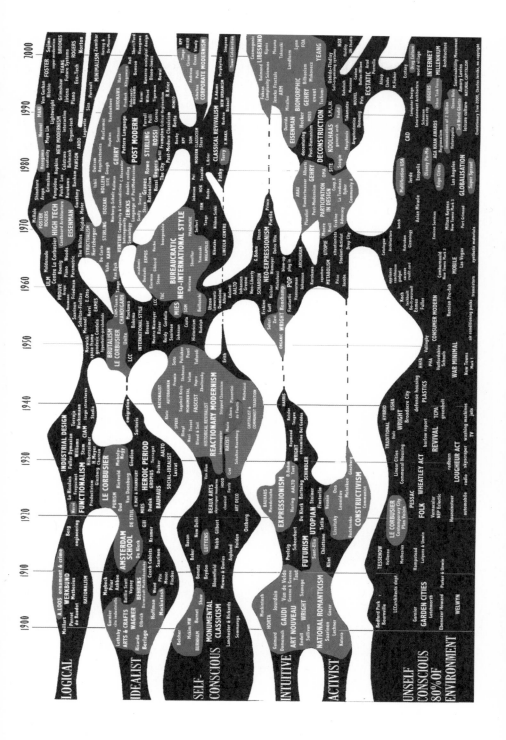

Charles Jencks, 'The Century is Over. Evolutionary Tree of Twentieth-Century Architecture', 2000,
© Jencks Foundation, London.

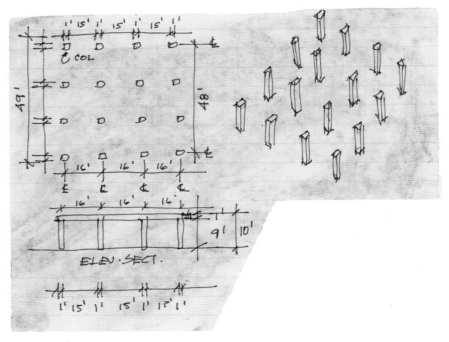

John Hejduk, 'The Nine Square Problem', conceptual drawing with notes, detail, between 1954 and 1963, © Canadian Centre for Architecture, Montréal.

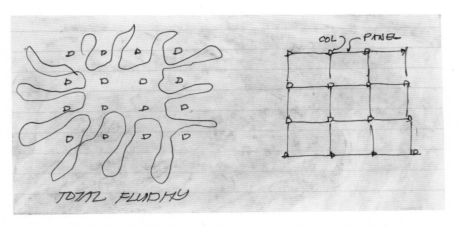

John Hejduk, 'The Nine Square Problem: conceptual drawing with notes', complete fluidity and complete containment, detail, between 1954 and 1963, © Canadian Centre for Architecture, Montréal.

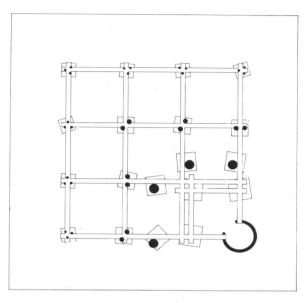

Stephen Chambers, '9 Square Grid', 1976–77, class of Raimund Abraham and John Hejduk,
© The Irwin S. Chanin School of Architecture Archive of The Cooper Union, New York.

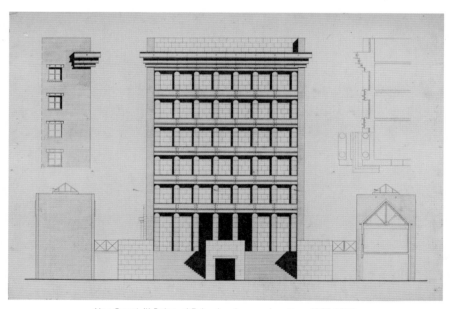

Also Rossi, 'Il Palazzo' Fukuoka, Japan, elevation, 1987-1989,
© Canadian Centre for Architecture, Montréal.

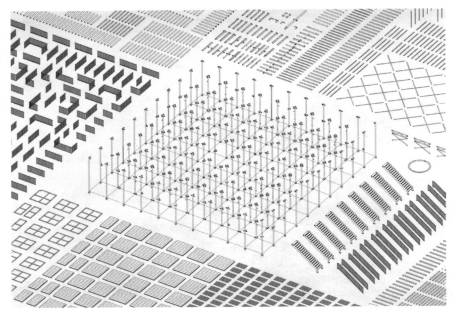

Gustav Düsing & Max Hacke, 'Study Pavilion TU Braunschweig', component parts, 2022,
© Gustav Düsing & Max Hacke, Berlin.

르 코르뷔지에의 돔-이노 프레임과 콜라주.

---

*   Greatest Of All Time, 일종의 국힙원탑이랑 비슷한 의미.

레디메이드, 밈, 패러디가 난무하고, 이미지 생성기가 쉴 새 없이 이미지를 토해내고 있다. '원작을 고집하는 것이 무의미해지고 있구나'를 만인이 느끼는 무아지경 시대 속에서, 누가 누굴 베꼈냐, 혹은 누가 먼저냐와 같은 선례의 사실 여부를 따지는 것은 한편으론 마치 원조할매국밥의 진짜 원조는 누구인가에 대해 꼬투리 잡는 것과 비슷한, 근본주의자의 허무맹랑하고 굉장히 힙하지 못한 행위로 느껴진다. 짜가가 판을 치면, 찐과 짝퉁이 차이가 있긴 한 걸까?*

허나, 인용과 표절 사이 그 실오라기 하나같은 차이를 일인칭 시점으로 맞닥뜨렸을 때는 좀 다르다. 그 순간 경험하는, 뭐랄까, 말로 설명할 수 없는 불쾌함, 질투, 짜증, 자기 박해, 소외감, 위선, 멜랑콜리아, 허무함을 떨쳐내기에는 하찮은 인간으로서 견디기 매우 어렵다. 솔직히 얼마나 자존심 상하는 일인가? 독창적이라고 생각했던 내가 사실은 하찮은 아류였다니! 관건은 결국 멘탈 관리라고 볼 수 있다. 이 시대에 살아가는 핵심은 이러한 현실에 대해 얼마나 태연하게 받아들이고, 또 얼마나 뻔뻔하게 이 흐름에 묻어가는가일지도 모른다. 몇 가지 사례를 토대로 모아보는 꿀팁이다.

1. 오전 11시. 좀 늦게 일어났다. 늦잠이 아니다. 사실 어젯밤에도 열심히 개념 구상하느라 늦게 일어난 것뿐이다. 괜찮다. 후, 창의적인 사람은 발상도 다른 법. 아침은 어차피 상대적일 뿐. 미라클 모닝을 하와이에서 시작한 거나 별다른 것 없다. [이런 발상의 전환, 천잰데?] 당황하지 않고 인스타그램 피드를 키면서 부지런히 오늘 하루를 시작한다. 모닝 뉴스를 보듯이, 일어나 눈을 뜨자마자 인스타그램을 열고 세상을 탐색하는 기특한 나의 모습을 만끽하며 즐긴다. 이렇게 매일 아침 피드를 둘러보는 것을 습관적으로 실천한다. 내가 수면 상

---

* 보드리야르 x 신신애의 '세상은 요지경' 콜라보. 이런 연결짓기는 상상 못했을 것이다! 갓댐! 렛츠기릿.

태에 있을 때 이미 세계 인구 60억 명 중 절반은 이미 하루를 생산적으로 보냈을 것이다. 그러면 굉장히 높은 확률로 내가 시작하기로 마음먹었었던 구상과 개념들을 이미 진행하고 있을지도 모른다. 그러니 바쁘게 살피고 채집하자. 게으르면 뒤처진다는 것을 명심해야 한다.

2. 일단 가볍게 구독 중인 계정들의 피드를 탐색하자. @florisvanderpoel이나 @aseriesofrooms 같은 부류의 계정을 추천한다. [오늘은 또 어떤 좋은 영감을 받아볼까나?] 사실 피드를 보는 행위는 사례를 찾아다니기 위한 일종의 채집 작업이지만, 또 한편으로는 나의 독창성을 재차 확인하고 유사 작품을 견제하는 행위이다. 다행히 오늘도 내 눈엔 특히 눈에 띄는 건 없다. [역시 내 감각은 좀 남다른 듯(씨익)].

3. 슬슬 강도를 높여 본다. 끝판왕 난이도 수위는 검색창이다. 검색 피드엔 무궁무진한 게시물들이 많이 존재한다. 심호흡을 한번 하고 넘어가자. 다행히 어젯밤 작업 하면서 "'법륜스님의 즉문즉설 1263회' 왜 방황해도 괜찮은가요"와 "'법륜스님의 즉문즉설 제1486회' 어찌해야 이놈의 화를 없앨지"를 유튜브로 봤기 때문에 감정을 추스를 수 있다. 난 언제나 준비돼 있다. 오늘도 제 마음에 평정심을 주시고 유혹에 빠지지 않게 도와주소서. 아멘.

4. 계획했으나 아직 실행에 옮기지 못한 나의 아이디어와 굉장히 유사한 작업을 우연히 발견했다. [아뿔싸.] 심지어 좀 예쁘다. 게다가 건축가의 작업도 아니다. 어제 들었던 법륜스님의 말씀을 새겨듣자. [도움이 안 된다.] 당황하지 말자. 원영적 사고로* 평정심을 유지해 본다. 그래, 이건 하나의 참조가 될 수 있어. 내 구상의 기초 작업이라고 즐거운 회로를 돌려

---

* 걸그룹 IVE의 멤버 장원영의 초 긍정적 사고에서 비롯된 인터넷 밈이자 유행어. 단순한 긍정적인 사고를 넘어 초월적인 긍정적 사고를 뜻하는 말이며 자신에게 일어나는 모든 사건이 궁극적으로 긍정적인 결과로 귀결될 것이라는 확고한 낙관론을 뜻한다.

보자. 유사성에 대한 조바심은 굉장히 아마추어 같은 생각이다. 조금만 긍정적으로 생각해 보면, 타인이 나를 대신 초반 밑바탕 작업을 해줬다고 볼 수도 있기 때문이다. 피카소가 위대한 작가는 훔친다는 말을 괜히 한 것이 아닐 것이다(심지어 이 명언도 시인 T. S. 엘리엇이 훨씬 전에 한 거라던데?).* 필립 존슨의 글라스 하우스가 미스 반 데어 로에의 판스워스 하우스를 [대놓고 베낀] 영감 받았다는 것을 애초에 본인이 이미 스스로 고백했었다. 오늘날 필립 존슨의 작업은 표절이 아닌 건축적 담론으로 취급된다. 이러한 아주 태평한 마인드가 날 최고로 만든다.

5. 자, 위대한 예술가들의 말들을 새겨듣자. 버질 아블로가 원작에서 3퍼센트만 바꾸면 된다고 한다. 3퍼센트만 바꿔도 차별화 할 수 있다는 것이다. 그러니 힘 빼지 말고 새로움을 항상 추구해야 한다는 강박에서 벗어나자. 아직도 위안이 안 된다면 요지 야마모토 말을 새겨듣자. "내가 좋아하는 것을 따라 해라. 따라 하고 따라 하고 또 따라 하다 보면 결국 너 자신을 찾을 것이다." 하물며 스티븐 킹도 이렇게 얘기했다. "언제부턴가 난 나만의 글을 썼다. 그전에는 오로지 모방만이 있었다." 살바도르 달리도, "모방하지 않는 자는 아무것도 하지 않는다"라고 하였고, 데이비드 보위마저, "내가 유일하게 공부하는 예술은 내가 훔칠 수 있는 예술이다"라고 하였다. [전교 1등은 항상 공부가 가장 쉬웠다고 했다.]

6. 정신 차리고 일단 해당 계정의 팔로워 수를 확인한다. 만약에 팔로워 명수가 나보다 낮을 경우, 혹은 1000명 이하일 경우, 절대적 팔로워 수의 법칙에 따라 넘어간다. 798명이다. 확

* "Immature poets imitate; mature poets steal; bad poets deface what they take, and good poets make it into something better, or at least something different. The good poet welds his theft into a whole feeling which is unique, utterly different than that from which it is torn; the bad poet throws it into something which has no cohesion." [에이, 피카소 완전 베꼈네!]

인할 때 알아두면 좋은 주의사항! 1000명 이하의 팔로워 수인 경우에도 계정 보유자가 실제론 현실 세계의 은둔 인플루언서일 경우가 존재한다. 그럴 경우를 대비해 좋아요를 누른 사람 중에 유명한 큐레이터나 블루체크가 있는 인플루언서가 있나 확인해보자. (빠르게 스캔중) 음….

아니, 구겐하임 디렉터랑 도대체 어떻게 아는 사이지?

7. 자, 물론 가장 중요한 부분은 이 작성자가 얼마나 깊이 판 작업인지 확인해보자. 피드에서 본 포스트 외 다른 게시물과 연관성이 있는지 확인해본다. 만약 타 작업들과 서사적 연결고리가 있다면, 아쉽지만 마음의 정리를 어느 정도 해야 한다. 흠… 굿. 빠르게 확인해본 결과 방금 봤던 작업 외에 눈에 띄는 별다른 작품은 없는 것 같다. [다행이다.] 이렇게 분명한 색깔이 보이지 않는다면, 솔직히 원작자도 얻어걸린 것일 경우가 매우 크다. 이러면 좀 겨뤄볼만 하다. [솔직히 말해서, 동시대에 같은 생각을 할 수도 있는 거 아닌가?] 네가 먼저냐 내가 먼저냐, 그런 유치한 싸움은 의미없다. 누가 더 깊게 팔 수 있는지 싸움이다. 깊이로 승부 보는 마인드 셋이 나를 성장시킨다.

8. 혹시나 저 게시물이 어디로 튈 줄 모르는 상황이 올 수 있기 때문에 발견한 프로젝트는 북마킹을 해둔다. 또한 '좋아요'는 절대로 누르지 않는다. 좋아요를 누르는 순간 내가 이 계정의 포스트를 보고 작업을 했을 수 있다는 게 뻔히 들통나기 때문이다. 그럼 더 의심받는다. 좋아요 대신 북마킹을 추천한다. 그러므로 또한 피드를 스크롤링할 때 더블 탭하여 좋아요가 눌리지 않도록 심혈을 기울이자. 북마킹은 누가 했는지 계정 주인에게 노출이 되지 않기 때문에 티가 안 난다…. 더 완벽하게 흔적을 감추고 싶다면 스크린 샷을 찍자.

9. 어랏? 내가 예전에 했던 작업과 굉장히 유사한 게시물을 발견했다. 아놔… 이럴 때도 평정심이 중요하다. 분명히 내가 남의 작업을 [베끼고] 참고하듯이, 나의 작업도 참고의 대상이 될 가능성도 물론 존재하기 때문이다. 먼저 타임 스탬프를

확인해본다. 내가 포스트를 게시했던 때는 2019년 4월 12일. 상대 게시물의 포스트 날짜는 2019년 4월 13일이다. 오케이. 하루 내가 먼저 올렸다는 것으로 상대방이 나보다 아류인 것을 증명할 수 있다. 짜식, 내 작업을 베끼다니. 그렇게 좋았니? 썩 내키지는 않지만, 기분은 우쭐하다. 그런 말도 있지 않는가? 모방은 최고의 칭찬이라고. 내 작업의 또 다른 카피를 찾았다. 허허허. 뭐 묘한 기분이지만 대인배의 마인드를 가져 보자. 또다시 타임 스탬프를 확인한다. 가만 보자… 2017년 7월 7일….

10. 벌써 오후 3시다. 인스타그램을 오래 보니 뇌에 피로가 쌓였다. 원래 운동하면 지치는 것처럼, 정신적 피로를 느끼는 것은 매우 자연스럽다. 커피 한 잔 대신 냉수 샤워를 하면서 혈액 순환을 향상시킨다. 차가운 물과 몸이 맞닿을 때, 몸은 온도를 유지하기 위해 혈관을 수축시키며 아드레날린, 노르에피네프린, 도파민 등 여러 가지 호르몬을 분비한다. 특히 최근 연구에 따르면, 냉수 샤워를 할 때 분비되는 도파민의 양은 무려 마약이나 각성제와 흡사한 양이 분출된다고 한다. 또한 도파민은 마약과 달리 추락 없이 유지 기간이 지속돼 중독성이 없고 건전한 각성 효과를 유발한다고 한다. [그리고 샤워실에서 울면 티가 잘 안 난다.]

11. [나의 상대적 박탈감은 사실 누군가 한 끗 차이로 저놈의 작품을 먼저 올렸고 그놈이 나보다 팔로워가 많고 하입비스트(HYPEBEAST)에 올라갔다는 것이다. 요새는 분야를 막론하고 건축적 개념을 다루는 사람들이 많아져서 솔직히 한 끗 차이인데 말이다. 아놔 저거 진짜 내가 이틀 전에 생각한 건데! 세상은 너무 불공평해! 그리고 사실 내가 객관적으로 더 나은데 내가 더 잘했을 수 있는데 저 주제를 저렇게 써먹어서 먼저 해버려서 짜증난다. 게다가 부귀영화를 누리네?! 나의 것이 더 유명하다. 저놈이, 나에게]

12. 기분을 좀 더 환기해 보자. 건축가인 지인에게 전화를 건다. 둘 다 꿈과 열정은 많지만, 아직 초창기라 프로젝트가 없

어서 아등바등 경력을 쌓고 있는 유유상종 동지이다. 오늘 경험했던 피드에서 벌어진 해프닝들을 공유하며 같이 비평해 본다. 방금 SNS에서 마주쳤던 작업으로 대화 내용으로는 돌려 깐다. 이야기가 길어진다. 레디메이드에 관심이 많은 요즘, 우리들의 생각과 이미 만들어진 것의 재해석에 대한 대화를 이어 나간다. 오랜만에 너무 즐겁다. 이렇게 내 감정과 편을 들어줄 사람이 있으니 얼마나 좋은가? 역시 위대한 작업에는 비평가의 역할과 대중이 항상 존재한다. 크루를 만들자. 어차피 군중을 이길 수는 없기 때문이다. 특히 이론이나 비평을 하는 사람을 만나야 나의 작업에 더 큰 의미 부여를 해줄 수 있기 때문이다. 인생, 그리고 건축은 동료와 함께하는 마라톤이라 했다. 요즘 근황을 물어본다. 응…? 새로운 프로젝트가 들어와서 건축주랑 미팅하고 오는 중이라고?

아… 음… 오?! 잘됐다! 축하해!

13. 이제 본격적으로 개념 구상을 시작해 보자. 핀터레스트에 들어간다. 일단 검색창에 'architectural ideas'라고 적고 알고리즘에 맡기며 탭을 12개 연다. 12개 정도는 동시에 켜야 많은 양의 작업을 스캐닝할 수 있다. 이것도 핀. 저것도 핀. 핀. 핀. 오늘도 수확량이 좋다. 이미지들을 저장한 후 링크를 항상 검토하고 출처를 확인해 보자. Jpg 형식 이미지 파일만 있고, 제대로 된 출처 링크가 없다[거참]. 이미지 검색을 해도 안 나오는데? 상관없다. 뭔지, 어딘지, 누구 것인지 몰라도 어차피 설명할 때 핀터레스트를 보여주면서 "이렇게, 이런 식으로,"라고 대충 말하면 된다.

14. 유머를 사용하자. 하하하. 이것 봐, 나 이거 베꼈어. 좀 웃기지 않니? 라고 하면 다들 같이 웃으면서 베낀 것이 아닌 반어법 참조로 바꿔버린다. 웃는 놈한테 침 못 뱉는다는 말이 있지 않은가? 사뭇 진지한데. Vintage is more cool. Ironic. Normcore k hole. Its real.

15. 참조는 매우 중요하다. 참조는 패션이다. 나의 작업에 날개를 달아준다. 남들이 모르고 시대적으로 비교적 덜 알려진

생소한 건축가를 나의 참조로 삼으면 효과적이다. 하지만 웬만하면 오스발트 마티아스 웅거스, 카즈오 시노하라, 스탠리 타이거맨, 하인리히 테세노 부류의 건축가들은 좀 피하는 게 좋다. 이들은 생각보다 너무 많이 언급돼서 나만의 독창적 참조로 삼기엔 좀 그렇다. 요새 웬만한 건축가들은 이미 참조로 삼아 유행이 지나갔기 때문이다. 겹치면 있어빌리티가 안 산다. 내가 오늘 멋 좀 내보려고 패션 아이템을 준비했는데, 어쩌다 마주친 지인이 똑같은 옷을 입은 걸 보면 얼마나 기운 빠지는가?(어우 끔찍하다.) 개념적 참조도 마찬가지다. 다른 좀 더 생소한 건축가들을 @archiveofaffinities 에서 뒤져보자. 콘스탄틴 멜니코프(Constantine Melnikov), 장 르노디(Jean Renaudie), 에드워드 라라비 반스(Edward Larrabee Barnes), 모이세이 긴즈부르크(Moisei Ginzburg) 같은 좀더 생소한 이름들을 준비해 놓자. 구글 이미지에서 해당 건축가들을 검색해 프로젝트 이름과 작업 연도를 외워가자. 기말 리뷰 크리틱으로 초대됐다 치자. 리뷰에 갔을 때 만약 시노하라를 언급하는 사람들을 만나면 이렇게 받아치면 된다. "아 저는 요즘 시노하라는 좀 식상해졌어요. 너무 자주 언급되고 오남용되는 것 같아서 좀 더 근본주의적인 시구르드 레베렌츠(Sigurd Lewerentz)에 요즘 꽂혔어요. 혹시 들어보셨나요?"라고 하면 아마 대부분, "아, 너무 좋죠"라는 말로 대충 둘러대면서 끄덕거릴 것이다[성공적].

16. "우와! 시구르드 레베렌츠 너무 좋죠! 혹시 꽃집 키오스크 프로젝트 보셨나요? 물성의 이질성을 적나라하게 표현하면서 그것을 하나의 건축적 텍토닉으로 쓰는 것 너무 멋있지 않나요?" 큰일이다. 내가 준비한 히든카드였는데, 레베렌츠를 진짜로 아는 사람이 등장했다. [그리고 뭐? 꽃집 키오스크?] 내가 외워온 건물이 아니다. 괜찮다. 이렇게 간혹가다 찐은둔 고수인 사람들이 나타날 수 있다는 걸 알기에 준비해 왔다. 미리 설치해 놓은 가짜 전화 오기 앱을 작동시킨다. "앗! 잠시만요, 실례지만 이건 받아야 하는 전화라서요"라고 하며 황급히 자리를 피한다. 화장실로 간다. 학생에게 들키면 안된다. 문을 잠그고 이미 브라우저에 준비한 탭을 열고 레베렌츠

에 대해 최대한 빨리 습득하자. [꽃집 키오스크… 그런 거 안 나오는데? 기만작전인가? 아, 스펠링이 틀렸군.]

17. 이런 상황이 두렵다면 차라리 더 고전으로 내려가도 된다. 알베르티, 클로드 니콜라 르두나 피라네시로 내려가자. 아니면 아예 차라리 놈코어로 굉장히 뻔해 모두가 간과할 수 있는 르 코르뷔지에나 미스를 사례로 삼는 것도 오히려 좋은 전략이 될 수 있다. 누가 베토벤과 모차르트를 욕할 수 있겠는가? 여기서 핵심은 조금 덜 알려진 프로젝트를 찾든지, 아니면, 새로운 면모를 발견했다고 우기자.

18. 렘 콜하스의 『S, M, L, XL』을 다시 한번 읽는다. 사실 다들 한 권씩 가지고는 있지만 읽지 않는 책 중 하나다. 읽기엔 너무 크고 꽤 지난 책이고, 그렇다고 소장하지 않기엔 고전이 되어버린 책이기 때문이다. 이럴 때 오히려 이걸 공략한다. 라면 받침, 모니터 받침으로 쓰이는 이 책 속엔 사실 엄청난 무궁무진한 지식과 써먹을 수 있는 통찰력과 유용한 견해가 풍부하다. 또한 이 책의 의도 자체가 각 페이지 안에 들어있는 내용보단 서로 얽히고설킨 관계 속에 새로운 의미가 창조된다는 의도로 만든 거라 재해석의 여지가 많이 있다.

19. 렘 콜하스의 『정크 스페이스』를 다시 한번 읽는다. 이 글 또한 현대 참조와 인용의 성경이다. 있어빌리티가 보장되는 인용 문구로 가득 차 있기 때문이다. 한 문장, 한 문장이 이 시대에 써먹을 만한 적합한 이야기들로 가득 차 있다. 하루에 한 소절 읽으면서 문구를 곱씹어 보면서 깊은 성찰을 해본다. 『정크 스페이스』의 애매모호함에 내 해석 한 숟가락을 살포시 얹기만 하면 된다. "코스메틱은 이제 코스믹이다." 캬! 뭔 소리인지 모르겠지만, 콜하스의 언어유희에 무릎을 '탁' 치자.* [이건 써먹어야 해.] 『정크 스페이스』는 비교적 다들 읽었

* God is dead, the author is dead, only the architect
is left standing… an insulting evolutionary joke….
(…) The cosmetic is the new cosmic. [캬!]

을 법한데 도통 뭔 말인지 갸우뚱하게 글을 써서 해석의 여지가 매우 높다. 정답이 없다는 뜻이다. 그래서 필요한 문구만 쏙쏙 골라서 쓰면 된다[렘 콜하스 선배님 감사합니다]. 게다가 프레드릭 제임슨이라는 철학 거장이 보장하는 글이다[제임슨 할아버지 감사합니다].

20. 나는 망했다. 왜 난 이렇게 아류인 걸까. 나는 왜 이렇게 새로운 아이디어가 없을까. 허접한 걸까. 나는 정말 디자이너가 되고 싶은 게 맞는 걸까?

21. 이렇게 끝낼 수는 없다. 어설프게 콜라주라도 하나 해보자. 에라이 모르겠다. 돔-이노(dom-ino)에 '비뇨기과'라고 써보자. 돔-이노에 콜라주는 많은 이들이 사용하는 국룰 이미지이다. 틱톡 영상 따라 하듯이 너무 생각하지 말고 그냥 한 번 질러본다. 조급함에 유머를 더한다. "하하하. 이것 봐, 패러디야. 좀 웃기지 않나요?"라고 하면 웃는 놈한테 침은 못 뱉겠지? 한국과 근대건축의 섣부른 조합이라고 갖다 붙여본다. 콜라주는 애초에 시각적 참조를 하는 작업이라서, 베낀 것이 아닌 반어적 참조로 바뀌어 버린다. 오! 생각보다 느낌 있다! 이게 뭐냐고? 뭔가 한국적이기도 하면서 뭔가 담론적 얘기를 하는 것 같기도 하고…. 쉿! No more questions.
됐다! 이거다. 자 봤지? 이거면 되지?

22. 벌써 새벽 3시다. 이 정도면 됐으니 잠이나 자자.

23. 반복.

참조적 세계로서 건축의 외부,   이치훈
비참조적 체계로서 건축의 내부

존 서머슨에 따르면 고대 로마로부터 십수 세기 동안 건축은 고전이라 불리는 것의 원재료, 즉 다섯 개의 오더를 재료 삼아 변주된 참조와 인용의 역사였다. 존 서머슨이 고전적인 것들의 사례로 다루는 시기는 성기 르네상스인 16세기, 매너리즘과 바로크, 이탈리아의 운동이었던 르네상스를 비판적으로 해석하고 오더의 권위에 의문을 제기하며 비판적 시각으로 기율을 발전시킨 보자르와 근대에 이른다. 브라만테의 템피에토에 적용된 원형 오더의 배치는 혹스모어의 하워드 성 영묘와 제임스 깁스의 래드 클리프 도서관, 그리고 크리스토퍼 렌의 세인트폴 대성당의 영감이 되었으며 로마인들로부터 유래한 러스티케이션은 브루넬리스키와 브라만테에, 그리고 줄리오 로마노에 이르러 "다른 이들은 상상도 못 한 수준으로 그 표현을 이끌어냈고" 이후 팔라디오에게까지 이르게 된다. 또한 피렌체 매너리스트 건축가 암만나티가 작업한 루카의 팔라초는 파사드를 조각적으로 접근하는 미켈란젤로의 영향 아래 놓여 있으며 미켈란젤로는 자이언트 오더와 같이 스케일을 달리하는 오더의 조합으로 고전 언어를 재료로 한 표현의 새로움과 다양성을 넘보지 못할 수준으로 끌어올린다.*
  서머슨의 통시적 관찰은 수천 년간 건축의 변화가 고전

---

* 존 서머슨은 건축의 고전적 언어를 통시적으로 조망하는 가운데, 수천년 동안 누려온 고전언어의 권위, 구체적으로는 오더의 권위에 균열이 생기기 시작한 지점을 로지에로 본다. 유명한 원시 오두막의 비유를 통해 오더를 "기능적이고 합리적인 가설적 원형"으로 대체했다. 존 서머슨, 『건축의 고전적 언어』(마티, 2016), 53쪽.

적인 것의 핵심인 오더의 참조와 인용의 역사였음을 역설한다. 로지에에 이르러 그 권위에 균열이 가기 전까지 오더를 변주한 고전적 건축언어는 보편적 기율이었으며 특히 보자르 기율의 핵심으로서 "아날리티크와 에스키스는 고전주의 건축이라는 오래된 모사적 전통에 기반을 두고 있다."* 건축 내부의 독립적이고 자율적인 기율로서 고전적 건축언어는 보자르에 이르러 해체**되기 시작하지만 건축 생산의 원리로서 정전의 참조와 변주는 건축 내부 담론의 근본적인 속성이다. 다만 공유되는 단일한 원리가 더 이상 존재하지 않는 현대 건축의 조건에서 참조점을 잃은 건축가들은 개별적이고 주관적인 경로를 통해 각개전투 중이다. 최근 번역되어 국내에 소개된 『비참조적 건축』은 건축에서 참조에 관한 생각할 거리를 제공한다.

　　잠언에 가까운 형태로 기술되어 개념의 윤곽을 그리기 모호하지만 "비참조적 세계"의 의미를 추려보자면 이렇다. 모더니즘, 혹은 포스트 모더니즘의 시대와 같이 "보편적 이념을 공유하고 인정하며, 건축 바깥의 요소를 근거로 건축물을 무언가의 상징으로 해석하던 시대"가 있었지만, 지금은 "역사상 처음으로 우리 사회가 문화, 역사적 맥락의 기본적 이해 없이도 꽤 잘 작동"하고 있기 때문에 "문화 및 역사적 관계에 대한 기본적 이해가 부재"하더라도 "개인이 끊임없이 자신을 새로운 세상에 맞춰나가야 한다"는 것이다. 또한 "건축 바깥의 것들로부터 독립하면서, 도덕적 패러다임을 담는 그릇이 되기를 포기하면서 해방"되어야 한다고 주장한다.***

　　　　　　　* 배형민, 『포트폴리오와 다이어그램』 (동녘, 2013), 95쪽.
** 배형민은 같은 책에서 보자르 전통의 영향권 아래 미국의
20세기 초 건축의 사회적 변화를 방대한 실증적 자료를
통해 추적하면서 오랜 고전주의 전통의 자율적 기율로서
포트폴리오 담론이 해체되고 근대건축의 다이어그램으로
이행하는 담론의 변화 과정을 살펴본다. 이 변화의 과정에서
특히 "보자르의 기율이 종언을 고하고 근대 건축이 형성되면서
건축의 기율을 규정하는 것이 매우 어려워졌"으며 "보자르의
기율은 특정 건축 디자인 체계가 서구 세계 전체에서
통용되었던 마지막 사례"라고 말한다. (같은 책, 19쪽.)
　　　　　　　*** 발레리오 올자아티, 마르쿠스 브라이트슈미트,
『비참조적 건축』 (Hoi, 2023), 14, 35쪽.

특정한 프로젝트나 이데올로기, 구체적인 장소나 시기를 특정하여 참조하지 않기 때문에 이 잠언의 의미들은 여전히 모호하다. 하지만 텍스트 전반을 통해서 건축의 "내부"와 "바깥"을 상정하는 이원론적 관점을 발견할 수 있다. 건축 "바깥의 요소"는 텍스트 전체에 산개하여 다음과 같은 예로 언급된다. "건축사 수업과 같이 역사적, 사회적 관점", "종교, 국가, 또는 개인의 이상을 함축하는 것", "역사적이거나 상징적 표현과 같은 추상적이고 지적인 주제", "수학, 사회학, 정치학, 예술", "경제적, 생태적, 정치적인 접근"* 등이다. 건축 "바깥의 요소"의 여집합으로서 건축 내부 것은 따로 특정하는 바가 없기 때문에 이 또한 분명하게 확인하기는 힘들다. 다만 비참조적 세계에 대한 개괄 이후 일곱 가지로 제시하는 "비참조적 건축의 원리"가 내포하는 것, 또는 그 자체가 건축 내부의 요소를 의미한다고 추정해볼 수 있다.

"비참조적 건축을 위한 원리" 이외에 건축은 그 어떤 것도 참조해서는 안 된다는 주장은 일견, 직능으로서 건축의 독립성과 자율성에 대한 열망으로도 해석된다. "비참조적 세계"로서의 현재가 도래하기 전 '참조적 세계', 혹은 건축이라는 직능이 건축 외부의 담론으로부터 자유롭고 고상한 엘리트 직업으로서 존재할 수 있었던 몇몇 사례들이 더 이상 유효하지 않은 시대임을 "탐지"한 것이다. 동시에 역설적으로 건축이 참조해야 할 대상이 없기 때문에 건축 생산자로서 건축가만이 구사할 수 있는 순수한 직능의 기율을 수립하고 그것으로써 일종의 권위를 복원하겠다는 의지로도 읽힌다.

이 주장들은 저자가 밝히는 바와 같이 건축 실무자, 도시계획가, 조경가와 같이 창조적 행위자를 대상으로 하는 실무 이론이다. 다시 말해 건축의 계획 시 지켜져야 할 비참조적 건축의 원리, 즉 일종의 기율인 것이다. 그 원칙들은 "공간 경험", "단원성", "새로움", "구축", "모순", "질서", "의미 생성" 등 일곱 가지다. 그중 "공간 경험"은 전체 이미지를 각 부분들 사이의 상호 관계와 맥락 속에서 지각한다는 게슈탈트류의 시지각 인지 이론, 혹은 형태심리학에 기반해 상징과 의미를 배

---

* 같은 책, 37, 38, 78, 79쪽.

제하고 순수하게 감각적인 경험이 될 것을 요구한다. 다섯 번째 원리인 모순은 매너리즘적 전략과의 유사성을 고려해볼 수 있으며 마지막 원리인 "의미 생성"에서는 계몽주의의 의지마저도 느껴진다. 모든 건축가들은 "이념적 범주에 기반한 사고방식"을 벗어나 일곱 가지의 원리를 통해서 각자의 작가성을 달성해야 한다.

　　일종의 기율로서 일곱 가지 원칙을 제안하는 점, 그리고 건축의 내부와 바깥의 경계를 설정하는 세계관 두 가지 측면 모두 저자가 건축을 담론의 대상으로 바라보고 있음을 시사한다. 내부와 외부라는 것은 결국 건축 내부의 담론과 건축 외부의 담론이다. 이에 관해서는 배형민의 『포트폴리오와 다이어그램』은 건축의 담론이 어떤 범위와 경계로 구성되며 구체적으로 무엇을 포함하는지, 그리고 건축 기율과의 관계는 어떠한지에 대한 윤곽을 제시한다. 배형민에 따르면 담론은 건축 내외부에서 생산된 텍스트를 포괄하는 장이며 그 장에서 사용되고 있는 언어와 기호다.

이 책은 근대 건축이 담론적 실천 행위(discursive practice)라는 생각에서 출발한다. 이는 곧 사회 속에서 건축의 역할, 즉 건축의 정의, 건축의 작동 방식, 건축을 바라보는 방식이 특정한 담론의 집합에 따라 조건 지어지고 매개된다는 뜻이다. 건축계 내부에서 생산되는 도면·책·잡지·시방서·계약서 등이 바로 이런 담론의 집합이다. (…) 보자르 체계는 널리 공유되던 관습을 건축 기율로 유지했던 마지막 사례였다. 반면에 근대 건축은 한 종류의 기율로만 설명할 수 없다. 우리는 근대 건축에 대한 여러 접근 방식들이 어떻게 형성되었는지 확인하고, 토론하고 비판할 수 있다. 이러한 입장은 기율이 개별 저자와는 반대 방식으로 형성된다는 미셸 푸코의 주장과 맥을 같이한다. 푸코에 따르면, 기율은 "익명의 체계를 이루고 있는 대상들의 집합·방법 진리라고 간주되는 명제의 총체 규칙과 정의의 상호 작용, 도구와 기술의 상호 작용으로 정의된다." 익명성이 강한 담론 체계의 경계를 명확히 규정한다는 것은 사실상 힘들다. 특히 체계의 지적인 구성이 건축계 바깥에서 생산된 광범위한 텍스트를 포함할 때는 더욱 그렇다. 그 담론의 장은 건축가가 직접 생산한 텍스트보다 언제나 더 넓기 때문에, 결코 균질할 수가 없다. 예컨대 특정한 분야의 업무 때문에, 또는 특정한 건축주를 상대하기 위해, 건축가는 자신의 기율과는 거리가 먼 일련의 텍스트를 숙지해야 할 때도 있다. 다른 한편 건축가가 갖추어야 할 기본 소양이라 하더라도, 기율의 바깥에 있다고 볼 수 있는 것이 있으며, 그것이 사회가 건축가를 정의하는 것과는 무관한 지식일 수도 있다. 바꾸어 말해, 건축 담론의 장에 중심 텍스트와 주변 텍스트를 구분하는 위계를 설정할 수 있다. (…) 되풀이해서 말하자면, 이러한 텍스트는 (…) 바로 실천 자체를 구현하는 것이다. (…) 간단히 정의해서, 담론은 사용되고 있는 언어와 기호이다.*

건축을 건축 내외부, 혹은 중심 텍스트와 주변 텍스트의 집합으로 구성된 실천 행위라는 데에 동의한다면 비참조적 세계가 도래했다는 믿음, 혹은 건축이 온전히 내부의 기율만으로 존재할 수 있다는 주장은 모순에 봉착한다. 애초에 건축 담론의 일부를 구성하고 있는 주변 텍스트를 온전히 건축 외부의 것으로 범주화한 것이다. 이 원천적 배제를 통해 마치 건축이 놓인 세계 자체가 비참조적이라는 임의의 전제, 요즘 말로 세계관을 구축한 것이 아닌가 생각된다.

오히려 "사용되고 있는 언어와 기호"로서의 건축 담론은 도저히 독자적으로 구성될 수 없어 보인다. 건축 내부에서 고전적 방식으로 건축을 계획하는 단일한 원리가 없어진 것은 사실이지만 건축을 사회적으로 정의하는 주변 텍스트는 오히려 다양한 형태로 증식한다. 그리고 이 주변 텍스트는 건축으로 하여금 더 강하게 참조의 의무를 지운다. 특정 시기 건축 내부의 기율은 자율성이라도 있었지만, 건축 외부의 기율은 선택의 자유조차 없다. 소위 중심 텍스트로서의 기율은 점점 더 파괴되고 자율성을 잃으며 동시에 개인화되지만, 주변 텍스트로서의 건축 외부의 권력은 강화된 세계라고 보는 것이 건축이 처한 현실의 리얼리티를 반영하는 해석이 아닐까. 건축의 일부를 구성하는 외부 담론을 원천적으로 건축의 현

---

*   배형민, 『포트폴리오와 다이어그램』, 17, 20, 21쪽.

실로부터 분리해버리는 것은 일종의 인지부조화 증상이다. 현실 인식에 대한 이 인지부조화의 해결 방법을 어떻게 처방하는가에 따라 건축가의 작업 방향은 분화된다. 중심 텍스트에 몰두할 것인가, 혹은 주변 텍스트까지를 건축 담론의 범주로 인정할 것인가.*

건축이 건축 외부의 담론으로부터 포획된 상황을 여러 가지 실증적 사례들로 설명하는 최근의 설득력 있는 주장은 레이니르 더 흐라프의 『아키텍트하다: 건축의 새로운 언어』를 통해 확인할 수 있다. 그에 따르면 건축은 "지난 20년 사이 금융시스템의 붕괴를 가져올 잠재적인 원인이자, 온실가스 배출량의 30퍼센트를 생산하는" 탄소발자국의 주인공이 되어버렸다. 정부, 지자체, 기업 위시한 건축의 발주 기관들은 더 이상 건축을 건축가들에게만 맡겨둘 수 없을 정도로 건축이 너무 많은 문제에 "위태롭게 결부되어 있다." 건축 바깥 세계의 이러한 인식은 건축으로 하여금 건축 내부의 담론이 세계를 지배하도록 놔두지 않을뿐더러 건축을 제어할 수 있는 외적 요구들을 투사한다. 그리하여 건축은 "건축이 스스로 저항할 수도 충족할 수도 없는 외적 요구들의 자비에 점점 더 복속되어왔다." 이 외적 요구들은 과거 건축이 독립적이고 자율적으로 지켜온 기율과 같이 "절대적인 것들은 없고, 끊임없는 기준과 준거, 선례, 시금석, 일류 사례들의 형태로 촉진되는 비교만 있다."**

더 흐라프가 탐지한 바와 같이 건축 외부의 담론은 늘 인용과 참조의 형식으로 건축 내부에 투사된다. 이것은 건축 내

---

* 그렇다면 건축 담론의 주변 텍스트라는 것은 구체적으로 무엇일까? 배형민에 따르면 20세기 초 미국의 상황에서는 소위 건축 내부 담론으로서의 평면계획 과정이 학교, 사무실, 병원 등 제도화된 건축유형에 대한 매뉴얼 등 "수동적으로 수용할 수밖에 없는" 특화된 지식 같은 것이다. 극장의 음향, 병원의 채광과 위생 설비, 고층 건물의 기계와 구조 엔지니어링 등이 그러하다. 이 주변 텍스트는 건축의 프로그램이 더욱 복잡해지거나 규모가 커지면 더욱 강한 구속력을 갖는다. 현대 건축에서 이 주변 텍스트는 측정할 수 있는 모든 것을 대상으로 그 종류와 규모가 늘어난다.

** 레이니르 더 흐라프, 『아키텍트하다: 건축의 새로운 언어』 (시공문화사, 2023), 1, 3쪽.

부가 선택하는 것이 아니라 주어지는 것이다. 참조의 형식은 프로그램, 건축 공간의 경험, 기술과 예산의 문제, 에너지와 웰빙의 문제 등 건축의 생산과 관련한 담론 전 분야에 걸쳐 있다. 건축이 참조해야 할 외부의 기준들은 더 이상 독립적이고 자율적인 기율의 체계가 아니다. 정량화할 수 있는 템플릿과 근거자료, 각종 데이터로 증명되어야 하는 유사 과학적 리포트, 무엇보다 숫자로 표현되어 관리할 수 있는 기준으로 제시된다.

건축이 기록 타파의 영역에 진입하고 나서 근본적인 무언가가 상실되었다. 기록은 만물을 측정 가능한 속성으로 환원한다는 원리를 바탕으로 수립된다. 기록이 설정하는 도전 과제는 논쟁거리가 아닌 충족해야 할 목표가 된다. 그런 원리를 건축에 적용하는 것은 상당히 손해 보는 장사다. 건축가는 더 이상 스스로 발명한 도전 과제를 충족하지 않고, 부과된 도전 과제에 굴복한다. 더 이상 건축은 제작자의 (이데올로기라고 불리는) 창조적 의도가 주도하는 게 아니라, 건축이 발명하지 않은 범주들 속에서 이겨야 한다는 정언 명령에 이끌리게 된다.*

건축의 담론장을 내부와 외부의 구조로 파악하는 더 흐라프의 역시 중심과 주변의 텍스트 사이에서 투쟁할 수밖에 없는 건축이 처한 현재 조건을 역설한다. 건축의 외부는 그저 없는 것처럼 배제한다고 해서 사라지는 것이 아니다. 그런 점에서 "비참조적 세계관"에 비해 더 흐라프의 현실 인식이 좀 더 현실적이다. 한때 건축이 내부 담론의 참조와 인용을 통해 닫힌 체계로 작동했다면, 현재는 그보다 더 열린 체계로 개방되기를 요구받는다. 그렇다고 건축 내부 담론, 독립성을 내버려두고 외부로 투신하자는 것은 아니다. 두 저자 모두 각자의 글에서 건축이 비판적이고 독립적인 "제작자의 창조적 의도"를 통해 건축을 해나갈 수 있어야 한다는 공통된 바람을 내비친다.

　　순진하게 낙관적 전망만을 내놓을 수 없을 것이다. 하지

만 담론의 실천적 장으로서의 건축 직능에 대한 현실 인식과
함께 건축이 처한 리얼리티 안에서, 건축의 중심 담론을 파괴
하고 있는 외부 담론을 대하는 전략을 모색해야 하지 않을까.
참조적 체계였던 건축의 내부는 이제 더 이상 참조할 것이 없
어졌고 건축의 외부 세계는 그 전체가 건축으로 하여금 복속
하지 않을 수 없는 참조점이 되어버렸다.

1390년 판 『건강백과사전』에 나오는 맨드레이크.

호기롭게 글을 써보겠다고 한 건 작업의 과정 속에서 의식하지 않았던 참조점들이 어떻게 활용되는지 되짚어 보고 싶었기 때문이다. 쏟아지는 정보량을 감당할 수 없는 시대의 창작 행위에 있어서 그것들이 어떻게 개인과 집단의 작업에 영향을 주는지 재인식해 보자는 생각이었다. 이 글을 쓰는 시간은 동시다발적으로 일어난 지난 9년간의 건축, 설치, 기획 프로젝트들과 학교에서 학생들을 가르치며 일어난 복합적 사고의 과정들을 역추적하는 여정이었다.

지난 학기 학생들과 'Building without a land, getbol' 스튜디오를 진행하면서 관심을 두게 된 스테이시 엘러이모는 『말, 살, 흙』에서 '횡단 신체성'(transcorporeality)이란 개념에 대해 이야기한다. 이것과 저것을 구분하는 이분법적 사고와 어떠한 현상에 대해 지나치게 세분화하여 분석하는 풍조로 인하여 생각 사이의 느슨한 관계성이나 섬세함을 놓치는 패러다임이 더 이상 유효하지 않다는 고민이 닿을 즈음, '횡단 신체성' 개념이 '신체'(body)가 아니라 '살된'(corporeal)이라는 표현을 사용하는 것에서 내 생각의 끝자락을 붙잡았다. 이 둘의 차이는 흥미롭다. 신체는 안과 밖의 경계, 너와 나의 경계가 분명함을 가리키며 이는 하나, 둘과 같은 방식으로 그 수를 명확히 헤아리고 객체를 분류, 구분한다. 그러나 신체를 이루는 살(flesh)은 형태가 없어서 무질서하고 혼란스러운 상태이며 부분보다는 유기적인 관계, 개체 간의 연결성을 중심으로 사고를 확장한다. 살은 안과 밖을 구분하지 않기 때문에 동식물과 광물질을 개별화하지 않고 모든 유기체와 무기체가 자유롭게 넘나드는 땅처럼 존재한다.*

이러한 관점으로 건축 작업의 사고의 과정 속에서 참조와 인용이 어떻게 작동하고 개입했는지, 작업에서 '살'을 이루기 위한 요소들이 어떻게 작용하는지 다층적으로 유추해 보는 것이 흥미롭게 생각되었다. **하나의 작업은 뚜렷이 구분할 수 없는 수많은 참조점들이 창작자의 사고를 관통하며 엮은 순간의 집합체이다.** 창작자에게 저장된 수많은 정보들이 논

---

* 스테이시 엘러이모, 『말, 살, 흙』(그린비, 2018).

리, 이성, 감성, 망각, 왜곡, 재조합 등 단계적으로 구분 지을 수 없는 개인의 사고 체계와 가치 체계로 이루어진, 각자의 그리고 시대의 복합적인 참조와 인용의 결정체가 아닐까?

정보의 교류가 단순했던 시대에는 역사적 맥락에서 형식이나 형태를 차용하고 계보 안에서 자리매김하는 것이, 피에르 부르디외가 이야기하는 '계' 안에서, 일련의 엘리트적인 작업의 과정이자, 창작자가 의도적으로 체면을 유지하는 방법이었는지 모른다. 반면 요즘의 AI나 미드저니 같은 툴은 이미지를 생성하면서 무수히 많은 정보 값을 수집하고 활용하는데, 이때 여러 정보 값은 위계가 없이 뒤섞인다. 또 이러한 방식은 사고의 은유나 복합적인 추상화 과정을 거치지 않기 때문에 각 정보의 속성이 표면적으로 재조합되어 의미론적으로 새로운 맥락을 형성하는 것에 일조하지 못한다. 정보의 홍수 속에서 데이터라고 부르는 수많은 참조점들을 과연 어디까지 선택적 참조와 인용이라고 할 수 있는지, 혹 그것들을 의식적 참조와 무의식적 참조로 분류하는 것이 무의미하다면 지금 우리에게 참조와 인용은 어떻게 유용한지 다시 생각하게 된다.

건축은 아이디어, 개념, 질서, 재료, 제도와 자본이 서로 충돌하며 상호작용한 물질적 실체다. 건축에서 참조와 인용의 요소가 되는 것을 생각해 보자면 크게 세 가지로 분류할 수 있다.

1. 문화와 **제도권 안에서의 아비투스**
2. 창작자의 **의도적(선택적) 참조**
3. **개인의 역사**(서사)

건축가마다 다양한 방법론을 고수하겠지만, 위 세 가지는 보편적으로 적용되는 것이라고 생각한다. 전통과 미래의 어디쯤 존재하며 계보를 잇고자 하는 건축가는 주요한 건축 사건 속의 이론이나 건물의 형식을 차용하고, 건축 역사에 맥락적으로 개입하고자 욕망한다. 또 누군가는 창작의 강박적 책임감, 속한 집단에서 정체성을 갖기 위해 작업의 성격을 공고히 할 수 있는 의도적 참조를 한다. 가장 자연스럽지만 동시에 내공 없이 해내기 어려운 참조는, 거스를 수 없는 개개인의 역사적 참조다. 개인의 건축 인생에서 아카데믹한 배경, 실무를 쌓은 사무소의 성향, 타고난 심미안을 비롯해 속해 있는 문화권 등에서 받은 영향이 건축의 어휘와 태도를 형성한다. 의식하든 못하든 간에 작업자의 가장 고유한 참조점이다. 위의 방법론들은 개인에 따라 느슨하거나 긴밀하게 하나 또는 세 가지 모두 복합적으로 작용한다. 위험한 부분은 1, 2번의 경우 외부에서 무언가를 차용하는 과정에서 참조점과 개인의 관점을 명확히 하지 않으면 이미 정립되어 있는 형태나 형식, 이론에 기대어 사고의 디테일을 잃게 된다는 것이다. 르 코르뷔지에의 돔-이노 하우스를 논하고 렘 콜하스의 『정신착란증의 뉴욕』을 인용하며 스스로 사고하는 치밀함에는 관대하고 건축적 사대주의에 기대어 마치 그것이 본인의 생각이라 착각한다. 차용한 정보들이 개인적인 관점을 거치지 않고 누구나 접근할 수 있는 정보 값에 머무를 때, 창작의 과정에서 내적으로 세계관을 형성하지 못했을 때, 무의식적인 안전장치로 레퍼런스를 소비한다. 다층적 레이어와 맥락으로 참조와 인용을 대하지 못하고 그 자체를 차용하는 건축가의 언어는 빈약하다. A는 B에 영향을 받아 A' 또는 B'가 아니라 X, Ω, ∞ 로 확장하며 종국에는 다른 의미와 양식을 함의해야 한다. 건축에서의 '살'은 그런 과정을 통해 지속될 수 있다.

생각을 훔치는 건축가

사고 위를 유영하는, 사고의 사고를 뛰어넘는 건축가 등 필자의 사무소 이름처럼 늘 비껴가는 생각과 체제의 옆 편에서 존재하기를 바라는 창작자는 참조와 인용이라는 주제 앞에서 명해지는, 머릿속의 생각들이 파편화되는 경험을 부정할 수 없다. 이름을 들으면 알만한 누군가의 이인자이기를 단 한 번도 꿈꾸지 않은, 오로지 나이고 싶은 작업자에게 참조는 드러내고 싶지 않은 불필요한 과정일 수 있다. 필자는 가끔 강연 자리에서 사무소의 작업을 통해 누구누구의 작업이 연상된다, 또 역사적 맥락에서 어떠한 것의 연장선상에서 작업이 진행되었냐 등의 질문을 받으면 양가적인 감정과 생각이 스쳤던 기억이 있다. 건축 역사에서 다른 작업과 연관성을 맺고 맥락적 담론을 갖게 된다는 것이 나보다 앞서간 작업자들의 수혜를 받는다고 할 수 있을까? 물론 위에서 이야기한 두 번째, 의도적 참조점을 전략으로 작업을 진행할 수 있다. 하지만 그러한 작업의 소스들은 형식이나 형태가 존재하는 실체라기보다 필자의 아이디어를 뒷받침해 줄 수 있는 이론이며 직접적인 건축의 참조보다는 건축 이외 분야에서 차용하여 사용하는 경우가 이상적이라고 생각한다. 형식과 형태는 사고의 과정에서 불가피하게 발현되는 부산물이기에 불필요한 건축적 레퍼런스를 찾는 것에는 게으름이 미덕이다. 건축은 엄격한 구축의 질서와 다양한 재료의 합으로 결과물을 만들어내는 업이기에 구축 방식은 최대한 개인의 어휘이기를 고집하고 싶다. 얼마 전 한 건축대학의 졸업 전시 리뷰를 다녀왔다. 다양한 주제 의식을 가진 프로젝트들이 다각적으로 동시대의 건축과 공간 그리고 사람들의 라이프 스타일까지 엿볼 수 있는 매우 흥미로운 시간이었다. 그중 많은 생각을 던진 프로젝트 중 하나가 AI와 미드저니를 이용해서 키워드로 설계를 진행하고 그 안에서 각 툴이 만드는 오류의 원인을 분석하고 분류하여 또 다른 건축적 창작물을 제안한 작업이었다. 더 이상 데이터를 분석하고 그것을 공부하는 뇌가 인간에게 필요하지 않다면 인류의 사고는 어떤 역할을 해야 할 것인가? 건축가는 여러 가지 안을 만들면서 최선의 것을 찾아가는 과정을 컴퓨터에 양도하면 무엇을 해결하는 직업군일까? 앞으로 건축은 더 다양한 툴을 통해 단시간에 수많은 참조적 작업을 수행할 수 있게 되고 이는 여느 때보다 더 활발히 활용될 것이다. 그렇다면 참조와 인용은 더 이상 작업 이전에 의미를 갖는 과정이기보다 어쩌면 결과물이 나온 이후에, 마치 조선 시대의 선비들이 시와 그림을 놓고 술 한 잔에 말 한마디 보태며 풍류를 즐겼듯이, 작업의 분석과 해체를 통해 비평가나 관람자, 사용자가 스토리를 더하는 후작업으로 더 의미를 가지게 되지는 않을까? 작가가 미처 의식하지 않은 부분들은 어떠한 의미에서 참조점이 될 수 있을까? 도리어 작업에 잠재적으로 내포되어 있는 참조점들에 더 큰 의미를 기울여야 하는 것은 아닐까? 등 온갖 답을 할 수 없는 질문들이 크리틱 내내 머릿속에 쏟아졌다.

다이아거날 써츠, MMCA 과천프로젝트 2020 지명공모 참가작,
〈워어엉, 탕탕, 뜨드르륵, 스윽, 쓰아악, 따닥〉 모형. ©박수환

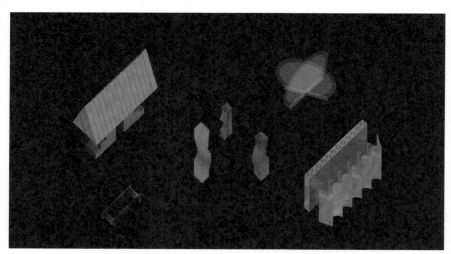

다이아거날 써츠, MMCA 과천프로젝트 2020 지명공모 참가작,
〈워어엉, 탕탕, 뜨드르륵, 스윽, 쓰아악, 따닥〉 콜라주이미지.

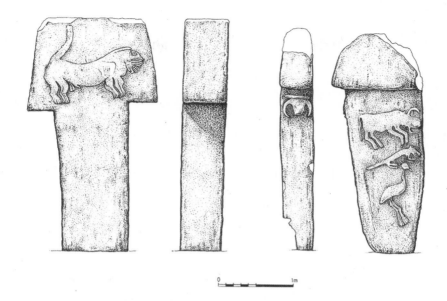

Two of the limestone monoliths from Göbekli Tepe. Trevor Watkins, "Architecture and 'theatres of memory' in the Neolithis of Southwest Asia," 2004, p. 8.

Jericho B.C 8000, Jewish Virtual Library.

최운익 무덤, 국립고궁박물관, 2019.

상상력은 경험에 기반한다. 꿈에서도 인간이 만든 이미지나 이야기는 경험한 것의 왜곡이나 재조합이다. 인간은 꿈에서 늘 새로운 것을 경험하지만 그것들은 결코 경험되지 않은 것에서 발현되지 않는다. 한 번도 날아 본 적이 없는 인간이 꿈속에서 하늘을 날 때 헤엄을 치는 이유다. 어찌 되었든 상상력이 풍부한 세대는 과거에 종속되거나 불분명한 미래를 쫓기보다 가진 것에 충실한 현재 지향적인 성향을 보인다. 굳이 여기저기 두리번거리지 않아도 되는 세계를 구축해서 존립하기 때문이다. 해외 건축 정보를 충분히 접할 수 없었던 1980년대 한국의 건축가들이 무리 지어 유럽 답사를 갔던 시기나 요즘과 같이 넘쳐나는 정보 속에서 무엇을 취해야 할지 모른 채 선언하기에 급급한 세대들에 비하여 인터넷이 보급될 때쯤 이십 대를 보낸 동시대의 건축가들은 비교적 균형적인 정보 아래 건축을 접했다고 생각한다. 개인의 사고와 역사적 참조점들을 연결해 보는 시도를 차분히 가질 수 있는 시간을 갖은 럭셔리 제너레이션. 부족한 정보에 기근을 겪거나 넘쳐나는 정보에 비만을 겪지 않았기 때문에 여러 참조들을 통해 생각을 훔치는 법을 익혔다. 사고를 확장해나가는 과정에서 채택한 레퍼런스들이 생각의 지점들을 단단하게 하는 반면 외부의 시선에서는 원작과 창작물의 관계에 예상 가능한 연관성을 숨겨 두는 것이 사고의 툴로써 참조와 인용을 하는 방법이다. 일차원적인 참조점은 답습의 오명을 벗을 수 없고 작업을 해 나아가는 데에 결국 매너리즘을 마주할 것이다.

맨드레이크의 설화

새로운 창작물이 만들어지는 과정을 생각해 보면 무엇으로부터 재창조가 일어나는 과정은 오리지널을 죽이고 재해석을 통해 또 다른 생명을, 의미를 얻는 과정이다. 맨드레이크 식물은 신비한 약초이자 괴물로도 묘사가 되는데 식물의 윗부분은 상추보다 가늘고 긴 잎사귀 형상을 하고 뿌리는 사람을 닮은 모습이다. 이 약초는 주로 불면증을 치료하거나 중상을 입었을 때 마취제로 사용되었다고 한다. 흥미로운 부분은 맨드레이크가 땅에서 뽑힐 때 날카로운 비명을 지르는 것인데 이 비명 소리를 듣는 모든 생명체는 죽고 만다. 그 때문에 인간들은 며칠씩 굶긴 개를 이용하여 식물을 채취했다. 개와 식물의 뿌리를 양쪽에서 묶어 놓고 개를 멀찌감치 떨어진 먹이로 유인한 인간은 비명 소리를 듣지 않기 위해 귀를 막고 개의 생명을 내주었다.

작업이 거듭될수록 창작의 고통은 마치 죽음의 엑스터시와도 유사하다. 이 식물의 운명과 그것을 앗아가는 인간의 관계만큼이나 창작의 과정을 잘 묘사하는 상징이 없지 않을까? 기이한 약초를 통해 내게 필요한 것을 위태롭게 취하는 행위. 그렇게 위험을 감수하고 앗은 신비로운 식물은 채취한 사람에 따라 다양한 용도와 쓰임을 통해 창작 활동과 같이 마법과도 같은 효과를 생성한다.

『세계괴물백과』*에는 위에서 언급한 것 외에 이 식물의 쓰임을 구체적으로 언급하지 않는다. 그러나 인간과 식물의 중간 종인 맨드레이크는 무언가 인간의 본질에 유용한 것들을 제공하는 힘을 가지고 있었다고 봐야 하지 않을까. 하나의 생명체를 득하는 과정은 잔혹하고, 인간은 삶과 죽음의, 소멸과 탄생의 기로에 서는 과정을 겪어야만 하는 것이다.

주요한 역사적 맥락에 편향되기 위해, 얇고 불안한 정체성을 검증받기 위해, 부족한 상상력을 채우기 위해 우리는 작업의 과정에서 의도적으로 참조와 인용을 한다. 그러나 작품에 온전히 헌신한 참조는 작품 속에 묻혀 본질을 드러내지 않는다. 재조합과 재해석을 통해 이미 다른 의미를 가지게 되기 때문에 원형의 실체를 볼 수 없는 것이다. 그렇게 참조와 인용은 전면에 드러나기보다 은유와 상징을 통해 진화하고 작품 속에서 죽어야 한다.

기억의 천재 푸네스
호르헤 루이스 보르헤스의 단편 소설 「기억의 천재 푸네스」**에서 은유를 빌려 설명을 덧붙인다. 여기서 은유는 함축적인 표현보다는 두 관념 사이를 잇는 사고의 추상화를 대변한다.

* 류싱, 『세계괴물백과』(현대지성, 2018), 280쪽.
** 호르헤 루이스 보르헤스, 『픽션들』(민음사, 2011), 173-189쪽.

우루과이의 시골 소년 푸네스는 어느 날 낙마하여 전신 마비가 되고 놀라운 기억력을 얻게 된다. 그는 창문 너머의 포도나무에 달려 있는 모든 잎사귀들과 가지들과 포도알들의 수를 세밀하게 지각하고 하루 동안 경험한 것들을 되새기느라 잠을 자지 못한다. 매일매일 노을의 색깔과 바람에 흔들리는 잎의 움직임이 다르기에 푸네스에게 그 나무는 매 순간 다른 나무다. 망각이 존재하지 않는 푸네스는 모든 것을 기억하지만 불행히 그 무엇도 기억하지 못한다. 잠과 망각을 통해 인간의 뇌는 사고를 통합하고 추상화할 수 있는데 단편적인 정보를 부분별로 기억하는 푸네스는 생각을 일반화하는 과정을 거치지 않기 때문에 전체를 사고할 수 없다. "사고를 한다는 것은 차이점을 잊는 것이며, 또한 일반화시키고 개념화를 시키는 것이다. 푸네스의 풍요로운 세계에는 단지 거의 즉각적으로 인지되는 세부적인 것들밖에 없었다."* 작업에서 참조는 아이디어의 단편들, 즉 창작자의 작업 일부분이다. 창작자의 작업 연장선상에 그리고 건축의 과정에서 일정 부분에 개입할 때 참조 행위는 재해석과 재창조의 과정을 거쳐야만 유의미하다. 작업의 최초 시작점에서 마지막까지 레퍼런스가 직접적으로 존속한다면 참조점은 작업 안에서 개념화되지 못한 것이다.

대학원 시절 하버드 GSD에서 진행했던 스티븐 홀의 강연을 접할 수 있었다. 그는 건축에서 개념에 대해 설명하며 흥미로운 이야기를 덧붙였다. 잭과 콩나물의 이야기처럼 구름 위로 닿기 위해, 건축 작업이 추상에서 구상으로 가기 위해 컨셉이라는 것이 필요한 것인데, 어느 정도 개념을 바탕으로 구축 작업의 형태가 나타나기 시작하면 건축가는 구름 위를 타고 올라왔던 사다리를 발로 차 버리듯이 그 개념을 구름 아래로 떨어트려야 한다는 것이다. 개념은 어느 지점에 다다르기 위한 수단일 뿐이지 목적이 되면 안 된다는 이야기였다. 하나의 개념을 끝까지 관철하기 위해 매 학기 프로젝트를 수행하는 과정에 있었던 학생에게는 너무도 먼 이야기였다. 실무를 하면서 가끔 스티븐 홀의 강연이 스치는 이유는 건축 사

* 같은 책, 188쪽.

고의 복잡성에 기인한 것이 아닌가 싶다. 초기의 개념은 건축 과정의 중요한 요소이지만 그것만 고집스럽게 지키는 것이 가장 중요한 일은 아니기 때문이다. 건축에서 레퍼런스도 마찬가지일 것이다. 영감을 받은 이미지나 재료 또는 다른 건축가의 작업은 그것이 건축의 역사적 맥락에서 중요한 위치를 차지한다 하더라도 어느 순간에 나의 작업 안에서 일반화 과정을 거쳐야 한다. 참조점들은 원자화되어 작업에 녹아들고 사고의 화학적 작업을 통해 흔적만을 남겨야 참된 참조점의 역할을 할 수 있다. 예술과 문학에서 오마주라는 기법도 존재하기는 하나 사고의 지평을 넓히고 그 작업만의 세계관을 갖기 위해서 본질적으로는 원작과 관계가 엷을수록 창작물의 존재는 진하다. 보이지 않는 것을 보게 하는 능력. 내재화.

워어엉, 탕탕, 뜨드르륵, 스윽, 쓰아악 따닥

전혀-단어-같지-않은-부류의-기호에 주의를 기울임으로써 과연 무엇이 드러날까? "다른 어떤 것과도 상관없이 그 자체로" 추푸를 느끼는 것은 언어의 본성에 대하여 그리고 세계 "그 자체"를 향해 예기치 않게 열리는 생각의 틈새에 대하여 중요한 무언가를 말해준다.*

에두아르도 콘의 『숲은 생각한다』에서 '추푸'라고 표기한 소리는 늦은 저녁 멧돼지가 생명의 위협을 느껴 작은 물웅덩이를 급히 건너는 소리다. 인류학자 에두아르도가 아마존에서 연구하던 중 겪은 작은 에피소드로, 어느 저녁 둘러앉아 원주민들과 식사하던 중 그 지역의 부족들은 '추푸'라는 소리를 통해 어떤 생명체가 또 다른 생명체로부터 황급히 피신한다는 것을 알았다고 한다. 이 일화는 언어화되지 않은 기호가 인간과 인간의 외부 세계를 이어주는 소통의 체계로 작동한다는 것을 설명한다. 흥미로운 것은 기호는 인간만이 사용하는 것이 아니고, **이 세계 속에서 현상들이 갖는 효과에 대한**

* Eduardo Kohn, *How forest think: Toward an Anthropology beyond the Human* (Califormia: University of California Press, 2013), p. 29.

인간의 이해도 바꾸어 놓을 수 있다는 것이다. 과학과 건축같이 인간의 시각으로 세운 학문의 경계를 확장하며 세상을 재인식하는 계기를 주는 이 이야기는 2020년 지명 공모로 참가한 MMCA 과천프로젝트의 생각의 시발점이었다. 프로젝트는 숲속에 위치한 과천 국립현대미술관의 주 광장에 파빌리온을 제안하는 것이다. 프로젝트 제목은 워터젯으로 돌을 자르거나 나무를 대패질하고, 적동(copper)을 용접하는 등 건축재료들의 다양한 가공 소리인 '워어엉, 탕탕, 뜨드르륵, 스윽, 쓰아악, 따닥'이라고 붙였다. 재료의 가공 소리는 "그 자체"를 함축적으로 발현한다는 생각에서 착안했다. 을지로나 문래동 뒷골목을 걸어본 사람이라면, 건물의 재료들이 현장에 도착하기 전 공장에서 만들어지는 과정을 본 사람이라면, 공정별로 현장에서 작업자들과 부딪혀본 건축가라면, 이 소리는 각자의 경험에 따라 재료를 넘어 물질에서 개념으로, 개념에서 질서로, 구축의 질서에서 공간의 경험으로 인식을 확장하는 상징체계가 될 수 있음을 직감할 것이다. 또, 건축과 재료에 대해 익숙하지 않은 관람자들에게는 의성어와 같이 재밌는 소리를 통해 호기심을 유발하고 작품의 내재성을 차차 알아가는 데에 '첫인사'의 역할을 한다. '기호의 전형적 성격은 언어적인 것에 있다기보다 소쉬르의 언어학에서 주변으로 밀려난 비언어적인 것에 있다'는 생각에 과천 국립현대미술관의 계절에 따른 자연경관의 변화를 건축 재료의 다층적인 풍화를 통해 경험하는 공간을 제안했다. 각 재료의 풍화는 물질의 가장 본연적인 것이다. 그간 이벤트적으로 소모되는 파빌리온 프로젝트를 가장 건축적으로 소개하기에도 탁월한 방향성이라 생각했다. 인간(건축 소재)과 자연(숲)의 물질들이 주인공이 되어 관람자들이 건축을 이루는 기본적인 요소들을 직간접적으로 지각, 인식하게 하는 것, 유리, 돌, 목재, 금속, 탄화목 등의 재료는 물성에 충실한 가공법으로 형태를 이루도록 하고 사람들이 점유하게 될 공간은 바디스케일(bodyscale)의 길, 계단, 그리고 죽어서 묻히는 관 등을 추상적으로 재현하는 것에서 구조체의 형태를 차용했다.

　왜 이 프로젝트를 글의 마지막 챕터에 선택하게 되었는지 정확히는 설명할 수 없다. 사무소를 시작하고 다양한 프로

젝트들을 넘나들며 건축적으로 무엇을 습관적으로, 혹은 의
도적으로 참조했는지 되짚어 보니 가장 먼저 머릿속에 스치
는 작업이었다. 일상의 건축 작업에서 피할 수 없는 재료와의
사투, 그러나 그 과정에서 발견하는 아름다운 질서들, 그리고
그 질서를 이루는 장소에서 지켜야 하는 여러 가지 사회적 약
속들, 마지막으로 은유와 상징, 추상적인 사고를 통해 프로
젝트마다 세계관을 찾으려는 개인의 작업 과정 등이 고스란
히 내재되어 있는 작업이다. 참조와 인용은 선형적 사고의 과
정으로 이루어지지 않으며 복잡한 사고 체계 안에서 진화한
다는 것을 넌지시 말해주는 것 같다. 이 프로젝트의 즐거움
은 시작 단계에서 영감이 되었던 태도가 작업의 진행 과정에
다각적으로 영향을 주어 여러 의도적인 참조 레이어를 과정
과 결과에 숨겨 놓은 것이다. (너무) 사랑해서 문제였을까, 프
로젝트는 여러 이유로 당선이 되지 않았다. 하지만 이후에 다
른 건축, 설치, 가구 등 여러 기획 프로젝트들을 수행하면서
〈워어엉, 탕탕, 뜨드르륵, 스윽, 쓰아악, 따닥〉은 또 다른 참조
점이 되어 사무소의 방향성에 주요한 영향을 주었다. 제목 붙
이기, 개념과 이야기, 구축 방식, 그리고 경험 등, 건축의 여러
요소들이 방법론으로 교차하기에 그 어떤 프로젝트보다 복
합적인 레퍼런스를 함의하고 있다. 생각을 훔친 건축가, 맨드
레이크의 죽음, 기억의 천재 푸네스 등의 소주제들은 이번 글
을 쓰면서 떠올리게 된 것들이지만 흥미롭게도 이 프로젝트
의 과정과도 맞닿아 있다. 늘 질문이 많고 다른 것을 탐색하
는 나에게 매너리즘은 이러한 집요한 작업 과정의 반복에 있
는 것 같다. 프로젝트의 아이디어와 사고, 그리고 구축 방식
을 넘나들며 프로젝트를 만들어 가기에 과도한 몰입력과 신
체적 에너지가 들고, 매번 이러한 과정을 통해 복잡 미묘한
창작의 고통을 마주하는 자신을 발견하기 때문이다. 지난 작
업의 시간이 쌓여가며 노하우나 일하는 방식도 적립되어 갈
것 같은데 매번 새로운 것을 하는 기분이다. 한번도 존재하지
않았던 것을 찾아.

반트 호프, 빌라 헤니, 위트레흐트, 1916.

지인 건축가는 외부의 영향을 차단하기 위해 프로젝트의 SD, DD 단계에서는 SNS를 보지 않는다고 했다. 스마트폰은 친구들끼리의 잡담을 엿듣고 어떻게든 관련 내용이나 제품을 우연처럼 들이밀기에 초연결 시대에서 자신을 지키는 일이란 작은 전쟁과도 같다. 이제 순수 창작이란 신화의 영역에 속한다. 더 이상 새로운 것이 나올 여지가 있을까? 1939년 뉴욕 박람회에서 제네럴 모터스는 원격 제어 반자동 차량이 돌아다니는 미래 도시를 '퓨처라마'(Futurama)라는 이름으로 선보였다. 하지만, 여전히 지금의 현실은 그 디오라마 전시장의 문턱조차 넘지 못했다. 새로움이 고갈된 현재, 소수의 천재를 제외하고, 창작이란 무릇 과거의 선례를 지시하고, 역사의 큰 흐름 안에서 새로운 가지로 뻗어나갈 가능성을 찾아야 할 일이다. 한편, 이제 막 건축을 공부하는 학생들은 지나치게 조심스럽다. 참조와 인용을 아이디어 갈취로 여긴다. 누군가의 잘못을 찾아 혈안이 된 사람들, 그들의 원님 재판으로 멍석말이 당하는 일이 흔하다 보니 자기 검열이 몸에 배었다. 아무것도 만들어오지 못하는 학생은 대개 누구의 작업과도 닮지 않되 아이디어가 반짝이고자 하는 불가능한 시도를 하려는 경우다. 그럴 때 케이스 스터디는 생산적인 참조가 아니라 오히려 유사성을 검열하는 단서에 그치고 만다.

테세우스의 배

클로드 페로(Claude Perrault)는 건축을 아름답다고 판단하는 근거로 실정적인 미(positive beauty)와 자의적인 미(arbitrary beauty)라는 두 가지 원리를 제시했다. 실정적인 것은 유용하고 필수적인 목적이며, 고급스러운 재료, 정확한 시공, 웅장함, 대칭과 같이 누구나 쉽게 이해하는 내용이다. 대리석을 말끔하게 잘라서 지은 큰 건물이 대충 아무렇게나 만든 작은 건물보다 좋아 보인다고 판단하는 일은 너무나 상식적이다. 이에 비해, 자의적인 것은 권위와 익숙함에 더 많은 영향을 받는다. 권위를 갖는 자의 평가나 이미 친숙하게 자리 잡은 자신의 판단을 우선시한다. 콜베르(Jean-Baptiste Colbert)는 1670년대에 피에르 데스고데(Pierre Desgodets)를 로마로 파견해 르네상스 거장들의 작업을 실측하도록 했다. 고대 로마를 규범으로 삼은 르네상스의 건축이 실상 그렇지 않다는 문제가 제기됐기 때문이다. 결과적으로 이들 간에 유효한 아무런 비례 체계도 발견되지 않았고, 어떤 것은 크기가 7배나 차이 날 정도였다. 더욱이 세를리오나 팔라디오처럼 출판물로 명시된 치수들도 실제로는 오류 투성이였다. 하지만 제멋대로인 치수에도 거장의 건축이 아름답지 않다거나, 진실되지 않다고 여기는 이는 없다. 사람의 얼굴처럼 제각각 매력적일 따름이다. "통상 자의적 미를 잘 아는 것이 우리가 취미라 부르는 형태에 더 적합하고, 진정한 건축가와 그렇지 않은 건축가를 구분하는 기준이다."*

화음 역시 현의 수학적 비례 관계를 모르더라도 그 안에서 기쁨을 발견할 수 있다. 그런데 이를 '상상'하는 방식이 건축과 동일하지는 않다. [페로가 아름다움의 토대로 가장 중요하게 여기는 것은 상상(fantaisie)이다.]** 화음이 주는 비례는 절대적이고 불변하며, 이미 자연이 결정해서 우리는 불가피하게 따르고 있다. 음이 조금만 제 위치를 벗어나도 바로 거슬리며 이는 전문적인 교육을 받은 사람들만 가능한 구분이 아니다. 따라서 자연으로부터 주어진 법칙을 따르다 보니 어쩔 수 없는 진행이 있다. 대중음악에서 소위 머니 코드라 부르는 구성이다. 누가 들어도 달콤한 머니 코드는 대신 가짓수가 한정적이라 이를 누군가의 독자적인 저작으로 인정한다면 더 이상 음악을 만들 수 없는 상황에 이른다. 곡의 분위기를 둘러싸고 벌어지는 숱한 시비는 이에 대한 이해가 부족하기 때문이다. 음악은 실정적인 측면이 강해서 건축보다는 객관적인 검증이 가능할 것처럼 보인다. 그렇다면, 음악은 단순한 참고, 비교하며 살피는 참조, 그리고 창작이라 인정할 수 없는 표절, 이 셋의 구분이 명확한가.

음악인 유희열로부터 비롯된 일련의 사건 이후 한국의 가요가 무엇을 먹고 자라났는지 고발하는 유튜브 채널이 눈

* Claude Perrault, *Ordonnance for the Five Kinds of Columns after the Method of the Ancients* (The Getty Center For The History Of Art, 1993), pp. 53-54.

** Vitruvius Pollio, *Les dix livres d'architecture de Vitruve* (A Paris, chez Jean Baptiste Coignard, 1673), p. 5.

에 띄게 늘었다.* 과거에도 물론 표절 시비는 왕왕 있었고, 유희열과 이승환이 공동 작곡한 〈가족〉은 97년 발매 당시에도 뉴스에까지 나왔을 정도다. 그저 그때에는 지금처럼 정보 확산이 빠르지 않았고, 익명의 댓글도 없었고, 무엇보다 창작자의 위상이 지금과는 한참 달랐다. 문제의 90년대 음악들을 비교해보면, 몇몇 작곡가들, 그리고 클럽에서 디제잉을 하다 가수가 된 사람들에게서는 도무지 알리바이를 찾을 수 없었다. 3인조 댄스그룹 R.ef는 히트한 모든 곡이 노골적이다. 오죽하면 누군가 R.ef는 레퍼런스의 줄임말이냐며 빈정댈 정도겠는가. 하지만, 대부분의 경우, 유튜브 제보에 회의적이다. 듀스 1집(1993)의 〈인트로〉는 사운드와 비트에서 프린스의 〈My name is prince〉(1992)와의 연관성이 짙다. 이를 두고 표절이라고 단정 짓는 이들도 있지만, 어디까지나 아카이(akai)의 샘플러 s1000 모델에 내장된 번들 음원을 가지고 작업했기 때문에 발생한 유사성이다. 물론 가사의 구성까지 닮았기 때문에 더 안 좋게 여겨질 순 있지만, 레퍼런스를 이스터에그처럼 숨겼거나, 이를 넘어서 프린스에 대한 오마주라 생각한다. 이현도 본인도 방송에서 이렇게 해명했다. "샘플링이라는 개념이 그때만 해도 법적인 문제보다 일부러 가져다가 티 내는 것이 맛이었거든요." 그래서일까. 마치 누군가는 알아봐달라는 듯 제목이나 앨범 재킷에 원곡에 대한 힌트를 남긴다. 밀리 바닐리(Milli Vanilli)의 〈Girl you know it's true〉와 유사한 서태지의 〈난 알아요〉. 키스 스웻(Keith Sweat)의 〈In the Rain〉을 참조했음이 분명한 듀스의 〈빗속에서〉. 심지어 유희열은 라디오 방송을 진행하면서 류이치 사카모토, 마키하라 노리유키, 토토를 누구보다 열심히 알렸다.

　유희열에게 덧씌워진 천재 이미지는 결국 독이 되었다. 사람들은 그의 음악을 온전한 재능의 산물로만 여겼다. 관련한 소동은 류이치 사카모토가 보낸 서신이 공개되며 일부 해소되었다.** 그는 죽음에 이르는 병마와 싸우는 와중에도 배

려 넘치는 언어로 후배 음악인을 독려했다. 본인도 제기된 곡의 유사성을 인지하지만, 법적 조치가 필요한 수준이라고 보지 않는다고 했다. 오히려 자신의 색깔도 90퍼센트 정도 서양 음악에서 비롯되었으며, 특히, 바흐나 드뷔시에게 큰 빚을 지고 있음을 고백했다. 그 한계에서 벗어나기 위해 레게를 듣는 시도까지 했다는 놀라운 일화도 들려주었다. 자신의 독창성을 5~10퍼센트 가미할 수 있으면 감사한 일이라고 했다. 고작 그 정도가 천재적인 음악인이 생각하는 자신의 역량이니 나머지 범인들은 더 무슨 할 말이 있겠는가. 그럼에도 "아프니까 봐준 거다", "사카모토는 용서해도 나는 용서 못 한다"며 창작의 순수성을 수호하는 신봉자들로 사건은 더 복잡해졌다. 결국 류이치 사카모토보다 먼저 음악인 유희열의 커리어가 사망 선고를 받으며 논란은 일단락되었다.

　음악 표절은 법적 기준이 존재한다고들 알고 있다. 도입부 4마디, 중반부 8마디가 같으면 표절이라는 얘기를 들어본 적 있을 것이다. 하지만, 이는 사실과 다르다. 법정에서 표절로 판정받은 숱한 사례가 있음에도 여전히 명확한 기준은 없다. 사례별로 복잡하고 지루한 공방이 이어질 뿐이다. 최근의 유희열과 관련한 사건은 음악계가 아닌 창작 업계 전반을 점검할 기회였는데, 마치 게임처럼 끝판왕을 쓰러뜨리는 가시적인 성과로 끝나고 말았다. 그래서 머니 코드는 어디까지가 이에 해당하는지, 참조와 표절을 가르는 구분은 무엇인지 여전히 아리송하다. 기준은 없고, 정보 접근은 무한정인 시대에 어떻게든 문제를 피해 보려는 창작자와 어디에선가 발견되는 유사성을 찾는 사람 간에 시비가 붙을 수밖에 없다. 더욱이 이제는 몇 글자 프롬프트를 입력하면 AI가 작곡, 작사까지 해주는 시대다. 더 많은 혼란과 고발 밖에는 없는 것일까. 클로드 페로가 『다섯 가지의 오더』를 쓰며 제멋대로 난립한 오더를 정리하려 한 시도는 이제 유효하지 않다. 오히려 개별적인 사안들에서 짚어가는 쟁점들이 모여 자연스럽게 해소되는 자발적인 생태계가 형성되어야 한다. 그나마 음악은 힙합계 내부에서 샘플링 제도를 통해 다른 이의 저작물도 자신의 창작으로 전환할 수 있는 새 지평을 열었다. 그래서 바닐라 아이스는 그룹 퀸과 데이비드 보위에게, 퍼프 대디(지금의 숀

콤스)는 길버트 오설리반에게, DJ D.O.C는 보니 엠에게 여전히 비용을 지불하고 있다. 건축에서도 이러한 합법적 거래가 가능할까?

아메리칸 인베이전

특정 지역의 건축가들이 하나의 참조점을 가지는 실로 거국적인 사건도 있었다. 1910년부터 1920년대 중반까지 프랭크 로이드 라이트는 유럽의 건축계에 상당한 영향을 끼쳤고, 특히 항구가 발달해 수입품을 일찍 접하는 네덜란드에서 열기가 뜨거웠다. 당시 56세의 베를라헤는 45세의 라이트를 유럽 전체에 비견할 수 없는 거장이라고까지 칭송하며 그를 가장 열심히 전파하는 사람이었으며, 이를 통해 유럽 전반에 퍼진 한 미국인의 건축을 두고 니콜라우스 페브스너는 '평화로운 침투'라 했다.* 베를라헤는 루이스 설리번과 일했던 퍼셀(William Gray Purcell)과 1906년부터 교류했다. 퍼셀은 1908년, 라이트의 에세이 「건축을 위하여」(In the cause of architecture)가 실린 『아키텍처럴 레코드』(Architectural Records) 3월호를 선물로 주기도 했다. 따라서 라이트 최초의 작품집이 나오기 전부터 베를라헤는 그의 작업에 대해 어느 정도 알고 있었을 거라 예상한다. 베를라헤는 1911년에 2개월간 미국을 여행 후 1912년부터 '현대 미국 건축'이라는 주제로 설리번과 라이트에 대해 강연했다. 이 강연은 인기를 끌어 독일 그리고 그가 학창 시절을 보냈던 스위스 취리히에서도 이어졌고, 그 내용은 라이트가 손수 제공한 삽화와 함께 『스위스 건축잡지』(Schweizerischen Bauzeitung)에 게재되었다.

출판물을 통한 지식 확산은 에른스트 바스무스(Ernst Wasmuth)가 제작한 책 『프랭크 로이드 라이트의 준공작과 계획안』(Ausgeführte Bauten und Entwürfe von Frank

* Maristella Casciato, "5. The Dutch Reception Of Frank Lloyd Wright: An Overview," *The Education of the Architect: Historiography, Urbanism, and the Growth of Architectural Knowledge* (Cambridge MA: The MIT Press, 1997), p. 139.

Lloyd Wright)이 주도했다고 알려져 있다. 바스무스 포트폴리오라는 이름으로 더 알려진 두 권의 책은 라이트 최초의 작품집으로서 석판화로 제작한 100개의 도판을 담았다. 책의 시작은 1904년 세인트루이스 박람회였다. 라이트가 바스무스 출판사 부스를 방문하면서 인연이 맺어졌는데, 제작을 위해 만 달러를 빌렸을 정도로 본인이 출판 계획을 주도했다. 1909년, 고객의 부인이었던 메이마 체니(Mamah Borthwick Cheney)와 밀월여행으로 유럽 땅을 밟으며 출판은 속도를 냈다. 그로부터 일 년 뒤 1910년, 드디어 책이 출간되었다. 본래 1,300권을 계획했었지만, 제작비가 오르면서 650권으로 줄었다. 500권은 미국 판매용이고, 유럽 할당량은 고작 150부에 불과했다. 특별한 손님과 지인을 위해 일본 종이로 만든 디럭스판 25부도 찍었다.* 애초에 자신의 건축 세계를 유럽에 소개하겠다기보다는 본국에서 여러 구설수로 실추된 명예를 회복하고자 하는 건축가의 자구책이었다. 그런데 미국으로 가져온 500권도 탈리에신에서의 비극으로 불타버리고 30권만 남았다.** 그가 사랑하는 체니와 더불어 작품집은 3년 만에 잿더미가 되었다. 유럽판 역시 기본적으로 적은 발행부수와 터무니없는 가격(당시 좋은 구두 열여섯 켤레와 맞먹는)으로 그다지 큰 반향을 일으키지 못했다. 반면, 결정적인 역할을 담당한 것은 1911년 발행한 『20세기 건축』(Die Architektur des XX. Jahrhunderts) 8호 특별판이었다.*** 바스무스 포트폴리오의 2.2퍼센트 가격에 유럽판 4,000부, 미국판 5,000부를 발행했다. 강연과 잡지를 통해 라이트의 형식적, 구성적 요소가 네덜란드에 확산되었으며, 1914년 세계대전이 발발하면서 끊어졌던 연결 고리는 1921년 잡지 『벤딩언』(Wendingen) 11호에서 제국호텔 프로젝트와 관련

---

* Helmut Lochbühler, *Die Rezeption von Frank Lloyd Wright in Deutschland vor 1914* (Winckelmann Akademie für Kunstgeschichte München, 2014), p. 4.

** https://www.architechgallery.com/artist/ FLW_wasmuth_essay.htm.

*** Helmut Lochbühler, *Die Rezeption von Frank Lloyd Wright in Deutschland vor 1914*, p. 5.

논문을 수록하며 다시 이어진다. 1925년에는 무려 7호 연속
으로 라이트 특집을 펴내기도 했다.

네덜란드의 젊은 건축가가 받은 영향은 1914년부터
1919년에 걸쳐 나타난다. 반트 호프(Robert van't Hoff)는
1914년 오크 파크에서 라이트를 만난 최초의 네덜란드 건축
가다. 1916년에 지어진 빌라 헤니(Villa Henny)에서 수평
으로 뻗은 지붕과 촘촘하게 분할된 창, 돌출된 캔틸레버 캐노
피, 벽난로와 계단을 중심에 두고 순환하는 평면 방식에서 영
향이 드러난다. 베를라헤의 제자인 아우트(J.J.P Oud)는 라이
트 건축의 유행에 유일하게 비판적이었다. 라이트 건축의 조
형적 풍요로움과 사치스러운 감각은 입체파가 갖는 청교도
적 금욕주의와 다르다며 어느 정도 거리를 두려 했다. 하지
만, 동시대의 건축을 모방하는 것이 그리스식 기둥을 따라 하
는 것과 다르지 않다고 라이트 추종자들을 두둔하며, 오히려
솔직한 표절보다 미온적 태도를 더 해롭다고 했다.* 그는 로
비 하우스의 사례를 들며 평면에서 움직임을 성취하는 방식
과 미래파가 회화의 경직성을 극복한 방식을 비교했다. 이렇
게 앞-뒤, 좌-우로 미끄러지는 평면 분할의 결과 사방으로 독
자적인 조형성을 갖는 특징을 두고 '플라스틱' 건축이라고 표
현했다. 그리고 그 영향으로 1919년 퓌르머렌트(Purmer-
end) 공장 계획안에는 로비 하우스에서 참고한 내용을 엿볼
수 있다. 테오 반 두스버그(Theo van Doesburg)의 〈러시아
춤의 리듬〉(Rhythm of a Russian Dance, 1918)은 라이트가
신조형주의 학파 더 스테일로부터 미스 반 데어 로에의 바르
셀로나 파빌리온(1929)까지 도달하는 다리 역할을 했다. 헤
릿 리트펠트 역시 잡지에서 본 라이트의 인테리어에서 강한
영향을 받았고, 특히 수직으로 긴 의자 등받이에서 그 유명한
적청의자와의 연관을 짐작할 수 있다. 반트 호프와 주택 프로
젝트의 협업 시에는 아예 라이트 가구를 베껴달라는 요구를
받기도 했다.**

* J.J.P. Oud, "The Influence of Frank Lloyd Wright on
the Architecture of Europe," *Wendingen* no. 6 (1925),
pp. 85-89.

** Tomás García-Salgado, "The Rietveld-Schröeder

가장 열렬한 라이트교 신자는 두독(Willem Marinus Dudok)이다. 힐베르숨(Hilversum) 소속 공공건축가로 거의 평생을 헌신한 두독은 1915년에 지어진 시청사에서 라이트를 향한 애정을 숨기지 않았다. 수평으로 긴 매스들의 조합, 캔틸레버 캐노피, 창의 수직 비례와 위에 덧붙인 데코레이션까지, 라이트가 도면을 검토한 게 아닐까 싶을 정도다. 심지어 투시도의 표현 방식이나 레터링은 라이트의 삽화를 전담했던 마리온 마호니 그리핀(Marion Mahony Griffin)을 떠올리게 한다. 진입부에서 사선 방향으로 동선을 배치하며, 이를 중심으로 주요 실들이 등장하는 라이트 특유의 시퀀스는 네덜란드의 다음 세대 건축가에게도 나타난다. 알도 반 아이크(Aldo van Eyck)는 암스테르담 보육원에서 Served/Servant로 공간을 구분하고 이들 유닛이 반복되는 구성을 취했다. 그의 절친인 루이스 칸과 공유하는 부분이지만, 언제나 사각형 대칭 구도를 유지하려 한 칸과 달리 바람개비 형상의 배치에서 라이트의 영향을 엿볼 수 있다.* 이는 발터 그로피우스가 설계한 바이마르 바우하우스와 맥락을 같이 한다.

1931년, 암스테르담 시립미술관에서 베이더펠트(Hendrik Wijdeveld)의 기획으로 유럽 최초 라이트 전시가 열리고 유럽 여러 도시를 순회했다. 1975년 크뢸러-뮐러(Kröller-Müller) 뮤지엄에서는 미국과 네덜란드 건축의 연관을 주제로 전시 《아메리카나》를 개최하며 라이트가 남긴 유산을 조명했다. 고리타분한 제도나 관습으로부터 탈피하고자 하는 성격은 유럽의 소국으로서 항상 변혁을 추구해야 하는 네덜란드의 생존 방식과 결을 같이 한다. 일본과 아메리카 원시 문명에서 받은 이국적이고 토속적인 모티프도 동인도회사를 통해 다양한 극동의 문물을 접한 더치들에게 동질감을 주었다. 끝없이 펼쳐지는 대평원에 순응하는 수평적 건축은 사방을 둘러봐도 지평선인 네덜란드 간척지에도

House and the Fifth Element," *Nexus Network Journal* (Kim Williams Books, 2018), p. 425.

* Robert Mccarter, "Aldo van Eyck and Louis I. Kahn: Parallels in the Other Tradition of Modern Architecture," *ZARCH* no.10 (Junio, 2018), p. 56.

어울릴 수밖에 없음이 자명했다.

의사객체(Quasi-Object)*로서의 파사드

누구도 그것이 무엇이라 언급하지는 않았지만, 특정 시기마다 건축 내부에서 자연스럽게 공유하는 시도들이 있다. 그렇게 한때의 유행처럼 등장했다가 어떤 것들은 자연 선택으로 살아남아 관습적으로 쓰인다. 벽돌 영롱 쌓기, 장식 아치, 종석 뜯기의 거친 벽, 그리고 오브제로서의 암석은 불현듯 출현해서 알음알음 퍼져나갔으나 이렇다 할 논의의 대상까지 이르지 못했다. 요즘 나의 눈에 자주 들어오는 것은 플루팅(fluting)을 한 벽이다. 플루팅은, 고대 그리스까지 거슬러 올라가는 것으로, 기둥에 촘촘하게 낸 오목한 세로 홈을 말한다. 기둥을 가볍고 경쾌하게 보이며 수직성을 강조하는 기법이다. 플루팅을 하지 않은 기둥보다 더 둥글게 보이고, 수평 조인트를 감추는 장점도 있다. 반대로 볼록하게 돌출된 경우 리딩(reeding)이라 한다. 정확한 유행의 이유는 모르지만, 카루소 세인트존(Caruso St.John)의 노팅엄 컨템포러리(Nottingham Contemporary, 2009)를 많이들 언급한다. 이들은 이후 브레머 란베스방크(Bremer Landesbank, 2016), 스위스 라이프 아레나(Swiss Life Arena, 2022)에서도 유사한 어휘를 구사하며 일종의 플루팅 연작을 진행 중이다. 국내외를 통틀어 이러한 플루팅이 발견되는 프로젝트를 나열하면 다음과 같다.

- MPART, 국립현대미술관 서울관(2013)
- Carmody Groarke Architects, The Filling Station(2014)

* 브뤼노 라투어의 의사객체 개념은 인간과 비인간, 주체와 객체 사이의 전통적인 이분법을 해체하고, 이들이 상호작용하며 형성되는 복잡한 네트워크를 설명한다. 의사객체는 단순한 물리적 존재가 아닌, 다른 행위자들과의 상호작용을 통해 변화하고 영향을 미치는 역동적인 존재로, 기술적 장치나 과학적 사실 등이 이에 해당된다. 이를테면, 과학적 사실은 자연 그 자체로 존재하는 객관적 진리가 아니라, 연구자, 실험 장비, 데이터 등 다양한 행위자들의 상호작용을 통해 사회적으로 구성되는 역동적인 산물이라고 보았다.

- 그리고 이 파이버글래스 패널(FRP)을 재활용한 Maggie's Merseyside(2014)
- 오드건축, 경주 주택(2017)
- Atelier Deshaus, Taizhou Contermporary Art Museum(2019)
- MDO, Yantai Experience Center(2020) (여기에서는 카루소 세인트존이 디자인한 테이트 브리튼의 테라조 바닥 패턴까지 유사하다.)
- 김이홍 아키텍츠, 압구정역 6번 출입구(2021)
- Harry Gugger Studio, Medisuisse Headquarters(2022)
- 스키마, DK대구지점사옥(2022)
- 경계없는 작업실, 콤포트 서울(Comfort Seoul)(2022)
- H2L, 서교동 버티컬 아크(2023)
- 스튜디오 이심전심, 대구 리안갤러리 신관(2023)

이러한 현상은 건축뿐 아니고 다른 업계의 디자이너에게도 영향을 미쳤다. 스튜디오 씨오엠이 디자인한 책장, 푸하하하 프렌즈와 함께 작업한 하이브 사옥 인테리어(2021)에서도 플루팅이 실내 공간으로 들어오는 모습을 찾아볼 수 있다.

물론 기둥의 장식이 파사드로 확대된 사례를 모두 영국 사무소의 직접적인 영향이라 하긴 어렵다. 시간순으로 따진 다면, 갈월동의 청룡빌딩(1989)이나 아돌프 로스의 시카고 트리뷴 타워 공모전 제출안(1922)이 우선한다. 그래서 누가 먼저인가를 따지기보다는 어떤 동기였을지, 이를 통해 어떠 한 담론으로 확장될 수 있을지 궁금할 따름이다. 하지만, 이 는 건축의 여러 과정 중 일부에 속하기 때문에 건축가의 설명 을 듣기 어렵다. 그저 이러한 마음이었을까 추측에 불과하다. 2000년대 유럽이나 미국 유학 중에 한창 파라메트릭을 공부 하면서 가졌던 비전이 좌절되고 남은 흔적일까.* 더 지저분

* 나 역시 2005년 네덜란드 유학 시절, 베르나르 카슈 (Bernard Cache)와 피터 트루머(Peter Trummer)의 스튜디오에서 Missler사의 Top-solid를 이용해 파라메트릭 방법론을 연구했다. 아직 라이노사의 그래스호퍼가 나오기 전이었고, 런던의 AA에서는 Generative Components를 사용하고 있었다.

한 마감을 브랜딩으로 과시하는 상업 공간에 대항하는 질서 정연한 아름다움일까. 다양한 모양의 다공성 블록이나 로구로(ろくろ)를 찍어내던 70-80년대식 창작의 연속일까. 부족한 평활도를 감추거나 옹벽의 삭막함을 상쇄시키려 넣었던 패턴이 서양의 텍토닉 이론처럼 벽면의 주요한 오너먼트가 된 것일까.

건축가 김이홍의 지하철 압구정역 6번 출입구는 다수가 이용하는 공공 시설물이라는 점, 유리를 사용했다는 점에서 눈에 띈다. 질서와 비례라는 고전의 가르침을 따르면 다른 장식을 덧붙이지 않더라도 충분히 우아할 수 있음을 다시금 깨닫는다. 시설물은 서울교통공사의 소관으로 서울시 캐노피 매뉴얼에 따른다. 여느 출입구가 그러하듯 필로티 형식으로 오픈되거나 유리 마감으로 덮어 투명성을 보장해야 한다. 그리고 차수 용도로 바닥에서 900mm 높이는 단단하게 벽을 올릴 필요가 있어 화강석 기단을 갖게 되었다. 적절한 투과와 반사에 대한 고려, 도심에서의 존재감, 밤의 이미지 등이 투명성을 풀어나가는 단서가 되었다.* 그리고 무엇보다 바로 마주하고 있는 현대백화점과의 관계를 고려하지 않을 수 없었다. 백화점 입면의 도리스 오더와 지하철 출입구의 곡면 유리는 시대와 물성, 취향과 기능에 대해 이야기를 주고받듯 충분한 협력 관계가 되었다. 캐노피의 내부 천장은 수퍼미러로 마감해 유리 벽의 수직 높이를 배로 늘려주거나 도시의 바쁜 움직임들을 유쾌하게 포착하는 거울로 기능한다.

스튜디오 이심전심에서 설계하고 2023년 오픈한 대구 리안갤러리 신관은 많은 주목을 받았다. 알루미늄 패널로 정교하게 구현한 플루팅은 매스의 수직성을 강조하려는 의도를 세련된 방식으로 풀어낸 결과다. 그렇다면 이심전심에서 플루팅 어휘를 도입한 이유는 무엇일까? 건축가 전필준의 설명에 따르면, 4m 소로를 두고 마주하고 있는 구관과의 관계 그리고 미술관에 대한 심상(mental image)을 고려한 결과다. 리안갤러리 구관은 90년대 지어진 건물로 한국에 지어진 노출콘크리트 1세대에 해당한다. 미숙한 시공에 세월의 흔적

* 전화 인터뷰, 2024년 6월.

을 더했지만, 자체의 물성을 꾸밈없이 드러낸 미덕은 여전하다. 건축가가 대구를 "단독자들의 도시"라고 표현할 만큼 도시 건축적 맥락을 짚어내기 어려운 상황에서 노출콘크리트 미술관이 주거 지역 한 가운데 등장했을 때의 생경함에 주목했다. 알루미늄 박스는 30년 전 일대가 받았던 신선한 존재감의 재연이다. 관장에게는 도널드 저드(Donald Judd)의 작업에 빗대어 설명했다는 대목도 흥미롭다. 알루미늄을 비롯해 다양한 재료를 실험했던 〈무제〉 연작이었으리라 짐작한다. 특히, 단순할수록 오브제로서의 존재감이 강해지는 미니멀리즘 속성을 이용했다. 어떠한 포쉐(poché)도 만들지 않고 완벽하게 파사드로 숨어버린 개구부에서 그의 말처럼 '건물 같지 않은 건물'을 만들기 위한 노력을 엿볼 수 있다.* 런던 내셔널 갤러리나 테이트 브리튼처럼 전면에 등장하는 열주 회랑이 자신이 미술관에서 가장 먼저 떠오르는 이미지이기 때문에 이러한 부분을 입면에서 분명히 표현하고 싶다고 했다. 결과적으로 수직 방향의 매스는 그 자체로 거대한 기둥을 의도했다. 실제 기둥에서 홈과 홈 사이 영역이 세장한 선으로 남아 수직성을 강화하는 데에서 착안해 곡면 알루미늄 패널이 만나는 접합부 디테일까지 고려했을 정도다.

　여전히 파사드는 중요하다. 용적률 게임의 참여자로 이렇다 할 평면적, 단면적 시도가 어려울수록 그렇다. 제한된 예산에서 어떻게든 다른 얘기를 하고 싶을 때도 마찬가지다. 알도 로시는 역사 양식이라는 표상을 이용해 대중성을 획득했다. 하지만, 최종적으로는 특정 시대를 연상하는 모든 것을 폐기하고 잊히고자 했다. 헤르조그 앤 드 뫼롱은 리콜라 창고에서 부지 주변의 평범한 헛간이나 제재소의 나무판자를 모방했다. 건축에서의 소통은 건물을 짓게 된 배경이나 프로젝트의 조건에서 비롯된다고 보았기 때문이다.** 뷔엘 아헤츠(Wiel Arets)의 위트레흐트(Utrecht) 대학 도서관은 헤르조그 앤 드 뫼롱의 영향을 받아 파피루스 부조와 같은 패턴을

---

* 윤예림, 「[오늘의 건축가] 객체로 존재하는: 이윤정, 전필준」, 『SPACE(공간)』 671호 (2023년 10월호), 126쪽.

** 데이빗 레더배로우, 모센 모스타파비, 『표면으로 읽는 건축』 (동녘, 2009), 254-258쪽.

프린팅한 유리로 마감했다. 종이를 생산하게 된 기원과 지식을 축적하는 블랙박스라는 은유를 단서로 삼았다. 네덜란드의 건축 이론가 루머 반 토른(Roemer van Toorn)은 레이너 밴험의 더 그레이트 기즈모(the Great Gizmo)*를 설명하며 위트레흐트 대학 도서관을 기즈모 건축의 사례로 들었다.** 그 특징을 살펴보면, 둘 이상의 프로그램이 병치되고, 목적 외에 다양한 이용을 유도하며, 무엇보다 포토제닉하다. 레이너 밴험이라면 스마트폰과 같은 포터블 기기를 기즈모라 여겼겠지만 이제 그 스마트폰마저도 실물보다는 설치한 앱의 역할이 더 중요하다. 인스타그램, 핀터레스트, 유튜브와 같은 소프트웨어가 더 기즈모에 어울리고 스마트폰은 이에 접속하기 위한 단말기에 지나지 않는다. 이러한 가운데 이미지를 생산할 수 있는 건축에 한해 이들은 주목받기에 훨씬 유리한 위치를 선점한다. 사람들이 사진을 찍고 업로드하며 네트워크의 능동적인 참여자가 되게 하는 건축은 기즈모에 의해 퍼져나가는 의사객체의 속성을 갖는다. 이들은 장식이거나 형태이거나 혹은 즉각적으로 이해되는 그 무엇이다. 다양한 연상을 불러일으키지만, 하나의 지시에 머무르지 않는다. 구성하는 물질, 생산 공정도 제각각이며 그런 가운데 보기 좋은 질서를 갖추었다. 플루팅 패턴의 벽은 분화하고 있다. GFRC, FRP, 콘크리트, 세라믹, 유리 등에 따라 곡률과 비례가 천차만별이다. 천장 볼트 구조와 만나 벽이 천장을 닮은 것인지, 천장이 벽을 따른 것인지 구분마저 어렵다. 이미 리딩 패턴의 사례도 점점 늘고 있다. 사조와 학파가 사라지고, 선언이 메마른 시절에도 어딘가에서는 무엇인가가 벌어지고 있다.

*   Reyner Banham, "The Great Gizmo," *Industrial Design* (Sep. 1965).

**   Roemer van Toorn, "The Quasi-Object: Aesthetics as a form of Politics," *Graz Architecture Magazine* (Vienna: Springer, 2008), pp. 68-83.

빌럼 마리누스 두독, 힐베르숨 시청사, 1915.

비엘 아레츠, 위트레흐트 도서관, 2004.

『벤딩언』, 프랭크 로이드 라이트 특집 7권, 1925.

이심전심, 리안 갤러리, 2023, © Joel Moritz.

카지미르 말레비치, 절대성 58, 1916.

알렉산더 로드첸코, 이것에 대하여, 1923.

벽돌조의 벽체와 백색 콘크리트 슬래브로 이루어진 소위 '집장사' 다세대주택의 전형적인 입면을 최근의 건축'작품'에서도 종종 접하게 된다. 한때 근린상가들의 기본 외장재였던 타일이 오랜만에 다시 사용되기도 하며, 구조와 무관하게 자리하는 거친 마감의 키스톤, 편법증축에 흔히 쓰이는 초록빛 새시와 폴리카보네이트 등 우리 버내큘러 건축의 요소들도 인용된다. 막돌로 쌓아올린 시골 마을의 담장, 제주도의 돌하르방이나 해녀와 같은 지역적 단편들도 보인다. 전통건축은 온전한 총체가 아닌 기와지붕, 창살, 들창 등 부분으로 건물에 도입되며, 자본의 욕망만을 드러낸다 하여 기성세대 건축가들의 비판 대상이었던 상업건축의 장식적 요소들도 적극적으로 포섭되고 있다. 점점 늘고 있는 리노베이션 프로젝트는 모습을 완전하게 탈바꿈하기보다는 기존의 재료, 구법이나 풍화 흔적을 적극적으로 드러내는 추세다. 특정 건축가의 작품을 직접 지시하는 경우도 간간이 보이는데, 르 코르뷔지에, 루이스 칸, 로버트 벤추리가 소환되며 발레리오 올지아티는 동시대 건축가로서는 드물게 우리 건축가들이 직접 참고 혹은 인용하는 대상이다.

정도의 차이가 있을지언정 창작행위는 모두 외부 참조점을 갖겠지만, 위 사례들은 참조와 인용을 의도적으로 드러내고 이를 통해 소통하고자 한다는 점에서 차이가 있다. 이들이 지시한 대상과 목적, 그리고 결과적 형식은 다양하지만, 모두가 공유하는 것은 보다 구상적인 단편들을 통해 소통하고자 하는 의지다. 여기서 구상이라 함은 구체적 형상을 가짐으로써 한 시대와 문화권에서 특정한 의미를 갖는 것으로, 자체로는 의미의 백지상태인 추상과 대별된다.* 건축의 경우 요소들에 구체적인 의미를 충전하기 위해 장식이나 관습화된 과거의 형식을 사용하는 것이 일반적이지만, 순수한 형태를 가졌

---

* 사실 '추상'은 '사물의 본질적 성질을 추출한다'는 의미로 그 형태가 현실 속의 사물에서 나왔음을 전제로 하기에, 현실과 무관한 요소로 구성된 절대주의 회화, 애초 순수한 형태로 존재해온 건축의 벽체 등에는 맞지 않은 표현이다. 구상적이지 않은 모든 대상에 대한 총칭으로는 '비구상'이 보다 정확하겠지만 이 글에서는 보편적으로 통용되는 추상을 사용했다.

더라도 특정한 시대나 선례를 연상시킨다면 보다 세부적인 의미를 담을 수 있다. 벽, 지붕, 공간, 색채와 같은 추상적 요소와 형식뿐 아니라 구상적 단편까지 활용하는 건축은, 순수하게 감각적인 체험에 더해 기억에 기반하여 읽히는 이야기로 확장될 수 있다.

1

사실 추상과 구상의 표현 형식은 근대 이후 여러 예술분야에 걸쳐 다양하게 모색되어왔다. 널리 알려진 대로 모더니즘의 초기를 개척한 것은 추상예술로, 입체주의에 이어 절대주의, 더 스테일 등이 순수한 형태와 색채로 이루어진 새로운 조형언어를 실험했다. 일면 매체의 고유한 표현과 형식에 대한 내적 탐구이기도 했지만, 예술을 통해 사회적 변화를 적극적으로 이끌어내려는 의지의 산물이기도 했다. 현실세계를 충실히 재현해온 기존 예술이 일상을 지배하는 이데올로기와 관습적 사고체계를 그대로 반영하며, 감상자는 비판성이 결여된 감정이입을 통해 이를 향유해왔다면, 추상예술은 현실과의 모든 연계를 소거한 추상요소들을 자율적인 질서로 관계지음으로써 완전하게 새로운 사고의 지평을 열고자 했다.

반면 이어 등장한 또 다른 예술가들은 구상성을 다시 작품에 도입했다. 다만 전통적인 재현과 같은 유기적 총체가 아닌, 구상적 단편들이 일반적 맥락에서 떨어져나와 새롭게 조합되는 구성을 도모했다. 요소들 사이의 새로운 관계를 모색한다는 측면에서는 추상예술의 실험들에 기반하되, 추상예술과 달리 사진 조각 등 보다 구체적 의미와 기억을 담은 요소들을 사용한 것이다. 혁명 직후의 러시아에서 알렉산드르 로드첸코는 추상회화에서 포토몽타주로 매체를 전환하여 도시와 자연, 기계와 공예, 남성과 여성, 개인과 군중, 노동과 여가의 구상적 이미지들을 역동적으로 조합하여 새로운 사회의 가치를 "시적 상상력과 개인적 참조들로 이루어진 복합적이고 다층적인 세계"로 그려냈다.* 거의 동시대에 서유럽에서

* Margarita Tupitsyn, "From the Politics of Montage to the Montage of Politics," *Montage and Modern Life:*

는 다다이즘이 유사한 실험을 전개했고, 이어 막스 에른스트, 르네 마그리트 등의 초현실주의자들이 포토몽타주와 회화를 통해 이러한 경향을 이어갔다.

이러한 두 흐름의 상관관계에 대해 벤자민 부흘로는 포토몽타주를 언급하며 "재현의 관습에 대한 모더니즘적 비평이 완전하게 발전한 단계에서, 새로운 대중 관객을 위해 도상적 재현을 구축해야 한다는 필요성이 새롭게 부상"했음을 언급했다.* 추상예술이 완전한 추상으로 현실과의 고리를 끊어 난해하게 받아들여졌다면, 구상적 요소를 사용한 예술가들은 현실에서 가져온 단편들로 좀 더 적극적인 소통을 도모한 것이다. 구상적 요소는 감상자의 기억과 관습적 인식을 함께 소환하는 것이었기에, "현실 속의 모습을 재현시킨 사물들이 (…) 제공하게 되는 전복적인 효과는 그 사물들을 빌려준 현실 세계에서도 다시 나타날 수 있다"는 마그리트의 발언과 같이** 구상적 요소들의 재조합은 일상세계를 바라보는 새로운 시점을 유도할 수 있었다. 추상, 구상적 예술의 차이는 근대예술의 흐름을 사회적으로 접근한 페터 뷔르거의 구분과도 상응하는데, 그는 예술의 절대적 자율성을 도모했던 유미주의, 현실 삶에 대한 예술의 실천적 개입을 의도한 아방가르드를 구분하면서 후자가 전자의 "(삶의 실천에서 유리된) 심미적 경험을 실제 경험으로 끌어들이는 것"이라 했다.*** 그간 상호 영향관계를 통해 큰 흐름으로 읽혀온 추상예술과 달리 산발적으로만 접근된 이들 예술가를, 편의상 구상적 아방가르드라 부르기로 하자.****

1919-1942, Matthew Teitelbaum, ed. (Cambridge MA: MIT Press, 1992), p. 88.

* Benjamin H. D. Buchloh, "From Faktura to Factography," *October*, Vol. 30 (Autumn 1984), p. 95.

** L'invention collective no.2 (1940), Suzy Gablik, *Magritte* (London: Thames and Hudson, 1985), pp. 183-187에 재수록.

*** Peter Bürger, *Theory of the Avant-Garde* (Minneapolis: University of Minnesota Press, 1984), p. 34.

**** 근대의 추상예술을 다룬 주요 전시로는 1936년 뉴욕 현대미술관의 《입체주의와 추상예술》(Cubism and

　　여기서 근대 아방가르드의 기획을 언급함은, 예술을 적극적인 사회개혁의 수단으로 설정했던 그들의 목표가 오늘날에도 유효함을 주장하고자 하는 것은 아니다. 다양한 아방가르드의 시도들이 저마다의 자기모순, 자기부정에 빠져 실패했음을 논한 수많은 포스트크리티컬(Post-critical) 논쟁 가운데로 다시 들어가고자 하는 것 역시 아니다. 다만 예술의 역할이 여전히 일상적 사고의 틀을 벗어나 세상을 바라보는 새로운 시각을 유도하는 데에 있다면, 그리고 건축이 순수예술은 아니지만 예술의 속성을 가지고 있어 이러한 목표를 공유한다면, 이를 가능하게 하는 소통의 전략에 주목하고자 한다. 구상적 아방가르드의 방법론은 세상으로부터 다양한 단편들을 채집해와 이들을 새로운 맥락으로 관계 짓는 것이었고, 그 목적은 현실과의 접점으로 널리 소통의 기반을 확보하고, 관계된 기억과 의식을 소환하여 의미를 구체적이고 복합적으로 생산하여 궁극적으로 세상을 바라보는 확대된, 혹은 대안의 시선을 유도하는 것이었다.

　　2
건축의 경우에도 근대 이전에는 구상적 표현을 통해 소통해왔다. 기념비들은 섬세한 장식으로 저마다의 이야기를 전했는데, 페르세폴리스 궁전의 주계단 측면에는 공물을 바치러

Abstract Art)(흥미롭게도 추상적 흐름의 최종 도착점을 근대건축으로 설정했다)을 시작으로 뉴욕 구겐하임미술관의 《20세기의 추상: 완전한 모험, 자유, 원칙》(Abstraction in the Twentieth Century: Total Risk, Freedom, Discipline, 1996), 뉴욕 현대미술관의 《추상의 발명, 1910-1925년》(Inventing Abstraction, 1910-1925, 2012), 《추상과 유토피아》(Abstraction and Utopia, 2019) 등이 있으며, 국내에서는 얼마 전 막을 내린 국립현대미술관 과천관의 《한국의 기하학적 추상미술》(2023)이 있다. 반면 현실에서 추출된 단편들의 조율된 만남을 도모한 예술가들은 몽타주 기법에 대한 연구 등에서 느슨하게 연결되어 언급될 뿐이다. 대표적인 전시로 보스턴 현대미술관의 《몽타주와 근대적 삶: 1919-1942년》(Montage and Modern Life: 1919-1942, 1992), 뉴욕 현대미술관의 《엔지니어, 운동가, 구축자: 재정의된 예술가》(Engineer, Agitator, Constructor: The Artist Reinvented, 2020) 등이 있다.

온 긴 행렬을 조각하여 왕국의 위엄을 뽐냈고, 아크로폴리스 에렉테이온의 기둥은 적군에 동조한 세력의 귀부인 모습으로 만들어 치욕스럽게 지붕을 짊어지게 했다. 이슬람교를 제외한 대다수 종교의 건축은 신앙심을 고취시키기 위해 주요 인물과 사건을 벽화나 조각으로 묘사했다. 균형미의 정점을 이룬 브라만테의 템피에토를 크로싱 상부에 얹힌 런던 세인트폴 성당이나 파리 팡테옹과 같이 선례를 직접 차용한 경우도 어렵지 않게 찾아볼 수 있다. 괴테는 "음악은 흐르는 건축이요 건축은 동결된 음악"이라며 가장 비재현적으로 예술적 감흥을 불러일으키는 매체로 이 둘을 꼽았다. 이러한 관점에서 본다면 위 사례들은 순수하게 건축적이기보다는 회화나 조각적인 표현이라 볼 수 있겠지만, 건축은 역사적으로 모든 문화권에 걸쳐 다양한 매체를 포괄한 종합예술로서 재현적, 구상적인 소통을 해온 것이 사실이다.

이러한 역사양식으로부터 극적으로 벗어나 건축 고유의 언어인 형태와 공간이라는 추상적 표현의 길을 연 것이 우리가 아는 근대건축의 영웅적인 서사다. 앞서 발전한 예술계의 추상적 흐름에 이어, 새로운 시대에는 새로운 건축의 형식이 필요하다는 인식 속에, 그리고 이를 통해 새로운 삶을 이끌어낼 수 있다는 믿음으로, 아돌프 로스는 장식이 사라져가는 경향을 살짝 앞서 견인하면서 그 의미를 문명사적으로 제시했고, 르 코르뷔지에는 "빛 아래 매스들의 원숙하고 정확하며 장엄한 유희"로 소통되는 건축의 새로운 표현체계를 확립했다. 기존 역사주의 언어와의 전격적인 단절은 그것에 담긴 권위주의, 계층의식, 허위의식 등 구시대의 사고체계로부터 벗어나기 위함이었지만, 이제 우리는 그것이 지역적 기억, 문화적 상징, 나아가 건축이 품을 수 있는 표상의 역할 그 자체까지 도매급으로 폐기 처리한 것이었음을 알고 있다. 이를 극복하기 위한 지역적 노력들이 산발적으로 존재했지만, 산업적 생산 조건과 경제적 합리성에 기반해 추상적 건축은 범세계적으로 영향력을 넓혀가 국제양식이라 불리며 건축환경의 몰개성화를 더욱 가속화했다. 추상은 종종 가치의 중립 혹은 부재를 의미해, 전후 미국의 국제양식은 추상표현주의 회화와 더불어 당대의 탈정치적 보수성을 대표하는 것으로 언급되기도 했다.*

지나친 추상화로 인한 건축의 소통 문제가 건축계에 전면적으로 떠오른 것은 포스트모더니즘 시기였다. 일반적인 모더니즘, 포스트모더니즘의 구분에서 벗어나 생각해본다면 20세기 예술에 걸쳐 전개된 추상과 구상 사이의 긴장이 건축의 경우는 한참 뒤늦게 본격적인 논쟁으로 번진 셈이었다. 포스트모더니스트들은 잠시 폐기되었던 역사 양식이나 통속적인 상업건축의 구상적 요소들을 도입하여 보다 복합적이고 대립적인 의미들을 담아 대중적으로 소통하고자 했다. 다만 그들이 주로 도입했던 역사적 장식이 당대에 더 이상 구체적 의미를 갖지 못하는 먼 과거의 것이었기에 일시적 유행에 그치고 말았다. 장식을 통한 은유와 상징은 한 시대와 문화권의 고유한 기억과 규율에 기반하는데, 이를 공유하지 못하는 상황에서는 이색적인 조형미로 수용될 수 있을 뿐이었다. 실제로 포스트모더니즘 건축은 근대 초기의 구상적 아방가르드와 달리 뒤늦게 후기 자본주의 체제에서 등장한 터라, 대중적 소통의 목적은 인식의 개혁보다는 취향의 지속적인 대체가 필요한 시장의 요구에 응하는 것이었다.

한국의 경우 해외와의 활발한 문화적 교류가 시작된 1980년대 말 서구 포스트모더니즘이 뒤늦게 상륙했다. 하지만 외래 유행의 무분별한 수입에 대한 문화적 저항이 있었고, 특히 모더니즘을 제대로 경험하지 못한 우리로서 그 '포스트'를 논하는 것이 무슨 의미가 있는가에 대한 근원적인 회의가 있었기에,** 영향력이나 지속성은 미미했다. 물론 우리에게도 현대건축의 형식에 구상성을 도입하려는 시도가 없었던 것은 아니다. 다만 그것은 전통성과 한국성이라는, 우리의 전후 건축계에서 가장 강력하게 작동했던 주제에 속박되어 전개되었다. 김중업, 조자용, 이타미 준, 차운기와 같은 건축가들

* Joan Ockman, "Toward a Theory of Normative Architecture," *Architecture of the Everyday*, eds. Steven Harris and Deborah Berke (New York: Princeton Architectural Press, 1997), pp. 122-152.

** 「미국의 탈근대건축 우리에게 무엇인가」, 『건축과 환경』 (1985년 12월호), 21-79쪽.

이 우리의 전통과 연계된 독특한 재료, 무늬, 혹은 형태 언어를 모색하였으나, 그나마도 1970년대 후반부터는 공간구조와 배치 원리 등 형이상의 시각으로 전통성에 접근하는 흐름에 의해 이내 덮여버렸다. 한국성이라는 블랙홀이 모든 관점들을 강력하게 흡수하는 가운데 구상적 요소의 건축적 소통에 대한 보다 다양한 가능성은 모색되지 못했으며, 한국성의 정립이라는 대서사의 영향에서 벗어난 21세기에서야 그러한 시도들이 비로소 본격적으로 나타나고 있다고 할 수 있다.

3

서두에서 밝힌 오늘날 한국의 새로운 건축적 경향은 분명 이전 시대의 건축과 다른 종으로 보인다. 노출콘크리트의 세련된 조형으로 색마저도 불필요했던 기성세대의 건축과 달리, 이들 건물은 여러 시대와 지역의 구상적 단편이 더해진 불균질한 복합체다. 이러한 복합성은 오늘의 도시적 현실, 즉 하나의 프로젝트 안에서도 대지 조건과 요구사항이 복잡다단한 상황에 대한 보다 섬세한 대응을 가능하게 하며, 완전한 미학적, 규범적 통합성이라는 근대의 경직된 기획에서 벗어나 다양성의 공존을 도모하는 오늘의 이상과도 연결된다.

그리고 최근에는 이러한 구상적 단편이 우리의 전통건축과 현대 도시환경을 아우르는 폭넓은 원본으로부터 다양하게 추출되고 있다. 구상적 아방가르드의 예에서 보듯, 현실세계와 일상에서 가져온 요소의 구상성은 현실과의 적극적인 접점을 형성한다. 순수한 조형언어로 이루어져 감각적 경험만을 통해 소통할 수 있는 추상적 건축이나, 포스트모더니즘과 같이 현재의 우리와 연결점이 없는 역사 언어를 구사했던 과거 경향과 달리, 이러한 건축은 우리가 직접 알고 경험한 바들을 지시함으로써 주민들의 기억과 지역적 맥락으로 연결된다. 하나의 문화권 속에 자리 잡은 기억들을 존중하며, 이를 공유하는 이들 사이의 사회적 유대감을 형성해줌으로써 건축이 확보할 수 있는 가치는 지역성이다. 물론 지역성에는 삶의 양식에서 구축법까지 다양한 인자가 종합적으로 관계하지만, 알려진 형태의 구상적 인용은 대중적이고 직관적인 호소력을 지닌다. 디지털 기술의 급속한 발전으로 미래의 삶과 가치를 예견하는 것이 점점 불가능해지고 있는 시대에 우리가 여전히 확신을 갖고 도모할 수 있는 가치가 다양성과 지역성이라 한다면, 구상적 단편은 건축이 이러한 가치를 보다 적극적으로 담을 수 있게 해주는 유효한 수단이라 하겠다.

물론 지역성과 같은 가치는 보다 엄밀하게 접근할 필요가 있다. 케네스 프램튼은 지역주의가 지역의 고유한 정체성 확립에 기여하고 기술문명의 폐단에 능동적으로 대안을 제시할 수 있지만, 역으로 억압적, 맹목적, 과거지향적일 수 있는 위험을 지적했다. 그는 후자를 포퓰리즘 혹은 감성적 지역주의로 구분하면서, 그 기저에 깔린 것은 "향수 어린 역사주의로 퇴행하고자 하는, 상존하는 경향"이라고 언급했다.* 향수에 기반한 복고적 성향은 오늘날에도 문화계 전반에 뚜렷이 나타나는 것으로, 영화, 드라마, 가요에서 리메이크와 오마주가 성행하고, 심지어 우리가 직접 경험한 과거도 아닌 미드센추리 모던의 가구 양식이 유행하기도 한다. 테크놀로지가 우리의 인식과 통제 범위로부터 빠르게 이탈하고, 가치의 다변화가 삶을 풍요롭게 하는듯하면서도 사회적 혼란을 가중시키는 현실 속에서, 노스탤지어는 상대적으로 평온한 시대로 기억되는 과거에 우리를 이입시켜 시대의 불안을 잠시 잊게 해주지만, 당연히도 이는 문제의 핵심을 피해가는 전략이기에 우리의 미래를 열어주지는 못한다.

분명한 것은, 이렇게 소극적이고 수구적 정서인 향수로부터, 지역적 구상성을 활용하는 오늘의 건축은 파편적, 복합적 속성을 통해 거리를 두고 있다는 점이다. 우리의 직접적인 기억에 기반하고 있지만 과거의 전면적, 총체적 재현 대신 부분들을 전략적으로 채집하여 요소들 사이의 독특한 조합을 도모한다. 종종 충돌의 관계를 택하는 전략은 건축가들

* Kenneth Frampton, "Towards a Critical Regionalism: Six Points for an Architecture of Resistance," *The Anti-Aesthetic*, ed. Hal Foster (Port Townsend: Bay Press, 1983), pp. 16-30. 비판적 지역주의가 주창된 지 40년이 지났지만 이를 잉태한 사회적, 문화적, 기술적 조건들은 오늘날 정도가 심화되었을 뿐 이어지고 있기에 그 기본 전략은 여전히 유효하다고 할 수 있다.

의 작품설명에서 잘 드러나는데, 김광수의 B39 부천아트벙커는 "성과 속이 합쳐져 버리거나 자리가 뒤바뀌는 그런 작업"과 통했고,* 김효영의 점촌 기와올린집은 "옛 시절 번듯한 집의 표상인 기와지붕과 현대의 표준적인 삶을 반영하는 아파트 평면, 이 둘의 낯선 조합"이었으며,** 서재원, 이의행의 망원동 쌓은 집은 "흔히 보던 친숙한 어휘들의 비 일상적 배치"로 "단순한 과거의 재현을 넘어 현재의 구축술과 장식으로 사람들의 기억을 전복"시키고자 했다.*** 익숙하고 낯익은 요소들이 이질적인 맥락에 놓여 조성되는 긴장감은 추상적 건축에서는 찾아보기 힘든 것이다. 단편들의 충돌은 기존의 가치와 인식체계로 대상을 이해하려는 감상자의 욕망을 끊임없이 좌절시킨다.

중요한 것은 이러한 충돌의 궁극적인 지향일 것이다. 구상적 아방가르드는 현실에서 추출된 구상적 요소들로 감상자의 기억과 의식을 호출하고, 이들이 서로 연결 혹은 충돌시키며 확장된 의미를 생산하고자 하였다. 그들의 작품은 설정 가능한 관계의 넓은 스펙트럼을 보여준다. 앞서 소개한 예를 좀 더 세분화하자면, 구상적 단편 간에 다중적이고 복합적인 관계들을 설정했던 로드첸코와 달리, 직접적인 정치적 프로파간다를 의도한 포토몽타주는 단편들을 재현에 가까울 정도로 유기적으로 조합하였고, 역으로 다다이스트의 경우에는 단편들의 형식적인 충돌 그 자체에 몰두하기도 했다.**** 현실세계와 유사한 논리로 재조합된 구상적 요소들은 애초 현실을 파편으로 조각내 확보한 힘을 무효화시키는 것이었으며, 명확한 지향점 없이 서로 간 차이를 부각시키는 방식도 정서적

* 김광수, 「쓰레기와 함께한다는 현실 혹은 초현실」, 『제1회 한국건축역사학회 작품상 수상작품집: 부천아트벙거 B39』 (한국건축역사학회, 2019), 9쪽.

** 김효영, 「점촌 기와올린집」, 『새로움의 층위: 2022 젊은 건축가상』 (모로북스, 2022), 16쪽.

*** 에이오에이아키텍츠 홈페이지 https://www. aoaarchitects.com/villamangwon.

**** Christopher Phillips, "Introduction"과 Tupitsyn, 앞의 글, *Montage and Modern Life: 1919-1942*, pp. 20-35, 82-127.

충격 이상의 생산적인 의미를 갖지 못했다. 가장 구체적이면서도 복합적이며 확장 가능한 해석을 이끌어낼 수 있는 것은 로드첸코의 작품이다. 그 결과가 특정한 선동의식을 뻔뻔하게 드러낼지, 쉽게 휘발되는 감각적 경험에 한정될지, 포스트모더니즘적인 "유머스러운 무관함, 삐딱한 오마주, 경건한 회상, 재치 있는 인용, 역설적 논평"일지,* 혹은 그 이상으로 현실적 실천으로 연결되는 확대된 의미를 가질지는 구상적 요소 간의 상관관계에 달려 있다. 핵심은 구상성 사이의 관계 설정이며, 근대의 경험은 차이를 통한 충돌과 대립 그 자체를 도모하기보다는 연속, 조화, 대비 등 다양한 관계를 섬세하게 조율하여 접근할 때 보다 확장된 의미를 품을 수 있음을 보여주었다.

　더욱이 단순한 충돌의 조합은 오늘날 우리가 일상에서 세상의 소식과 지식을 습득하는 방식과 유사하기도 하다. 역사상 전례 없는 양의 정보가 전 세계에 걸쳐 동시다발적으로 생성되고 소비되는 시대에, 온라인 SNS는 모든 대상을 파편화하고 탈맥락화하여 확산시킨다. 인스타그램은 조민석의 서펜타인갤러리 파빌리온 오프닝, 통째로 삼킨 도마뱀을 다시 힘겹게 뱉어내는 보아뱀, 오늘날의 정치적 올바름과는 너무도 동떨어진 1980년대 일본 TV의 코믹 단막극, 한국 정치인들 사이의 설전, 뉴진스 뮤직비디오의 제작 과정, 뉴욕의 숨겨진 지하영역으로의 불법 탐험 장면들을 연이어 보여준다. 개인 맞춤형 알고리즘에 의해 조율된다고는 하지만(그래서 위에 나열한 장면들이 필자의 내면을 너무 노출하는 게 아닐까 일면 두렵기도 하지만) 정보는 시대, 지역, 소재, 주제를 망라하며 위계 없이 펼쳐진다. 책 페이지를 반으로 접어 뒷 페이지와 겹쳐 읽는 독특한 독서법을 제안했던 미국 비트세대 문학가들이 꿈꿨던 파격적인 우연성이 이런 게 아니었을까. 하지만 이러한 파편성, 우연성, 무작위성이 이제는 예술가의 독특하고 사려 깊은 제안이 아니라 우리가 세상을 받아들이는 일상의 방식이 돼버렸기에, 그 자체로 새로운 시각을 이끌

* Matei Calinescu, *Five Faces of Modernity* (Durham: Duke University Press, 1987), p. 283.

어낼 힘은 소진된 듯하다.

4

그렇다면 건축의 구상적 요소들이 "향수 어린 역사주의", "재치 있는 인용"이나 "유머스러운 무관함"을 넘어 보다 복합적이고 구체적인 의미를 담을 수 있는, 잘 조율된 관계 설정이란 무엇일까. 근대 구상적 아방가르드의 영감을 받아, 현실의 단편이 담은 기억과 의미가 이질적 충돌을 넘어 서로 종합되어 현실을 향한 새로운 비전으로 확장될 수 있는 건축적 전략이 존재할까.

몇 가지 선례에서 단서를 찾을 수 있다. 포스트모더니즘을 억압된 역사 양식의 귀환이 아니라 구상을 통해 건축의 소통성을 복원하는 프로젝트로 인식했던 제임스 스털링은 인용의 형식에 많은 변화를 도모했다. 그가 마이클 윌포드와 함께 설계한 슈투트가르트 신국립미술관은 역사주의의 고전뿐 아니라 러시아 구축주의, 르 코르뷔지에, 알바 알토 등 가까운 과거의 요소까지 인용 대상을 널리 확장하였을 뿐 아니라, 전체적인 건물을 거대 석재의 조적처럼 구축하고 여기에 근대 모더니즘의 단편들을 도입함으로써 현대적 건물에 전통 장식의 단편을 부가하던 기존의 포스트모던 방식을 역전시켰다. 인용 대상과 방식의 변화를 통해 당시 관행적인 표현 형식의 틀을 명료하게 노출시킨 스털링의 전략은, 파편보다는 전체 틀을 통한 접근이 지니는 힘을 보여준다.

지난 세기말의 렘 콜하스 또한 영감을 준다. 지금은 거의 회자되지 않지만 그의 초기작 중에는 선례를 직접 인용한 경우를 다수 찾아볼 수 있으며, 특히 주택 작품들은 근대건축의 상징적 기념비인 르 코르뷔지에의 사보아 주택과 직접적인 연계를 설정하고 있음을 발견할 수 있다. 명료한 사각형의 매스와 이를 가로지르는 수평창, 매스를 땅으로부터 들어올린 필로티의 (적어도 겉으로 보기에는) 정갈한 체계, 그리고 서로 다른 공간들을 통합하는 램프 등 사보아 주택을 규정하는 속성들을, 콜하스의 달라바 주택은 유사한 형태의 매스를 벽체로 난폭하게 자르고, 무작위로 기울어진 기둥 숲 등 다중의 구조체계를 도입하고, 램프를 변두리로 추방하여 역할을 격하시키는 등 요소별로 조목조목 전복시켰다. 보르도 주택은 한 걸음 더 나아갔다. 드러나는 형태보다는 개념적으로 사보아 주택을 지시하는 이 작품에서, 수직이동 수단은 보행장애인 건축주에 맞춰 램프에서 엘리베이터로 대체되어 "주택은 살기 위한 기계"라는 르 코르뷔지에의 '은유'는 드디어 '사실'이 되었다. 떠 있는 매스는 한쪽에서는 아래서 지지되고 다른 한쪽으로는 위에서 매달려, 결과적으로 위아래 모두에서 힘을 받아야 하는 매스의 주요 구조체는 바닥이 아닌 벽체가 되면서 엘리베이터, 즉 이동식 바닥을 자연스럽게 수용했다. 수평창을 대신해 불규칙하게 뚫린 원형 창 역시 벽체의 구조적 성능을 유지하기 위한 논리적 선택으로, 사보아 주택을 규정했던 주요 요소들이 각기 대체되었을 뿐 아니라 모두가 인과관계로 끈끈하게 묶여 있다. 달라바 주택이 근대건축에 대한 산발적 전복이었다면, 보르도 주택은 근대에 대한 대안을 새로운 통합 속에서 제시한 것이다.

콜하스가 보여준 선례 인용의 형식은, 비록 구상적 접근이 이끌어낼 수 있는 중요한 가치인 지역성과 연결되지는 않지만(콜하스의 건축적 지향점은 반대로 코스모폴리탄적이다), 건축의 구상성이 파편적인 충돌을 넘어 복합적인 관계를 기반으로, 또 여러 작품에 연속하여 확장된 이야기를 전달할 수 있음을 보여준다. 더불어 공간, 구조, 프로그램 등 건축의 다른 표현 수단과 종합적으로 연계되어 의미를 가질 수 있는 가능성을 제시하기도 한다. 이는 구상성이 자칫 단순한 시각적 기호 차원에서만 소통될 위험으로부터 건축을 구해주는 것이기도 하다. 구상적 요소를 지극히 일반적인 프로그램 구성의 표면에 더함으로써 어떠한 의미를 표상하기보다는, 프로그램의 구성이나 시간적 경험과 적극적으로 연결하여 새로운 가치들을 삶 속에서 실질적으로 작동시킬 수 있을 것이다. 구상성을 회복한 건축적 소통이 넓힐 수 있는 경험과 의미의 영역은 아직 확정되지 않았다.

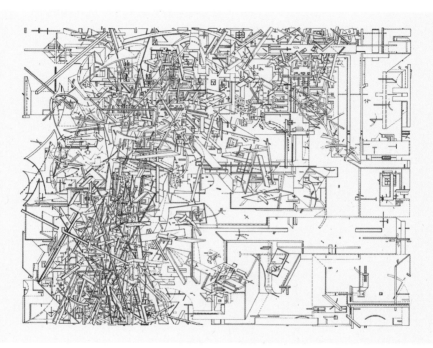

다니엘 리베스킨트, 마이크로메가, 막다른 공간의 건축: 누출, 1979.

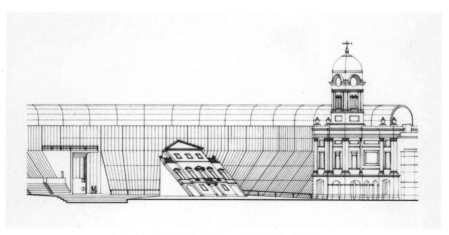

제임스 스털링 & 레온 크리에, 더비 도심 계획안, 1970.

의미는 맥락 속에서 부여된다. 하지만 때로 어떤 사람들에게는
의미가 담긴 눈물이 아니라 단지 눈물 그 자체가 필요한 것
같기도 하다.*
— 김초엽, 「감정의 물성」(2019).

0

이 글은 (보통 우리가 '참조'라고 번역하는) '지시'(refer-
ence)와 '인용'(quotation)에 관한 필자의 짧은 생각을 모아
적은 것이다. 글은 크게 네 부분으로 나뉜다.

첫째, 지시가 언어에서 정확히 어떻게 작동하는지를 다
룰 것이다. 이런 지시의 문제를 고틀로프 프레게(Gottlob
Frege)가 「감각과 지시체에 관하여」(1892)에서 제시한 논점
을 중심으로 살피고자 한다.** 프레게의 글을 통해 우리는 지
시, 곧 가리킴으로써 드러나는 기호의 의미가 단순히 가리켜
지는 대상, 곧 지시체의 외연만으로는 규정될 수 없음을, 그
리고 이런 의미 형성에 이른바 제시 방식과 감각이 개입하고
있음을 배울 것이다.

둘째, 지시의 한 종류인 인용에 관해 다룰 것이다. 인용
이란 무엇인가? 인용은 다른 지시 행위와 무엇이 다른가? 직
접 인용은 간접 인용과 무엇이 다른가? 글쓰기에서 따옴표는
(직접) 인용을 표기하는 장치로 널리 쓰인다. 그렇다면 글이
아닌 다른 매체에서 인용을 표기하는 장치는 무엇인가? 질문
에 답하기 위해 필자는 넬슨 굿맨(Nelson Goodman)이 「인용
과 연관된 몇 가지 질문에 관하여」(1974)에서 제안한 몇 가
지 가설을 살필 것이다.***

---

* 김초엽, 「감정의 물성」, 『우리가 빛의 속도로 갈 수 없다면』
(허블, 2019), 215쪽.

** Gottlob Frege, "On Sense and Reference,"
Philosophy of Language: The Central Topics, eds.
Susana Nuccetelli and Gary Seay (Rowman and
Littlefield, 2008). 철학계에서는 'sense'(독일어: Sinn)를
'뜻'으로 번역하는 게 일반적이지만, 이 글에서는 '감각'으로
번역한다. 본문에서 설명하듯이, 프레게의 'Sinn'은 그가 "제시
방식"이라고 부르는 지각과 인식의 조건에 따라 형성되는
것이라고 필자는 해석하는 까닭이다.

*** Nelson Goodman, "On Some Questions Concerning

셋째, 건축에서의 인용, 특히 제임스 스털링과 알도 로시의 일부 작업에서 나타나는 지시와 인용의 양상을 다룰 것이다. 필자의 바람은 앞서 다룬 언어철학 이론에 비춰 이들 작업을 다시 살피고, 이를 통해 건축에서 이뤄지는 지시와 인용에 관한 우리 생각을 확장하는 것이다.

넷째, 건축에서의 인용이 어떻게 이른바 가능세계들의 구축에 기여하는지를 간단히 다룰 것이다. 그리고 이 과정에서 최근 한국 현대건축에 두루 퍼져 있으며 점점 확산하는 지시와 인용의 현상에 관해 짧은 논평과 질문을 던질 것이다.

1

그렇다면 (이름, 단어의 결합, 문자 같은) 기호와 연관된 무언가가, 그런데 기호가 지시하는 것 또는 기호의 지시체(reference)라고 부를 법한 것과는 다른 무언가가 있다. 나는 이것을 기호의 감각이라고 부르고자 한다. 그리고 여기에 제시 방식(mode of presentation)이 포함되어 있다고 생각하는 것이 자연스럽겠다. (…) '개밥바라기'(evening star)의 지시체와 '샛별'(morning star)의 지시체는 같지만, 이 둘의 감각은 다르다.*
— 고틀로프 프레게, 「감각과 지시체에 관하여」(1892)

고틀로프 프레게는 그의 널리 알려진 논문 「감각과 지시체에 관하여」에서 대상에 붙은 이름의 의미가 단지 그 이름이 가리키는 대상, 곧 지시체(reference 혹은 referent)로서 정의될 수 없음을, 그리고 이런 의미 형성 과정에서 이른바 제시 방식(mode of presentation)과 감각(sense)이 더 중요하게 개입하고 있음을 밝힌다.

프레게는 특히 "샛별"과 "개밥바라기"의 사례를 통해 논점을 제시하는데, 이를 이해하려면 먼저 약간의 배경지식이 필요하다. 해 뜰 무렵 동쪽 하늘에서 보이는 특정 천체를 부르는 이름 '샛별'(morning star)과 해 질 무렵 서쪽 하늘에서 보이는 특정 천체를 부르는 이름 '개밥바라기'(evening star)는 모두 같은 행성, 곧 금성을 가리킨다. 그러나 금성이 이처럼 위치를 바꿔 나타나는 행성이라는 사실을 몰랐던 이들은 새벽 금성과 저녁 금성을 각각 다른 이름인 '샛별'과 '개밥바라기'로 불렀다. 금성은 두 가지 외양을 가지며, 두 가지 이름을 가진다.

　　이 사례를 통해 프레게가 제기하는 퍼즐과 질문은 다음과 같다. 'A=B'의 형식을 취하는 '샛별은 개밥바라기다'라는 문장은 우리가 '샛별'이라고 부르는 바로 그 천체와 '개밥바라기'라고 부르는 바로 그 천체가 실제로는 같은 천체라는 사실을 알려주는 명제다. 따라서 이 명제는 우리가 경험하는 세계에 관한 실질적(substantial)이고 의미 있는 진술이다. 그런데, 두 가지 이름의 지시체가 공히 금성이라는 사실만으로, 다시 말해 지시체의 동일성(identity)만으로 '샛별=개밥바라기'라는 명제가 실질적 의미를 얻을 수 있는가? 만약 이 질문에 '예'라고 답한다면, '샛별=샛별' 혹은 '개밥바라기=개밥바라기' 같은 명제도 실질적 의미를 가질 수 있어야 한다. 그러나 후자의 두 명제는 동어반복이며 선험적이고 자명하다. 다시 말해, 우리가 경험하는 세계의 실질적 지식을 전하는 '샛별=개밥바라기'와 비교하면, 후자의 두 명제는 무의미하고 사소하다. 따라서 우리는 이런 종류의 지시 과정에서 발생하는 의미와 관련해 지시체의 동일성과는 다른 어떤 장치가 개입한다고 가정할 수밖에 없다.

　　퍼즐을 풀 수 있는 프레게의 가설은 다음과 같다. 이런 의미 형성 과정에서 지시체와 더불어 작동하는 또 다른 장치가 있으니, 이는 곧 제시 방식이며, 이것이 '샛별'이나 '개밥바라기' 같은 이름의 참된 정의를 드러낸다. 다시 말해, 이름의 실질적이고 참된 정의는 그것이 지시하는 것, 곧 지시체가 아니라 그 제시 방식에서 비롯한다. 그리고 이런 제시 방식은 그 이름이 갖는 특정 '감각'의 층위에 속한다. 요약하면, 프레게의 글은 이름과 지시체 사이에서 발생하는 의미가 지시체만으로는 충분히 설명될 수 없음을, 그리고 지시체에 덧붙여 제시 방식과 감각을 함께 생각해야 함을 만족스럽게 규명한다.

그렇다면 프레게가 이 가설을 위해 도입한 용어이자 개념인 감각이란 도대체 무엇인가? 프레게는 명확하게 정의하지 않지만, 감각은 지시체와 달리 이름과 이름 사이 인식 차이를 나타내는 무언가로 이해할 수 있을 것이다. 감각은 지각이나 심리와 관련된 것이기도 하다. 제시 방식은 감각을 결정하는 중요한 장치인 까닭에, 감각은 종종 지시체 전체가 아니라 하나의 측면, 다시 말해 외양(appearance)과 관련된다.* 새벽에 보이는 '샛별'과 저녁에 보이는 '개밥바라기'는 공히 금성을 가리키지만, 각각의 이름이 담는 감각은 분명 다르다. 그리고 프레게의 이론을 확장하면, 우리는 지시체 없이 단지 제시 방식이나 감각만으로 의미를 갖는 이름을 상상할 수도 있다. 언어와 시각 예술 혹은 언어와 건축 사이 매체 차이를 잠시 잊는다면, 예컨대 다니엘 리베스킨트의 《마이크로메가 연작》(Micromegas, 1979)은 어쩌면 건축적 제시 방식으로만 작동하는 탁월한 '지시체 없는 이름'일지 모른다.

2

인용은 특별한 종류의 지시다. 그렇다면 인용은 다른 종류의 지시와 정확히 무엇이 다른가? 넬슨 굿맨에 따르면, 다음 두 가지 조건을 갖출 때 우리는 그것을 다른 지시 방식과 구별해 인용이라고 부른다. 첫째는 '가둬 담기'(containment)의 조건, 둘째는 '지시'(reference)의 조건이다. 첫 번째는 말 그대로 인용되는 대상을 문장 속에 '가둬 담아야' 한다는 것인데, 이를 위한 장치로 직접 인용에선 주로 따옴표가, 간접 인용에선 (영문의 경우) 주로 that 절이 활용된다. 두 번째 '지시' 조건은 인용되는 대상을 따옴표로 묶인 이름 부르기나 that 절 이하 술부로써 '가리켜야' 한다는 것이다.**

두 가지 조건 가운데 두 번째는 모든 지시 행위가 갖춰야

* 프레게의 '감각'에 대한 정의와 해석은 다음을 보라. Colin McGinn, "Frege on Sense and Reference," *Philosophy of Language: The Classics Explained* (MIT Press, 2015), pp. 12-16.

** Nelson Goodman, "On Some Questions Concerning Quotation," p. 296.

알도 로시, 유추 도시, 1976.

카날레토, 팔라디오의 건물이 포함된 카프리치오, 1756-59.

할 일반 조건에 가깝다. 인용 행위에서 실질적으로 중요한 조건은 그래서 첫 번째 제시된 가둬 담기일 것이다. 그런데, 따옴표나 that 절이 문장에서 가둬 담았음을 표기하는 편리한 장치라면, 글이 아닌 다른 매체나 예술 분야에서 일어나는 인용과 가둬 담기에는 어떤 장치가 활용되는가? 이 질문에 답하는 과정에서 제시된 굿맨의 다음 논점은 우리 관심사인 건축에서의 인용과 관련해 곱씹어볼 만하다.

굿맨에 따르면, 이름이나 문장을 그대로 따옴표로 가둬 담아 가리키는 직접 인용이 구문론적(syntactic) 관계를 형성한다면, 이름이나 문장을 '바꿔 서술'(paraphrase)해 가리키는 간접 인용은 의미론적(semantic) 관계를 형성한다. 풀어서 설명하면, 인용구를 바꾸지 않고 그대로 끌어오는 직접 인용의 경우 지시체나 그 외연(denotation)이 무엇인지는 중요하지 않다. 반면 간접 인용은 지시체의 외연을 그대로 유지한 채 그 외양만 바꿔 끌어오는 것이므로, 외연의 유무나 내용이 중요하다. 이 가설을 예컨대 음악에 적용하면, 음악이 지시하는 외연은 종종 명확하지 않거나 심지어 존재하지 않으므로, 간접 인용은 어려워진다. 음악에서 무언가를 '바꿔 서술'할 경우, 그것은 일종의 변주가 되며, 우리가 생각하는 인용의 범주에서 벗어날 가능성이 높다. 반면 회화에선 상대적으로 직접 인용이 어려워진다. 하나의 그림에 속한 무언가를 다른 그림에서 다시 그리는 순간, '바꿔 서술'하기는 꼭 일어날 수밖에 없는 까닭이다.*

* 이 논점을 더 정확히 설명하거나 이해하려면, 굿맨이 『예술의 언어들』(1976)에서 도입하는 중요한 구분, 곧 표기법(notation)이 정립되지 않은 오토그래픽과 표기법이 정립된 알로그래픽 상징체계 사이 구분을 짚어야 한다. 그러나 이 글의 목적과 범위를 고려할 때 그 세세한 내용을 여기서 다루긴 어렵다. 그래도 간단히 설명하면, 굿맨이 말하는 회화는 오토그래픽 상징체계이므로, 하나의 그림에서 다른 그림을 향한 전이가 의미론적, 구문론적으로 분절적이지 않으며, 유추의 과정을 거칠 수밖에 없다. 따라서 회화는 알로그래픽 상징체계인 음악과 달리 '바꿔 서술'하기를 피할 수 없다는 게 굿맨의 주장이다. 오토그래픽과 알로그래픽 상징체계에 대해선 다음을 보라. Nelson Goodman, *Languages of Art: An Approach to a Theory of Symbols* (Hackett, 1976), pp. 112–115.

당연하게도, 글쓰기에서 따옴표를 통해 이뤄지는 직접 인용과 동일한 일이 회화에서도 이뤄질 순 없다. 하지만 굿맨은 여전히 그가 '문학적'(literary)이라고 부르는 방식을 통해 직접 인용에 가까운 일이 회화에서도 종종 일어난다고 지적한다.* 그 사례가 "서양식 투시도법으로 그린 공간 속 벽에 걸린 동양식 도법으로 그린 일본 판화"다.** 이때 일본 판화의 액자나 틀 혹은 서양식 도법과 대비되는 동양식 도법은 마치 문장에서 쓰이는 따옴표나 that 절처럼 일본 판화를 가둬 담는 장치로 작동한다. 틀이나 도법은 회화적 인용구의 경계를 규정하는 가둬 담기의 장치이며, 직접 인용에 가까운 효과를 불러온다.

3

이런 종류의 언어철학 이론이 물성의 매체를 다루는 건축을 인식하는 데 어떤 도움을 줄 수 있을까? 기호학이나 언어학 모형에 맞춰 건축을 이해하거나 실천하고자 했던 1960년대 이후 건축계의 경향이 마주했던 한계에 관해선 따로 논하지 않겠다. 그럼에도, 여전히 지시나 인용은 건축에서 첨예한 문제일 수밖에 없다. 건축은 여전히 (그리고 아마도 이후로도 꽤 오랫동안) 다른 지시체, 특히 그 가운데에서도 다른 건축을 끊임없이 지시하고 인용함으로써 생산되는 까닭이다. 창발과 생성의 논리가 지시의 논리를 대체할 날이 올지도 모르겠다. 이것은 그러나 지금으로선 까마득한 미래에나 가능한 일처럼 보인다.

간단히 말해, 프레게와 굿맨의 이론이 건축을 주요 관심사로 삼는 우리에게 주는 교훈은 지시나 인용에서 실질적 의미를 형성하는 것이 지시체나 그 외연이 아니며, 오히려 (따옴표를 대체하는 틀이나 도법 같은) 제시의 전략이나 그에 따른 외양의 감각이라는 점이다. "샛별"과 "개밥바라기"라는 이름이 의미 있는 것은 그것이 금성이라는 지시체를 지시하기

---

* 굿맨은 이런 '문학적' 인용이 "직접 인용과 간접 인용 사이에 있는 무언가"라고 설명한다. Nelson Goodman, "On Some Questions Concerning Quotation," pp. 303-304.

** 같은 책, p. 304.

때문이 아니다. 오히려 이들 이름이 금성의 어떤 특정 제시 방식과 그 이름에 담긴 어떤 감각에 관해 말해주는 까닭이다. 마찬가지로, 서양식 투시도 속에 포함된 일본 판화가 인용으로서 인지(cognitive) 가치를 얻는 것은 그 판화의 도상학적 내용, 곧 의미론적 요소와 무관하다. 여기서 중요한 것은 그것이 그림 속 그림임을 나타내는 구문론적 장치다. 이렇게 볼 때, 건축에서의 지시나 인용이 대체로 형식적 매너리즘의 결과처럼 보이는 것은 우연은 아니다.

건축에서의 인용으로 잘 알려진 사례 가운데 하나가 제임스 스털링의 문제작 더비(Derby) 도심 계획안(1970)이다. 만프레도 타푸리는 「규방의 건축」에서 당시 스털링의 작업이 대체로 '인용'의 성격을 띠고 있다고 규정했는데,* 이 계획안은 특히 그 가운데에서도 앞서 검토한 인용의 정의에 정확히 부합한다. 주어진 도심 광장 대지를 U자형 야외 객석으로 둘러싸는 스털링의 계획안에서 눈길을 끄는 기이한 요소는 객석의 무대 한쪽에 배치된, 45도로 기울여 놓은 옛 시의회 건물의 파사드다. 기존 건축물을 마치 드로잉을 그리듯 오블리크의 제시 방식으로 전환해 그대로 삼차원 건축물로 구현한 셈인데, 이보다 더 노골적이고 명백한 직접 인용이 또 있을까? 게다가 오블리크 드로잉이 스털링이 가장 즐겨 쓰는 프레젠테이션 도법이란 점을 고려하면, 더비 도심 계획안은 건축가가 건축 지시와 인용과 매체에 관해 건축으로 말하는 가장 직설적이고 급진적인 메타 선언문이다.

또 다른 흥미로운 사례로 알도 로시의 〈유추 도시〉(La Città Analoga, 1976)를 들 수 있다. 수많은 레퍼런스가 그 고유의 맥락에서 떨궈져 나와 한 장의 종이에 콜라주로 짜깁기된 이 작업을 이해하는 데 중요한 또 다른 레퍼런스는 18세기 이탈리아 화가 카날레토(Canaletto)의 카프리치오(capriccio)이다. 카프리치오는 다양한 맥락에 있는 유적이

* Manfredo Tafuri, "L'Architecture dans le Boudoir: The Language of Criticism and the Criticism of Language," *Oppositions* 3 (1974); *Architecture Theory since 1968*, ed. Michael Hays (Cambridge MA: MIT Press, 1988)에 다시 실림.

나 건축 요소를 다른 맥락으로 옮겨와 짜깁기해 허구의 경관을 구축하는 그림을 말하는데, 특히 유명한 것이 비첸차에 현존하는 팔라디오의 팔라초 두 채와 지어지지 않은 리알토 다리 계획안을 베네치아 경관에 짜깁기한 그림이다. 로시는 그의 〈유추 도시〉 기획이 이런 카프리치오에 대한 생각에서 비롯했음을 밝혔다.

세 개의 건물은 실제 베네치아와 닮은, 건축과 도시 그 자체의 역사와 관련된 명료한 요소로 구성된 유사체를 구성한다. 현존하는 두 개의 건물을 다리 계획안의 대지로 지리적으로 옮겨와 도시를 형성했는데, 이 도시는 순수하게 아키텍토닉의 가치만으로 이뤄진 장소라고 분명히 인식될 만하다.*

이어지는 로시의 글은 특히 언어 영역에서의 지시와 인용의 문제가 건축에서 어떻게 변용될 수 있는지에 대한 문제를 다룬다는 점에서 주목할 만하다.

나는 '논리적' 사고를 담화(discourse) 형식을 갖춘 채 외부 세계를 향한 말로 표현되는 것이라고 설명한 적이 있다. 반면 '유추적' 사고는 느낄 수 있지만 현실이 아니며, 상상할 수 있지만 말로 할 수 없다. 그것은 담화가 아니며, 과거 주제들에 관한 묵상이자 내적 독백이다. 논리적 사고는 '말로 사유하는' 것이다. 유추적 사고는 태고의 것이고, 표현되지 않으며, 사실상 말로는 표현할 수 없는 것이다. (…) 나는 역사의 다른 의미를 찾았다고 믿는다. 단지 사실만으로 만들어진 역사가 아니라, 오히려 일련의 사물들이나 기억에 의해 혹은 설계를 통해 활용되는 정서적 대상들로 이뤄진 역사 말이다.**

로시의 깨달음, 다시 말해 "논리적" 담화가 아닌 "유추적" 사물로 이뤄진 역사와 세계에 관한 이런 인식은 명백히 자율성

* Aldo Rossi, "An Analogical Architecture," *Architecture and Urbanism* 56 (May 1976), p. 74.

** 같은 곳.

(autonomy)의 건축을 향하고 있다. 외연이 삭제된, 혹은 애초에 외연이 없었던 건축적 사물을 끊임없이 지시하고 인용하는, 그리고 그 과정에서 그들 사물이 촉발하는 "정서적" 의미를 소환하는 자율성의 건축 말이다.

4

그러나 정작 심각한 문제는, 우리가 이미 알고 있듯이, 알도 로시가 지시나 인용을 통해 구축하고자 했던 이런 유추적 사물의 역사와 세계관이 현대성과 부합하지 않는다는 데 있다. 만프레도 타푸리가 「규방의 건축」에서 지적하듯이, 로시의 지시와 인용은 그래서 모더니즘의 폐허를 배회하는 유령의 건축으로 남을 수밖에 없다. 이 문제를 한국 건축의 맥락으로 끌어오면 상황은 더 복잡해진다. 고전적 유추 대 합리주의, 모더니즘의 실패와 포스트모더니즘의 패스티시 등으로 켜켜이 쌓아 올린 역사 지층 위에서 비로소 제임스 스털링과 로시 등의 지시와 인용의 건축은 또 다른 역사적 의미를 얻는다. 그렇다면 오늘날 한국 건축에 편재하는 지시와 인용의 건축은 어떠한가? 파편화와 콜라주 등을 활용한 혼종의 전략은 주류 서양 건축의 그것과 크게 다르지 않지만, 그것이 촉발하는 감각과 기억과 의미는 다를 수밖에 없다. 예컨대 발레리오 올지아티 등의 동시대 건축 작업이나 압축 성장 시대에 양산된 한국의 버내큘러 건축을 향한 지시와 인용, 더 나아가 한국 건축 담론에서 '공간'의 부정성(negativity)에 밀려 한때 자취를 감췄던 '형태'나 전통 건축의 지붕에 관한 참조 등은 오늘날 어떤 의미를 가질 수 있을까?

선뜻 답하기 어렵지만, 매우 흥미로운 질문이다. 질문에 답하기 위해 검토할 만한 한 가지 생각은 이른바 "가능세계들"(possible worlds)에 관한 이론이다. 언어철학에서 말하는 가능세계는, 굿맨이 정확히 지적했듯이, 가상 세계가 아니다.* 가상 세계가 가짜 사물로 구축된 허구 세계라면, 가능

---

* "다수의 세계가 존재한다는 말은 무슨 뜻일까? 이 말의 뜻은 중요하지만, 소홀히 여겨지곤 한다. 이 질문이 나와 동시대를 사는 다수의 사람이 특히 디즈니랜드 근처에서 바쁘게 만들고 조작하는 세계에 대한 것이 아니란 점을

세계는 실재하는 사물들로 구축된 허구 세계다. 미키마우스나 인어공주가 만드는 디즈니랜드가 가상 세계라면, 앞서 언급한 카프리치오, 그리고 스털링과 로시의 계획안은 탁월한 가능세계다. 이들 작업에서 지시체로 인용되는 사물, 예컨대 팔라디오의 건축물과 유적으로 남은 파사드 등은 모두 실재하는 사물인 까닭이기 때문이다. 곰곰이 따져보면, 실재하는 사물을 가능한 또 다른 세계로서 구축하는 데 있어 인용은 가장 효과적인 전략이다.

그렇다면 우리는 왜 가능세계를 갈구하는가? 필자가 생각하는 가능세계의 중요한 가치는 그것이 허구이면서 동시에 물리적 실체라는 데 있다. 오늘날 물성 없는 가상은 포화 상태다. 가장 물리적인 건축물조차 각종 필터와 디지털 렌더링을 거쳐 인스타그램 이미지로 확산하고 소비된다. 건축성을 그 자체의 고유한 매체적 속성으로 예시함으로써 다른 층위의 물성을 획득했던 지난 세기의 건축 사진*은 이제 핸드폰 화면 속 작은 손톱 이미지로 전락했다. 오늘날 확산하는 지시와 인용을 향한 건축적 관심을 이런 가상의 시대에 대한 반작용으로 읽을 순 없을까? 카페나 스테이가 우리 시대를 상징하는 가장 주목받는 건축 유형이 된 것도, 실은 이들 유형이 리얼리티에서 벗어난 허구의, 그러나 여전히 만질 수 있는 실체의 경험을 선사하기 때문이 아닐까?

김초엽의 SF 단편소설 「감정의 물성」에는 "이모셔널 솔리드"라는 회사가 제작, 판매하는 상품이 등장하는데, 이것은 기쁨, 분노, 우울 같은 무형의 감정을 단단한 질료로 형태화

일단 분명히 하자. 우리는 하나의 실제 세계를 대체하는 다수의 가능한 대안 세계에 대한 이야기를 하는 것이 아니다. 다수의 실제 세계에 대한 이야기를 하는 것이다." Nelson Goodman, "Words, Works, Worlds," *Ways of Worldmaking* (Indianapolis: Hackett, 1978), p. 2.

* 건축 사진이 예시하는 건축성에 대해서는 다음을 보라. 현명석, 「건축 사진의 건축성: 제작된 객관성의 역설」, 『건축평단』 16 (2018년 겨울); 「건축 사진이 예시하는 건축성, 그리고 그림자와 건축 사진 보기의 소요시간과 비-시간성」, 『건축평단』 17 (2019년 봄); 「건축 사진이 구축하는 다른 공간들: 줄리우스 슐만의 마슬론 주택 사진」, 『건축평단』 19 (2019년 가을).

한 것이다. "그냥 실재하는 물건 자체가 중요한 거죠. 시선을 돌려도 사라지지 않고 계속 그 자리에 있는 거잖아요. 물성을 감각할 수 있다는 게 의외로 매력적인 셀링 포인트거든요.", "하지만 나는 내 우울을 쓰다듬고 손 위에 두기를 원해. 그게 찍어 맛볼 수 있고 단단히 만져지는 것이었으면 좋겠어."* 소설에 등장하는 대화들이다. 눈물을 흘리게 된 이유나 맥락은 중요하지 않다. 중요한 것은 눈물 그 자체로 존재하는 감정의 고형체다. 지시와 인용의 건축이 이런 감각의 실재, 실재의 감각을 구축하는 힘을 얻을 수 있을까? 역사의 무게로부터 상대적으로 자유로운 오늘날 한국 건축에 기대를 섞어 던지는 질문이다.

* 김초엽, 「감정의 물성」, 206, 216-217쪽.

올해로 스위스 건축가 발레리오 올지아티와 건축이론가 마
르쿠스 브라이트슈미트의『비참조적 건축』이 세상에 나온 지
햇수로 7년이 되었다. 2021년, 이 내용을 한국어로 소개하기
로 결심하고 한국의 독자들이 하늘색 책을 손에 잡고 읽을 수
있기까지 꼬박 2년이 걸렸는데, 그 과정에서 몇몇 아쉬움이
있었다. 특히 원서가 가지고 있는 서술 방식을 존중하여 번역
본에 필수로 있어야 할 일러두기, 역주, 옮긴이의 글 모두 삽
입하지 않았기에 그렇지 않아도 친절하지 못하고 오해의 여
지가 있는 이 책이 자칫 잘못 전달될까 노심초사했던 것이 사
실이다. 실제로도 다양한 오해를 생산, 재생산하는 모습들을
볼 수 있었고 이에 대해서 큰 책임을 느끼기도 한다. 대부분
은 '비참조'를 인용한 글의 형태였으나 참고할 수 있는 자료
가 적고 각자가 퍼즐을 맞추어 가야만 하는 상황에서 어찌 보
면 당연한 수순이었다. 그렇기에 이 글은 내용을 다시금 정렬
하고 설명을 보태어 생각을 전달할 수 있는 기회일 것이다.

　　옮긴이의 서평이라는 독특한 형식을 취하는 이 글은 먼
저 저자와 책의 구성을 소개하고『비참조적 건축』을 가능한
객관적 시각으로 바라볼 수 있도록 (적확하지는 않더라도)
이에 대해 간략히 설명한다. 다음으로 '비참조적 건축'이 토대
를 두고 있는 세계에 관해 서술하고, 건축의 자율성을 탐구해
나가는 행보와 그 과정에서 나타나는 작가성(혹은 저자성)에
대해 이야기하려 한다. 마지막으로는 비평가가 아닌, 보통의
상황에 놓여있는 또 다른 한 명의 실무 건축가로서의 개인적
소회를 전한다.

비참조적 건축

『비참조적 건축』은 건축가 발레리오 올지아티 그리고 오랜 기간 함께한 건축이론가 마르쿠스 브라이트슈미트와의 공동 저술 작업이다. 올지아티는 스위스 쿠어 출생으로 취리히연 방공대에서 수학하고 미국 생활을 잠시 했다. 현재는 플림스라는 작은 마을에서 사무실을 운영하고 있으며 멘드리지오 아카데미아에서 교편을 잡고 있다. 브라이트슈미트는 스위스 루체른 출생으로 베를린 공대에서 프리츠 노이마이어의 지도로 박사 학위를 받았고 현재 미국의 버지니아 공대에서 건축이론을 가르치고 있다. 건축가가 건축이론가와 연을 맺어 자신의 건축을 언어로 표현하고 발전시켜 나가는 것을 종종 볼 수 있다. 이 둘도 마찬가지로 2005년부터 만나 생각을 공유하고 대화를 이어 나갔으며 다수의 잡지와 단행본으로, 또 실재하는 건축 작업으로 '비참조' 그리고 '비참조적 건축'에 대한 개념을 명료하게 발전시켜 나간 것으로 보인다. 사실 올지아티는 표지에 그 역할이 '저술'이 아닌 '구상'으로 표기되어 있다는 이유로 한국의 국립중앙도서관 서지 정보상 저자로 등록되지 못할 뻔했다. 여기서 한 번 더 이 책이 공동 저작임을 언급하고자 한다. 하지만 이 서평에서는 이런 서지정보와 별개로 올지아티의 건축과 그의 태도에 대해 기술하려 하므로 공동 저술임에도 저자를 편의상 올지아티로 통일하고자 한다.

『비참조적 건축』은 크게 네 가지 파트로 이루어져 있다. 첫째는 서문으로, 이 책이 '비참조적 세계'에 대해 설명하고 그 시대에 의미 있는 건축을 수행할 수 있는 안내를 제공할 것임을 말한다. 또한 책의 독자(실무 건축에 몸담고 있는 모든 건축가와 창조적 행위자)를 명확하게 설정하고 논의를 (사회적, 정치적, 윤리적 이야기를 배제한) 건축으로 한정한다. 재미있는 점은 서술 방식이다. 각주를 완전히 제거하고 예시와 도판 등을 최소화하는 등 학술 문헌의 형식을 벗어날 것이라고 선언한다. 둘째는 '비참조적 세계'에 대한 전반적 설명, 그리고 '비참조적 건축'을 수행하기 위한 조건으로 형식적 분석과 아이디어를 제안하는 개론이다. 올지아티는 개론에서 상당 부분을 학계가 뿌리 깊게 가지고 있는 전복의 역사에서 비참조적 건축이 왜 벗어나 있는지 (또는 벗어날 수 있는지) 그리고 가장 가까이 있는 포스트모더니즘 건축과 어떠한 차이를 갖는지 설명하는 데 할애한다. 사실 형식적 분석(계보적 분석)과 아이디어는 이데올로기적 성격으로부터 건축이 스스로를 분리시킬 수 있는 도구라는 측면에서 다루어진다. 이렇게 건축은 이데올로기, 그리고 윤리로부터 해방을 선언하고 순수성을 가져 정당화될 수 있음을 주장한다.

저자는 셋째로 '비참조적 건축'을 구상하고 구축하기 위한 총 일곱 개의 원칙을 제시한다. 각 원칙은 상호 간의 확장 가능성을 가진다. (마지막에 언급되지만) 제일 선행하는 것은 '의미 생성'으로 다른 모든 원칙의 존재 이유에 대한 설명이다. 즉 '의미 생성'은 어떻게 비참조적 건축을 달성하는가에 대한 대답이 아니라 '왜 달성해야 하는가'에 대한 답이다. 책에서 의미(Sinn/Sense)라 불리는 것이 왜 필요한지, 그리고 다른 원칙들을 지켰을 때 다가갈 수 있는 형이하와 형이상의 확장 가능성에 대한 설명이다. 즉 '의미 생성'을 제외한 다른 여섯 가지 원칙은 위의 목적에 충실해야 한다. 첫 번째 원칙, '공간 경험'은 인간이 공간에 대한 보편적 감각을 가지고 있다고 설명한다. 때문에 건축가는 그 감각을 의도해야 한다. 두 번째 원칙, '단원성'은 형이상학적 고향상실의 시대에 건축 작품이 '세계를 건립'해 인간의 '거점'이 되어야 한다고 말한다. 세 번째 원칙, '새로움'은 인간의 상상을 촉발하기 위한 '경험적 인식의 신선함'으로, 건축가는 동시대인이 새로움을 의도대로 받아들일지에 대해 고민해야 한다. 네 번째 원칙, '구축'은 단일 재료의 사용이 가져오는 효과와 건축가가 가져야 할 전문가적 면모에 대해 다룬다. 다섯 번째 원칙, '모순'은 공간 경험에 있어 상상과 개념화 사이의 줄타기를 설계하는 것으로, 이때 일어날 수 있는 사고의 촉발을 설명한다. 여섯 번째 원칙, '질서'는 건축적 아이디어와 물리적 실체를 이어주는 다리다. 건축가는 이를 아이디어로부터 연역적으로 추론해야만 한다.

마지막으로 저자는 '작가성'에 대해 이야기한다. 앞에서 언급한 '의미를 생성하는 건축물을 구상'할 수 있는 유일한 존재인 '작가-건축가'가 되어야 한다고 독자에게 부탁한다. 도덕의 잣대와 사회적 의심 속에서 끊임없이 진리를 찾아나가려 분투해야 함을 이야기하는 것이다. 어찌 보면 또 다른 원칙이 될 수 있는 '작가성'은 책에서 독립된 하나의 장으로 존재한다. 이는 비참조적 건축을 수행하기 위한 방법보다는 '태도'이기 때문이며, 또 건축가를 '무기력하게 만드는 모든 것'에 저항하고 용기를 가지도록 격려하기 위함일 것이다.

자율성과 순수함에 대하여

건축가라면 의례 건축이 예술작품과 같이 그 자체로 이해될 수 있는가, 그리고 그러한 건축은 (책의 말을 빌리면) 의미를 생성할 수 있는가 하고 질문을 던질 수 있다. '건축은 무엇이다'라고 간단하고 명확하게 말하는 것은 불가능하지만, 수많은 분과 학문 중에서도 유독 건축이라는 분과는 예술과 달리 외부의 논리에 의해 끊임없이 규정되어왔다. 이데올로기를 '실현'하는 제도로서의 건축이 현실의 이데올로기로부터 자유로울 수 있을까.* 그리고 그러한 건축이 종국에 '실천'으로 작동하는가 하는 문제다.

결론부터 이야기하자면 건축이 사회의 이데올로기에 기여하는 한 불가능하다.** 순수 건축에 대한 열망은 건축이 가지고 있는 (혹은 그렇게 여겨온) 경계 바깥의 모든 도구적, 이성적 측면을 거부해왔다. 독자적인 건축의 영역을 찾으려는 시도는 건축을 지극히 축소했으며, 그 역사성을 뒤로하거나, 점차 형식만 남게 되는 양상으로 나타났다. 이러한 태도는 지난 40년간 건축계 전반에 지배적으로 남아 있던, 건축이 현대 사회의 문제들—도시화와 최근 이야기되는 기후 위기마저—

---

* 이데올로기를 '실현하는' 제도로서의 건축이 위기를 겪는 이유는 바로 세계적 경제 생산을 통합하는 새로운 기술과 계획이 갖는 비주기성에서 비롯된다. 만프레도 타푸리, 『건축의 이론과 역사』(동녘, 2009), 11쪽.

** 계획이 유토피아적인 층위로부터 내려와 실제로 작동하는 메커니즘이 되는 순간, 계획 이데올로기(ideology of the plan)로서의 건축은 계획의 현실에 자리를 내어주고 마는 것이다. 만프레도 타푸리, 「건축 이데올로기의 비판을 향하여」 마이클 헤이스 편, 『1968년 이후의 건축이론』(시공문화사, 2021), 40쪽.

에 대응할 수 있어야 한다는 생각 아래 그 실천적 가치가 가려지는 듯했다. 그런데 왜 지금에 와서 스위스의 한 건축가의 말을 빌려 이 이야기를 다시 꺼내려 하는 걸까.

우리가 몸담은 사회를 스스로 배제하고 건축과 인간 삶사이의 관계를 사유하는 것은 건축이 예술작품과 같이 건축그 자체로 이해되는 것을 가능하게 한다. 하지만 건축은 아직까지 예술의 하위 분과이자 자본주의 사회의 장치로서 작동한다. 우리는 건축이 예술과 구분되는 지점이 무엇인지, 혹은예술처럼 건축 스스로 독립된 분과가 될 수 있는지 이야기할수 있을 것이다. 하지만 이에 앞서 건축을 포함한 예술의 자율성이 가진 모순적 상태에 대해 이야기해보고자 한다.

자기결정, 즉 예술의 자율성(Autonomy of Art)이라 불리는 개념은 예술을 현실과 구분 짓고 예술 고유의 독자성을선언했다. 예술은 사회적, 종교적 프로그램의 요구를 수행하다 칸트에 이르러서야 독자성에 대한 지위를 얻는다. 그러나그 지위와 특성과는 별개로 이 개념이 처음 등장하기 시작했던 19세기에 예술은 계몽적 모더니즘의 미학으로 여겨졌으며* 점차 오늘날의 예술 개념으로 확대되어왔다. 예술의 자율성은 그 자체로 사회 제도의 생산에 기여하는 형태로 자리잡았다. 더 나아가 현대 자본주의 구조는 물질의 생산과 재생산, 그리고 상품화의 논리로 현대인의 광범위한 욕구를 충족시켜 왔으며 전무후무한 거대 생산 구조와 자본은 끊임없이사회로 하여금 '계획'(plan)과 합리성을 요구해왔다. 그렇게물리적 거리를 지우는 동시적이고 확대된 소통은 예술에서의 분열적인 분과를 형성하기에 이르렀다. 자본주의적, 엘리트주의적 예술에 대한 비판과 현대사회의 복잡성은 '대중'의역할을 심화시켰다. '저자의 죽음'**은 또 주체자와 대상을 분

---

* '사회적인' 이데올로기로서의 건축가상이 형성된 것,
도시의 현상학에 대한 적절한 개입의 영역을 개별화한 것,
대중적으로는 설득이자 스스로의 관심사에 있어서는 자기
비판에 해당하는 형태의 역할, 축조적인 '오브제'의 역할과 도시
조직의 역할 사이의-형식 탐구 수준에서의-변증법. 같은 책,
8쪽.

        ** "따라서 저자의 통치는 역사적으로 곧 비평의 통치였으며,
그리고 이런 비평이 오늘날 저자와 더불어 붕괴되어 가고

리하여 저자성을 부정하고 현실에서 지워버리는 상황에 이르렀다. 사태의 복잡성은 건축도 마찬가지로 그리 간단하지 않다. 건축에 내재된 자율성에 대한 흐름은 마치 '유령'처럼 잔존하며, 이전의 많은 '계획(project)의 유토피아'가 현실이 된 지금 이 이야기를 다시금 꺼내는 것은 그저 과거의 일을 되풀이하기 위해서가 아니다.

　건축의 '자율성'은 필연적으로 모순을 내재한다. 마치 현실과 건축을 구분하는 듯한 이 아우토노미(Autonomie)*의 역사는 그 자체로 이데올로기의 도구로 작용한다. 건축은 제도의 강력하고 유용한 도구이자 자본주의의 '상품'으로서 존재한다. 자율성이 가져오는 가장 큰 모순은 건축작품이 가지는 외부공간, 즉 세계에 비판적인 태도와 상품의 특성 사이에 있다. 건축작품은 스스로가 가지고 있는 비판적 특성으로 인하여 제도 안에 순응하는 것을 거부한다. 그러나 '역설적'이게도 건축작품은 단절이 아닌 세계를 향해 열리게 된다. 이들은 마치 자본의 거울이 되어, 다시 자본주의 사회의 생산에 참여한다. 모든 것으로부터 분리된 건축은 그들이 합리성을 포기하는 대가로 쓸모없음, 무가치, 비도덕성을 획득했으며, 도리어 이것은 상품으로서의 건축이 그 스스로를 넘어서도록 했다. 그러니 건축은 제도와 멀어질수록, 제도를 거부할수록, 제

있다는 것은 전혀 놀라운 일이 아닐 것이다." 롤랑 바르트, 『텍스트의 즐거움』(동문선, 2022), 313쪽.
* 자율성의 개념은 역사적, 미학적으로 다양하게 등장한다. 이 중 건축의 자율성이 가지는 특이성은, 피터 아이젠만의 글과 작업을 통해 보다 명료하게 드러난다. "Autonomy in architecture cannot be limited to a single concept. (…) Autonomous architecture focuses on the principles and norms internal to architecture. Architecture became autonomous in the sense that it was no longer motivated through external factors such as sociology, economy, politics, and technology. (…)"The essence of architecture is a set of rules, of formal relationships, that although evoked by the architect." Bladan Djokić, Petar Bojanić, Alejandro Zaera-Polo et al., ed., "Dicipline.autonomy," *Peter Eisenman In Dialogue with Architects and Philosophers* (Mimesis International, 2017), p. 96.

도로부터 고립될수록 세계를 비판하는 틈으로 작동한다. 건축작품은 그 자체로 아우라를 가진다.

지금까지 건축의 역사에서는 건축의 독자적 영역을 경계 지으려는 일부 건축가들의 끊임없는 시도가 있었다. 이 모든 움직임은 순수 건축에 대한 추구로서 (사회에 유용하기에 선하다고 여겨지는) 합리성에 대한 저항으로 나타났다.

건축의 '자율성'에 대해, 우리는 실로 자율성이라는 것이 건축에 존재하는 것인지, 혹은 자본의 이데올로기에 의해 창조되어, 건축가가 사회구조에 반하는 순간 자기모순에 빠져드는 것은 아닌지 물을 수 있을 것이다. 그동안 건축은 자율성이라는 개념에 사로잡힌 나머지, 절대적인 것을 향한 탐구가 되거나 과도하게 미학적이거나, 또는 형식주의적으로 도구화되거나 사회적 비판을 수행하는 외과적 행위가 되는 위험을 감수했다. 하지만 이러한 서술은 결국 은폐된 세계에 대해 그저 개념이 '기술하듯' 이야기된 것에 그칠지도 모른다. 의례 지나온 역사가 그러하듯 또 다른 형태의 탈을 쓰고 출현할 뿐이다.

반복되는 전복의 틀 자체에서 벗어날 수는 없는 것일까 하는 회의와 함께, 불가능의 벽을 마주하는 우리는 침묵하거나 자기 변론에 빠지거나, 아니면 또 하나의 신화에 휩쓸려갈 수밖에 없다. 젊은 건축가가 투쟁해야 하는 것은 무엇일까. 이러한 고민은 스위스 플림스의 건축가가 견지한 것과 크게 다르지 않다. 그는 스스로 제도적 요구를 거부하고 고립되기를 자처하면서, 그것이 정말로 가능하든 아니든, 제도에 가려진 이념적 태도를 벗어던지려 했다. 의뢰자로부터 독립한, 사회 제도로부터 고립된, 그리고 이데올로기를 거부한 건축을 말이다.

비참조와 그 토대

다소 소비되기 좋은 명제로 쓰인 '비참조'(non-referential)라는 개념 이면에는 다양한 양상이 숨어 있다. 참조(reference)라는 단어는 기본적으로 '대상을 구별하여 지칭함'이라는 언어학적 지시-참조의 관계를 내포한다. 서구 미학의 역사에서 이는 대상에 대한 재현, 즉 모방의 개념으로 이해될 수 있다. 칸트* 이전의 예술은 (자율성을 스스로 논의하기 이전까지) 그저 대상을 모방하는 것에 그치며, 어떠한 통찰을 전달할 수 없다고 여겨져왔다.** 이러한 예술의 지위는 오로지 인식에서 독립하는 것으로서, 예술 작품에 부여된 실천적 기능을 수행할 수 있었다. 이로써 예술작품은 자신 외에 어떠한 목적에서도 자유로우면서, 스스로를 실현할 수 있는 고유한 토대가 된다. 그러나 예술의 자율성은 동시에 그 진위를 떠나, 때로는 '예술은 어떠한 것이다'라는 규범의 강요로, 거대한 서사로, 즉 하나의 이데올로기로 작용했다.***

건축가 발레리오 올지아티는 인터뷰와 책을 통해 그가 본격적으로 건축 활동을 시작한 1980년대 서구의 건축 패러다임을 마주한 개별 건축가가 바라보는 시선에 대해 언급했다. 폭발적인 현대성(모더니티)은 특히 미국에서 다양한 정치적, 학제적 배경들과 결탁해 건축을 또 하나의 패러다임으로 이용해왔다. 그 시기에는 건축을 확장하려는 많은 시도들이 있었다. (그가 이해하기로는) 건축을 '도덕적' 리트머스 시험지로 만드는 행위****는 다분히 의도적이었으며 이는 건축을 윤리 혹은 정치, 자본으로 확장했다. 다른 한편에서는 건축의 순수성을 회복하려는(경계 지으려는) 시도가 있었다. 유형과 형식, 다이어그램, 오브제와 같은 건축이 그러하다. 그러나 이

---

* 18세기 말 칸트는 『판단력비판』(*Kritik der Urteilskraft*, 1789)을 통해 미적 판단의 중요성을 주장했다. 이는 감성과 이성, 도덕성을 매개하는 이성의 판단력을 탐구하기 위함이었으며, 이로써, 오늘날의 '미학'의 의미를 가지게 된다.

** 엄밀하게는 바움가르텐에 의해 미학이라는 개념이 처음으로 독립적 분과로 인정받았으나, 이는 감성론 정도로 간주되었다. Alexander Baumgarten(1714-1762), *Meditationes philosophicae de nonnullis ad poema pertinentibus* (1735).

*** 아서 단토는 인터뷰에서 예술의 죽음이 아닌 역사의 종말에 대해 이야기한다. 그는 1960년대까지 이어지던 재현으로서의 그림에서 대상으로서의 그림으로 이어지는 그린버그의 서사를 '모더니즘' 즉, 대서사(great narratives)라 표현한다. 아서 단토 외, 『예술과 탈역사』(미술문화, 2023), 118-119쪽.

**** 발레리오 올지아티, 마르쿠스 브라이트슈미트, 『비참조적 건축』(Hoi, 2023), 113쪽.

들은 어떠한 것도 재현하지 않으려는 노력에 지나치게 집중했고, 그 시도만이 유일한 기준이 되어버렸다.* 올지아티는 이전 시대의 건축이 전복적 개념에서 자유롭지 못하고, 작금의 세계가 더 이상 사회를 응집하고 통합시킬 힘이 부재하다고 주장한다. 그리하여, 올지아티는 지금의 비참조적 세계에서 역사적이고 윤리적 가치, 재현과 지시로부터 벗어나기를 선언한다. 즉, '비참조성'이란 안과 밖의 이중성을 탈피하고, 주어진 사물 자체에 집중하여 오로지 그 스스로 고유하게 존재하는 건축을 추구한다.**

예술과 마찬가지로 건축작품의 판단을 위해 우리는 그 시작점을 다시 들여다볼 필요가 있다. 건축이 무엇에 관계하느냐는 질문을 통해, 그리고 그 토대를 확인함으로써 우리는 저자가 이야기하고자 하는 문제의식에 다가설 수 있다.

미학은 칸트에 의해 도덕 및 인식에서 독립하여, 예술의 독자적 영역 및 패러다임을 확립하게 된다. 칸트는『판단력비판』***에서 미적 판단****을 가능하게 하는 '주관적 보편타당성'*****에 대해 이야기한다. 미적 즐거움은 지성의 개념화에 이

* *El Croquis* no. 156, Valerio Olgiati 1996-2011, p. 32.
** "Architecture which is able to exist on its own, without external arguments or even references to a belief. Pure architecture as you will." Go Hasegawa et al., *Conversations with European Architects* (Lixil Publishing, 2015), p. 67.
*** 판단력은 '특수한 것을 보편적인 것 아래에 함유되어 있는 것으로 사고하는 능력'이다. [임마누엘 칸트,『판단력비판』(아카넷, 2009), 아래에서는 KU, 절과 단락으로 표기한다, KU, III, BXXV]
**** 취미판단은 미적인 것에 대한 판단이다. 여기서 '취미'란 '상상력의 자유로운 합법칙성과 관련하여 대상을 판정하는 능력'(KU, §22, B69)이다. 이때 취미는 '대상 또는 표상방식을 일체의 관심 없이 흡족이나 부적의함에 판정하는 능력'이며, 주관적이면서 양적으로는 보편성을 가진다. (KU, §49, B203)
***** 취미판단에서 생각되는 보편적 동의의 필연성은 주관적 필연성인데, 공통감의 전제 아래에서는 객관적인 것으로 표상된다. 미적 즐거움은 주관적 보편타당성으로 규정된다. 이러한 대상의 표상에 대한 흡족은 모든 주관에 보편적으로 타당하며, '보편적 전달 가능성'에서 드러난다. (KU, §9, B29)

르지 못한 채 상상력과 지성 사이 끊임없는 시도 속에서 발현된다. 이러한 자유로운 유희를 통해 많은 사유가 일어나지만, 그 무엇도 이러한 상상력의 표상을 설명할 수 없다. 칸트는 그의 '미적 이념'*을 통해 예술작품의 해석 불가능에 대해 역설했다. 자연과 예술에서 나타나는 아름다움은 개념적 지식과는 무관하며, 결국 끊임없이 대상과 나 사이 그리고 다시 처음으로 되돌아갈 수밖에 없는 관계에서 우리는 미적 경험을 할 수 있다.

동일한 인식 능력을 통해 집단적으로 동일한 경험을 할 수 있다는 '공통감각'(Gemeinsinn)**은 주체와 대상의 주관적 동의를 구한다. 이는 미학을 인식과 도덕성으로부터 분리해 독립적인 분과로 부여하고, 예술의 미적 자율성을 확립하게 만들었다. 저자는 그러한 '공통감각'을 통해 건축의 형식적 공간 집합을 분석하고 역사적이거나 표상적인 측면에서의 분석보다 건축의 본질에 다가설 수 있다고 주장한다. 또한 '주관적 보편성'을 통해 건축가는 공간 경험의 '의도'를 구상할 수 있다.

이러한 '비참조적 건축'은 구축 논리의 영역에 존재한다. 우리가 '공통감각'을 가지고 있다는 전제 아래, 요소들의 구축적 장치들과 관계가 만들어내는 하나의 체계는 마치 유기적 조직체와 같다. 부분의 조합이 아니라 '분리되지 않는 하나'다. 그러한 내재적 일관성이 어떻게 의미를 형성할 수 있는지를 올지아티는 일곱 가지 원칙을 통해 드러냈다. 그러나 책의 서술은 원칙의 타당성을 설명하기 위해 객관적 사례를 들어 설명하지 않는다. 그저 가능하다고 이야기할 뿐이며, 많은 경우 그가 지금까지 수행해 온 프로젝트를 통해 자명해질 뿐이다.

예를 들면, 초기 작업이자 올지아티가 건축의 '문제의식'에 대해 성찰하는 반환점이 된 파스펠 학교(School in Pas-

---

* 칸트는 판단력비판을 통해 예술을 해석이 아닌, 어떤 것을 아름답다고 판정하는 능력(취미판단)의 토대를 탐구했다. (KU, §49, B193)

** KU, §20, B65.

pels)*에 대해 이야기해볼 수 있다. 그는 이 프로젝트를 통해 맥락적인 건축과 비맥락적인 건축에 대해 사고한다. 맥락에 반응한다는 것은 건축가가 주변 환경 영향을 받는다는 말이다. 이는 이미 존재하는 것과 건물 사이의 특성을 파악하는 것으로 도상적으로 발생한다. 반면에 맥락적이지 않은 건축은 고대 신전과 같은 기본유형에서 유래된 발명품의 건축이다. 전자는 더 참조적이고 후자는 더 비참조적이다. 파스펠 학교의 공간은 중앙에 중심 공간을 두고 두 축이 대칭을 이루고 있는데, 이로 인해 건물의 내부로 들어서게 되면 중심에서 외부를 네 방향으로 볼 수 있다. 이러한 질서는 특정한 맥락에 근거하지 않으며, 때문에 중심부에서 밖을 향하는 창문은 풍경을 담기 위해 존재하지 않는다. 그러면서도 파스펠 학교는 마을의 건물을 통해 형태가 인식되고 상호작용을 함으로써 맥락적으로 읽히기도 한다.

학교의 중심으로 들어왔을 때, 정사각형의 공간은 미묘하게 기울어진 벽체로 나누어져 있다. 이는 마치 한 벽체가 다음 벽체에 연관되는 듯 보이는데, 부분을 보아서는 전체를 상상할 수 없다. 또한 불가분의 관계처럼 전체를 부분으로 나누어 볼 수도 없다. 벽과 천장, 바닥 모두 단일한 콘크리트로 구축된 공간은 마치 정교하게 만들어진 하나의 덩어리처럼 형성된다. 이를 두고 자크 뤼캉은 상호의존성(interdépendance)**의 관계, 즉 부분과 전체의 관계를 수립하는 방식에 대해 설명했다. 그렇기에 방문자는 파스펠 학교를 파악하기 다소 어렵다. 건축의 내적 아이디어는 쉽게 설명되지 않으며, 건물의 각 부분은 어떻게 작동하는지 명확하게 드러나지 않는다. 건물 곳곳에 가득 차 있는 모순은 마치 줄타기하듯, 완전한 개념화를 방해하며 긴장(Spannung)을 이끌어낸다. 맥락과 비맥락 그리고 비참조에 대한 사유는 파스펠 학교 이후 더욱 구체화되어 현재의 '비참조적' 건축에 이르렀다. 올지아

---

*   Markus Breitschmid, *The Significance of the Idea in the Architecture of Valerio Olgiati* (Niggli, 2008), pp. 29-33.

** 자크 뤼캉, 『오늘의 건축을 규명하다』(시공문화사, 2019), 80쪽.

티는 이후로도 작업을 통해 그가 생각하는 비맥락적 건축, 비참조적이며, 정확성을 가진 아이디어를 구현하여 이성의 자유로운 유희를 만들어내는 체계와 사유에 집중한다.

새로운 작가-건축가와 개인적 서사

'비참조'에 대한 용어와 구조가 확립되기 전 올지아티는 2006년 스페인의 건축 잡지 『2G』에서 처음 등장한 '도상적 자서전'(Iconographic Autobiography)이라는 프로젝트를 통해 기저에 존재하는 태도를 드러낸 바 있다. 도상으로 표현된 자서전이란 특정한 의미를 가지는 형상의 총체로, 총 52개의 이미지로 이루어진 이미지의 초상이다. 이 이미지들은 특정한 연결 고리 없이 나열되어 있으며, 회화 작품, 기념비적 건축물, 살고 싶은 집, 드로잉, 심지어는 식탁의 사진을 살펴볼 수 있다. 그는 인터뷰를 통해 "자신의 머릿속에 저장된 것으로 흰 종이를 쳐다볼 때 항상 함께하는 것"이라고 설명한다.* 2012년 베니스 비엔날레의 전시와 『건축가의 이미지』(The Images of Architects)**라는 책으로 확장된 이 프로젝트는 건축가 44인의 "머릿속에 있는 시각적 기억"이자 "개인적 '상상의 박물관'(musées imaginaires)"이다.

여기서 주목할 점은 그가 이 이미지의 "철학적, 종교적, 사회적 해석"을 허용하지 않고, "형태적으로 참조하지 않는"다는 점이다. 이미지들은 각 건축가의 관심사, 또는 '집착'을 드러내며, 그들의 건축과 어떻게 얽혀있는가를 밝히는 일은 오로지 독자의 몫이다. 건축을 과학적, 역사적 해석이 아닌 주관적이고 모호한 건축가의 '자서전'으로 조명하여 개인의 서사로 만들어낸다. 이러한 이미지의 다원성으로 건축은 '자기 자신만의' 문화, 즉 개인성을 마주한다.

---

* 	2G no. 37, Valerio Olgiati, (Editorial Gustavo Gili, S.L, 2006), p. 134.

> ** 	"I asked architects to send me important images that show the basis of their work. Images that are in their head when they think. Images that show the origin of their architecture." Valerio Olgiati, ed., The Images of Architects (Quart Publishers, 2013).

이와 같은 흐름은 비단 서구의 건축가뿐 아니라 국내의 건축가에게도 손쉽게 찾아볼 수 있다. 2023년 젊은건축가상 수상자들의 인터뷰에서 그들이 개인의 서사에 기대어 작업을 서술해 나가는 모습을 확인할 수 있다.*

작년 수상집은 기존의 작품집과 달리, 대여섯 개의 주제어를 선정하여 수상자들의 조금 더 사적인 에세이를 담았다. 작품집은 프로젝트에 대한 설명과 도면을 배후로 남겨두고, 그들 각자의 관심사, 문제의식, 기억에 대한 사유를 글로써 드러나도록 했다. 건축가들은 에세이를 써 내려가는 과정을 통해 사유의 조각들을 제시하지만, 이를 두고 각 프로젝트를 만들어내는 설득력 있는 도구로써 언급하지는 않는다. 누군가는 담화를, 재미있는 에피소드를 풀어내고, 누군가는 클라이언트와의 기억을, 누군가는 영감의 단초가 되었던 프로젝트와 태도에 대해 이야기했다. 이 이야기는 프로젝트와 전혀 관련 없는 듯하면서, 문화적 연결고리와도 관련성이 미미하다. (심지어 영향을 받는다 해도 문화적 경계와 역사적 이야기 등을 차용하는 것에 어떠한 장애물도, 죄의식도 없어 보인다.) 다중적, 다원적, 동시적, 미시적, 개인적인 기원들, 영향들 그리고 '사적 스펙트럼'(spectres prives)은 이미 오늘날의 한국의 '젊은' 건축가들에게서 나타나고 있다.**

이미 서두에서 언급한 바 있지만, 건축의 순수성을 위한 행위는 언제나 그 진위를 의심받아 왔으며, 건축은 예술작품과 같이 그 자체로 설명 가능한 것으로 받아들여지지 못했다. 건축은 이데올로기를 실현하는 제도다. 건축가에게 꼬리표처럼 따라다니는 '필연성' 혹은 '타당성', '합리성'과 같은 말들은 언제나 그 사회 내에 있을 때 '선하다'고 여겨진다. 그러니 유독 건축가는 창조적 작가로서의 지위를 인정받기란 쉽지 않아 보인다. 건축의 역사는 건축가의 개인적 서사를 배제해왔다. 그러나 오늘날의 현대 건축가는 이전의 매너리즘 건축가, 그리고 스타 아키텍트와 어딘가 달라 보인다. 이 특이점은 매

김진휴, 남호진, 김영수, 서자민, 『2023 젊은 건축가상: 의미, 무용, 태도』(제대로랩, 2023).

** 자크 뤼캉, 『오늘의 건축을 규명하다』, 237쪽.

너리즘 건축가의 미학-윤리적 형태와, 스타 아키텍트의 대중-합리성, 역사-이론적 태도의 결여에서 보인다. 현대의 개인주의는 개별 작가의 창조적 능력을 공고히 하면서도, 참여하는 사람의 주관적 해석 능력을 인정한다. 건축가는 이를 통해 강요 없이 의도를 전달할 수 있는 능력을, 독자는 유사성과 특이성을 해석할 기회를 가진다.

마무리하며

건축가와 그들의 문제의식이 반영된 건축작품 사이의 관계에 주목하다 보면 내재적 일관성을 고수하려는 강한 태도를 관찰할 수 있다. 이러한 태도는 즉, 매너리즘적 경향이다. 건축가들은 건축의 영역에 있어 경계를 정의하려는 시도를 통해 그들의 문제의식을 작업의 일관성으로 만들고 계획안을 발전시켜왔다. 이는 건축의 '다이어그램'과 '형태', 거대도시의 보편성과 개인적 자서전, 외부적 조건과 형식적 질서 등의 대립을 통해 건축 역사에 되풀이된다. 이러한 대립은 명쾌히 서술되는 듯 보이나 다소 위험성을 내포하고 있다. 발레리오 올지아티는 "지금의 젊은 세대가 스스로에게 다양한 선택지를 제시하지만, 그 선택에는 특정한 패러다임에 대한 참조 없이 존재한다"고 이야기했다.* 마찬가지로 오늘날 현대 건축가들에게서 발견되는 현상은 분열적이며 일반성을 찾아보기 힘들어 보인다. 오히려 그 특이점으로 인해 근소한 차이가 드러날 뿐이다. 무엇보다 이러한 특이점들은 동시다발적이어서 사태의 파악을 어렵게 한다. 세계 건축의 한편에는 사적 스펙트럼에 대한 이야기가, 다른 한편에서는 비토리오 아우렐리와 같이 건축의 절대적인 요소를 찾아나가는 모습이 나타난다. 동시에, 그레이엄 하먼을 필두로 브뤼노 라투르와 하이데거를 건축과 연결 지으며 사변적 실재론을 가져오는 시도도 있다. 그러나 이 모든 사건들의 변화 양상이 어떠한지 아직 알 수 없다. 우리는 끊임없는 연속선 위에서 그저 가늠할 뿐이다. 이렇듯 건축에 대한 이야기는 오늘날에 이르러 더욱 모

---

* Markus Breitschmid, *The Significance of the Idea in the Architecture of Valerio Olgiati*, p. 11.

호해지고 경계를 알 수 없다.

사회의 요구를 수용하지 않는 건축은 결국 사회가 요구하는 타당성을 가질 수 없다. 그리고 이러한 태도를 가진 건축가(예술가)는 그저 '무용'한 가치를 지닐 뿐이다. 제도 안에서 이들은 비윤리적이며 무책임하게 여겨진다. 『비참조적 건축』은 아무것도 해결하지 않으며, 그 무엇도 부정하지 않는다. 하지만 우리 중 그 누가 제도적 생산만이 이 복잡하고 분열적인 세계를 작동시킨다고 이야기할 수 있을까. 건축은 드러나지 않는 것을 드러낸다.*

저자는 책의 처음과 마지막에서 이 책이 비평가와 역사가가 아닌 현실에 구축하는 사람, 실무 건축가를 위해 쓰였음을 밝혔다. 건축가와 비평가를 구분한 것은 그 둘의 차이를 이야기하기보다, '실천'의 주체로 건축가가 행동해야 함에 무게를 두었다고 볼 수 있다. 그러니 젊은 건축가가 만약 작금의 건축이 처한 위기로 인해 자가당착에 빠져있다면, 이 책은 그런 점에서 세계의 틈을 또 하나 보여줄 뿐이다. 만약 우리가 자본의 그늘에서 자유로울 수 있다면, 모든 제도적 요구와 필요에 대해 무관할 수 있다면, 그러한 심연과도 같은 고립 속에서 무엇을 찾고 어떤 가치를 추구해야 할까.

브라이트슈미트는 강연에서 이 책이 어디서도 '참조'를 금지하고 있지 않음을 강조한다. 즉, '비참조'의 '비'(非)의 요지는 '부정'에 있지 않다. 올지아티 자신도 이야기하듯, 완벽한 비참조란 존재할 수 없다.** 그러니 이 책의 제목이 가지고 올 수밖에 없는 오해와 질문들—참조를 해도 되는가, 참조를 배제하는 것이 가능한가, 더 나아가 모방과 표절에 대한 이야기—은 의미를 갖기 힘들다. (최근 한국 건축계는 참조와 모방의 이슈로 들썩였고 '비참조'는 크고 작은 주목을 받았다.) 그렇기에 우리는 더욱 도덕적 잣대로부터 벗어나 이 책이 전

---

* Meyer Schapiro, "The Still Life as a Personal Object – A Note on Heidegger and Van Gogh," in *Theory and Philosophy of Art: Style, Artist, and Society* (New York: George Braziller, 1994), pp. 135-143; 카이 함머마이스터, 『독일 미학 전통』 (이학사, 2013), 300쪽.

** *El Croquis* no. 156, Valerio Olgiati 1996-2011, p. 17.

하고자 하는 바를 면밀하게 살피고 질문을 던질 필요가 있다.

번역가이자 한국의 수많은 젊은 실무 건축가 중 그저 한 명일 뿐인 필자가 마주하는 현실은 다를 것이 전혀 없다. 그렇기에 한 치 앞도 바라볼 수 없지만, 우리를 무기력하고 가치 없게 만드는 사회 속에서 할 수 있는 일이란 완전한 비참조적 건축이, 순수한 건축이, 진실한 건축이 불가능함을 인정하면서도 최대한 가까이에 가고자 힘쓰는 것뿐이다. 책의 한 구절을 인용하며, 위로와 격려를 서로 나눈다.

"가능한 보편적이며 진리에 가까운 것, 즉 결과적인 의미로 진실에 가까운 것"을 향해 나아갈 것.*

---

* 발레리오 올지아티, 마르쿠스 브라이트슈미트, 『비참조적 건축』, 114쪽.

빌라 슈보브, 라 쇼드퐁, 르 코르뷔지에, 1914.

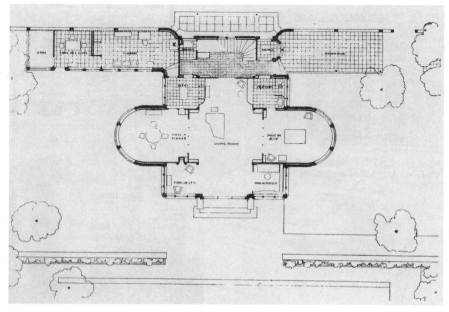

빌라 슈보브, 평면.

르 코르뷔지에의 실제로 지어진 첫 번째 주요 작업인 라 쇼 드퐁(La Chaux-de-Fonds)의 빌라 슈보브는, 커다란 가치와 명백한 역사적 중요성에도 불구하고 『전작집』(Oeuvre Complete) 컬렉션에 자리를 얻지 못했다. 이 누락은 완전히 이해할 만하다. 이 건물은, 그의 후기 작업들과 확실히 결이 맞지 않으며, 『전작집』에 포함됐다면 컬렉션의 교조적인 주안점이 손상되었을지도 모른다. 그러나 이 작업의 배제는 그 이상으로 안타까운 일이다. 지어진 지 여섯 해 뒤에도 비례와 기념비성에 관한 모범 사례로 출판물에 포함되었을 만큼 충분히 진지하게 여겨졌기 때문이다.* 이 집은 거의 대칭적인 형태이며, 콘크리트 프레임에 기인하는 전반적인 가벼움에도 불구하고 전통적인 성격이 꽤나 강하다. 중심 블록은 측면의 날개들로 보강되며, 2층 높이로 솟았고 보조 축이 교차하는 중앙 홀은 단순하고 균형 잡힌, 기본적으로 십자형 평면이다. 외관도 같은 특성이 드러나는데, 절제된 운동성과 합리적인 우아함은 신고전주의적 관점의 감상을 이끌어낸다. 같은 맥락에서, 단순화한 코니스와 장식의 부재는 토니 가르니에의 영향을, 측벽의 콘크리트 프레임 표현은 오귀스트 페레에 진 명백한 빚을 암시하는 한편, 타원형 창문들은 프랑스 보자르식 건축의 상투적인 의장 요소다. 건물 전체적으로는 컴팩트하고 일관성 있고 정교해, 18세기 후반에 환영받았을 법한 구성이다. 가브리엘[프랑스 루이 15세의 왕실 건축가 앙주 자크 가브리엘(1698-1782)을 말한다 - 옮긴이]까지는 아니더라도 르두라면 마음에 들어했을 법한 작업이다. 혹자는 요소들의 단순화에 관한 혁신성을 인정할 것인데, 확실히 오스트리아와 독일에 있는 적절한 원형들을 제시할 수 있겠지만 타당한 말이다. 또 혹자는 위층에 있는 두 개의 침실 스위트에서 후일 등장할 공간적 복잡성의 전조를 감지해낼지도 모르겠다. 그러나 이러한 관찰에도 불구하고, 적어도 평면과 세 입면에서는 거의 전통적이고 보수적인 탁월성을 훼손하는 바를 찾기 어렵다.

* 『건축을 향하여』(Vers Une Architecture)에 수록됐다. 영역본에 따르면, "이 작은 규모의 빌라는, 어떤 법칙 없이 세워진 다른 건물들 한가운데서, 보다 기념비적인, 그리고 다른 오더(order)를 따르는 듯한 효과를 전달한다."

하지만 네 번째, 진입 방향 입면은 상당히 특수한 감상의 문제를 제기한다. 이 입면 벽 뒤에서 3층으로 연결되는 계단의 존재로 인해 층고가 높아지는데, 그게 건물의 이 부분을 나머지로부터 분리한다. 또한 이 입면은 그 뒤에 있는 볼륨과 단호하게 구분되는데, 얼핏 보면 거의 아무런 관련이 없는 것 같다. 확실히, 이 입면의 간결하고 각진 속성은 건물의 나머지 부분의 유선형 배열과는 이질적이며, 배타적이고 직선적이며 자기충족적인 형태는 정원에서부터 드러나는 조직 유형을 거부하는 것처럼 보인다.

위쪽 두 층의 평평한 수직면은 세 개의 패널로 나누어져 있다. 바깥쪽 패널들은 폭이 좁고 타원형 채광창으로 구멍이 나 있는 한편, 중앙 패널은 정교하게 프레임되었고 납작하고 텅 빈 흰색 표면으로 이루어진다. 건축가가 통제할 수 있는 모든 수단으로 강조된 이 표면에 즉각적으로 시선이 이끌린다. 서비스실과 테라스를 가리는 낮은 벽들은 안쪽으로 휘어들어 가며 이 수직면을 향해 상승한다. 두 개의 출입문은 해소되어야 할 이중성을 준비해둔다. 지지하는 기둥이 달린 돌출된 현관지붕(marquise)은 상부 벽의 의미심장한 고립을 완성한다. 바깥쪽 패널의 강조된 타원형 창문은 구성을 지배하는 요소에 대한 요청을 강화한다. 이렇듯 정교하게 고안된 모호함으로 인해 혼란스러운 마음속에서, 눈은 벽돌 프레임의 흠결 없는 직사각형과 예리한 디테일에 이르러 휴식을 찾는다.

이 파사드를 시간 들여 관조하는 이는, 황홀함과 동시에 큰 거슬림을 느낀다. 몰딩들은 극도로 섬세하고, 명료하면서도 복잡하다. 살짝 구부러진 창문 외틀은 상당한 온화함을 지니고 있다. 이들은 뒤에 있는 건물의 둥글둥글한 속성을 되풀이하며, 그게 위치한 표면의 어떤 납작함을 강조한다. 캐노피 위아래 벽의 대비는 흥분된다. 색조와 질감의 교조적인 변화가 신선함을 준다. 그러나 텅 빈 표면은 혼란이자 기쁨이다. 관찰자가 궁극적으로 향유하도록 요청받는 것은 공허(emptiness)의 활동이다.

흥미롭게도 극장 스크린을 떠올리게 하는 이 모티프는 짐작건대 충격을 주기 위해 의도된 것인데, 완벽하게 성공한 셈이다. 그것이 이 파사드에 선언문적인 논쟁적 성격을 가득

불어넣기 때문이다. 프레임으로 강조된 이 텅 빈 패널은 파사드의 다른 요소(기둥과 캐노피)에 르 코르뷔지에의 후기 작업을 예견하게 하는 스타카토를 부여한다. 특징적이고 의도적인 이 패널은 자신에게 주의를 끌면서도, 겉보기에 내용이 없어 집의 나머지 부분으로 지체 없이 주의를 분산시킨다. 패널의 종결성으로 인해 건물 전체가 의의를 가지게 되지만, 동시에 그 공허함으로 인해 그것은 건물 전체를 언급하는 문제가 된다. 따라서, 고의로 반대되는 가치들의 명백한 귀결로서, 그것이 기원이자 결과인 일련의 혼란(disturbance)이 거기에서 생겨난다.

패널 뒤에는 계단이 있어서 채광이 방해받을 수밖에 없다. 르 코르뷔지에처럼 능숙한 건축가는 원했다면 더 기능적으로 만족스러운 대안을 선택할 수 있었으리라. 프레임된 표면이 어떤 프레스코화나 명문을 수용하도록 의도된 것이라고 가정하더라도(그럴 법해 보이지는 않지만), 호기심을 자극하고 상응한다고 할 수 있을 법한 사례를 추적해보게 할 만큼 비정상적이고 심오한 모티프다. 가장 개연성 있는 조사 대상은 이탈리아인 것 같다. 르 코르뷔지에에게 직접적인 연원이 있는 것 같지는 않지만, 그는 일반적인 의미에서 르네상스 인문주의 건축적 전통의 후예처럼 보일 때가 많기 때문이다.

초기 르네상스의 로지아나 팔라초 파사드에서는 창문과 패널이 교대로 배열되는 시퀀스가 드물지 않게 등장한다. 16세기에 더 흔한 그와 같은 시퀀스에서는 패널과 창문이 거의 동등한 중요성을 갖는다. 패널은 빈 평면으로 표현되거나, 여러 종류의 명문이 새겨진 판이거나, 그림을 위한 프레임이 될 수도 있다. 그러나 어떤 특정한 용도로 사용되든지 간에, 발전된 패널 표현 체계와, 동일하게 발전한 창문 내기 체계의 교대 배열은 파사드의 강조에 있어 언제나 복잡성과 이중성을 만들어내는 듯하다. 이 속성은 브라만테 이후 세대의 건축가들에게 상당한 즐거움을 주었을 것이다. 예를 들어, 세를리오의 책에는 패널들이 거의 과도할 만큼 풍부하게 등장한다.* 때때로 그것은 전형적인 교대 배열로 등장하고, 어떤 때

* 세를리오의 『건축 전집』(Tutte l'Opera d'Architettura)을

는 전체 벽면을 잡아먹기도 한다. 길쭉한 형태로 두 개의 창문 전체 범위를 가로지르도록 사용되거나, 개선문 혹은 베네치아 궁전의 꼭대기 모티프로 등장하기도 한다. 아마 세를리오는 패널을 파사드의 중심으로 활용한 최초의 인물일 것이다. 일부 경우에 그는 이 환원되었으나 연상적인 형태의 중앙 강조점 양편으로 창문들을 배열하기도 했다. 그러나 패널이 입면 내에서 라 쇼드퐁에서만큼 엄정하게 중앙에 등장하는 경우는 두 번뿐인 것 같다. 이런 종류의 비교가 편향적이고 과장될 때가 많기는 하지만, 비첸차의 소위 카사 디 팔라디오(Casa di Palladio)와 피렌체의 페데리코 주케리의 카지노는, 그 해석을 같은 테마에 대한 16세기의 주석으로 인정하기에 충분할 만큼 눈에 띄는 특징을 보여준다. 각각 1572년과 1578년에 지어진 이 사적이면서도 독특한 품격을 지닌 작은 집들을 어떤 하나의 유형, 16세기 후반 예술가 주택에 관한 공식으로 가정한다면 즐거운 일일 것이다.

팔라디오의 건물은 지역적(domestic) 파사드와 아케이드가 있는 로지아의 결합으로 태어난 것으로 보이는데, 로지아는 장식들을 통해 개선문 아치의 역할을 맡는다. 고대의 전통적인 개선문 아치와는 달리, 발전된 코린트식의 상부 구조가 포함되어 있다. 또한 비록 1층에서는 로지아의 두 기능, 즉 집의 일부로서의 기능과 개선문 아치의 일부로서의 기능이 밀접하게 통합되어 있지만, 아치 그 자체는 상부의 코린트식 벽기둥들이 형성하는 패널과 더욱 밀접하게 연관되어 있다. 아치 주변 이오니아 양식 엔타블러처의 전방 돌출은 두 오더 사이에 직접적인 수직 운동을 부여해, 둘의 상호 의존성을 강조한다. 덕분에 패널은 하부의 아치가 만들어낸 초점을 유지하지만, 다른 한편 위쪽 피아노 노빌레(piano nobile) 안으로

볼 것. 창문과 교대 배치되는 패널은 4권(Book IV)의 15, 23, 25, 27, 29, 33, 43, 45, 49, 53, 151, 159, 187, 221, 229쪽에 등장한다. 7권(Book VII) 187쪽의 사례는 팔라디오의 계획안의 출처일 가능성이 있어 보인다. 이 모티프는 어쩌면 세를리오의 영향력을 통해 프랑스에 전파되었을 것인데, 그곳에서는 예를 들어 다양한 종류의 다락창과 번갈아 등장했다. 레스코의 루브르 설계안이 그런 경우다.

뚫고 들어오는 것으로 읽힌다. 변칙적인 성격은 토착 파사드의 기능에 대한 존중을 드러내는 디테일들로 강화된다. 벽기둥 뒤로부터 등장해 패널 안에서 연속적인 돌림띠로 나타나는 창문 발코니 난간과 같은 요소는, 짐작건대 그렇게 의도한 바대로, 이미 내재된 이중성을 더욱 과장하는 역할을 수행한다.

　　여기서 우리가 르 코르뷔지에가 1916년에 내놓을 것과 동일한 차원의 형식적 모호성을 맞닥뜨리고 있다는 점을 굳이 지적할 필요는 없을 것이다. 비록 이 건물이 더 명료하고 아카데믹한 차림을 하고 있어 혼란이 덜 감지되고 어쩌면 더 철저하지만 말이다. 팔라디오의 정상적인 것의 전도(inversion)는 외견상으로는 존중되는 고전 체계의 틀 내에서 이루어진다. 그러나 르 코르뷔지에의 건물은 시각적인 충격을 완화하기 위해 그러한 전통적인 레퍼런스에 기댈 수 없다. 두 건축가 모두 복잡한 이중성의 문제를 대단히 직접적이고 효율적으로 다루고 있어서, 비교하자면 동일 구성에 대한 페데리코 주케리의 시도가 과잉이고 괴이해보인다.

　　주케리의 접근은 전체적으로 더 과격하며, 건물은 자기 홍보 기획의 일환으로 구상된 일종의 지적 유희(jeu d'esprit)로, 화가, 조각가, 건축가라는 그의 세 가지 직업을 보여준다. 팔라디오와 달리, 출입구의 비움과 상부 패널의 채움이라는 초점의 두 요소는 직접적인 관계성을 갖도록 놓이지 않는다. 대신 강한 대비를 이루는 돌과 벽돌에 대한 지배적인 관심이 표면화함에 따라, 그 각각은 자신의 중요성을 감소시키는 동시에 강조하는 삽화의 배열 속에 놓인다. 이렇게 관심의 삼각형 두 개가 형성된다. 아래쪽 삼각형은 수학 도구가 부조로 새겨진 세 개의 명판으로 형성된다. 위쪽 삼각형은 중앙 패널 주변의 창문과 벽감들로 구성된다(중앙 패널은 그림을 수용하려는 의도였다). 이렇듯 분산된 삽화는 여전히 엄격한 삼각구도에 따라 초점이 형성되어 있어, 팔라디오와는 다른 구성의 형식을 따른다. 따라서 주케리의 경우, 패널의 특정한 모호성은 전체 파사드의 모호성과 비교할 때 중요성이 덜하다.

　　주케리의 아래쪽 벽 작업에는 디테일을 상당히 엄격한 범위로 제한한 것으로 보이는 러스티케이션 된 벽기둥 프레임이 들어가 있다. 그러나 이 벽기둥들은 상부로부터 내려오는 하중을 전달받지 않는다. 위층의 두 돌출된 표면들은 무게를 지지하는 기능을 암시하는 듯한 트리글리프나 브래킷과 같은 형태를 달고 있다. 그러나 그 표면들은 벽감에 밀려 그게 차지해야 할 법한 벽기둥 위의 위치에서 벗어나 있다. 한편 그 안에 정교한 프레임이 들어간 창문이 삽입되어 돌출된 표면들의 겉보기상 기능은 더더욱 무효화된다. 벽감들 그 자체는, 첫눈에 보면 위쪽 벽의 관심을 확장하여, 아래쪽 벽의 구성이 압축적인 만큼이나 그 구성의 외양을 열어주는 것처럼 보인다. 그러나, 이 구성 내의 서로 다른 요소들—벽감, 창문, 패널들—은 가능한 가장 거칠게 병치되어 쑤셔넣어져 있어서, 다시 살펴보면 그러한 대비가 우리로 하여금 압축적이라고 여겨지는 기단부에서 거의 고전적인 수준의 단순명쾌함과 여유를 발견하도록 한다.

이 계획안들이 유발하는 복잡성과 반향은 끝이 없고 형용하기가 어려울 정도이며, 설명을 하다보면 아마도 인내심이 바닥날 것이다. 이 세 개의 파사드 모두를 사로잡은 것이 사물의 존재하는 그대로(as it is)와 보이는 것(as it appears)의 구분, 그 이중 의미(dual significance)의 딜레마임은 분명해보인다. 그리고 주케리의 건물이 보다 명료한 작업들과 비교할 때 일종의 장르적 연습으로 보인다면, 그 차용적인 속성들은 이 건물이 갖는 기록으로서의 가치를 강화할지도 모르겠다. 의도된 건축적 착란의 거의 교과서적인 사례라 할 만하다.

이 16세기의 두 가지 사례는 전형적인 후기 매너리즘 계획안으로, 예술에서 고전적인 올바름(correctness)의 외피를 유지하면서도 동시에 고전적인 일관성의 내적 핵심을 교란하지 않을 수 없었던, 보편적 불안감에 관한 가장 적절한 기록물이다.

이른바 아카데믹한, 또는 노골적으로 파생적인 건축 내에서 보자면 첫눈에 봤을 때 본질적으로 매너리즘적인 구성 형식이 1916년에 재발한 것이 과도하게 놀랄만한 일은 아닐지도 모른다. 그러나 그것이 현대 건축 운동의 주류 내에서 발생했기에, 라 쇼드퐁의 빈 패널 모티프가 더 많은 호기심을 불러일으키지 않았다는 것은 놀라운 일이다. 르 코르뷔지에의 빈 패널의 사용이 이전의 사례들에 의존한다는 암시는 전혀 없으며, 단순한 형식의 상응이 반드시 유사한 내용을 요구한다고 보지도 않는다. 형식적 상응은 순전한 우연일 수도 있고 어떠한 더 깊은 의미를 가질 수도 있다.

* * *

니콜라우스 페브스너의 논고 「매너리즘의 건축」과 앤서니 블런트의 1949년 RIBA 강연을 제외하면, 통용되는 양식으로서의 매너리즘은 인기 있는 논의 주제가 되지 못했다.* 이러한 논의는 물론 이 에세이가 다루는 범주 바깥에 있으며, 본고의 준거 틀은 방금 언급한 논고와 강연에 크게 의존하고 있다. 가장 일반적으로 보면, 1520년에서 1600년 사이에 생산된 작업이 매너리즘으로 간주되는데, 16세기의 두 가지 계획안에 관한 특정한 분석이 매너리즘 특유의 모호성의 유형에 관한 예증이 되어주었기를 바란다.

　그저 규칙을 어기려는 욕구가 아닌 불가피한 정신적 태도로서 16세기 매너리즘의 주요한 특징은 브라만테가 확립한 성기 르네상스의 고전적 규범의 의도적인 전도에 있는 것으로 보인다. 이는 완벽함이 달성되는 순간 그것을 손상시키려 드는 대단히 인간적인 욕망을 포함하며, 초기 르네상스의 이론적 프로그램에 대한 신뢰의 붕괴를 대변하기도 한다. 금지의 태도로서 매너리즘은 본질적으로 기존의 질서(order)에 대한 의식에 결부되어 있다. 즉 이의제기의 태도로서 그것은 정교(正敎)를 요구한다. 그래야 자신이 그 체계 내에서 이단적일 수 있다. 라 쇼드퐁의 빌라에 대한 분석이 시사하듯이 현대 건축이 매너리즘과 유사한 요소를 포함하고 있다면, 그것이 매너리즘과 유사한 입장을 취할 수 있도록 상응하는 준거 틀, 어떤 족보를 찾아주는 것이 중요해진다.

　현대 건축 운동의 원천들 중에서, 19세기 특유의 구조적 진실성에 대한 요구는 마땅하게도 가장 크게 강조되어왔다.

---

*　Nikolaus Pevsner, "The Architecture of Mannerism," *Mint*, 1946; Anthony Blunt, "Mannerism in Architecture," *RIBA Journal* (March, 1949).

일정 수준 산업주의의 기술적 혁신에 종속된 이 요구는 고딕과 그리스 두 복고주의자 모두에 의해 예상치 못하게 강화되었다. 그들은 기존의 합리적-경험주의적 기반을 변형해 이 구조적 충동에 역동적인 감정적, 도덕적 내용물을 부여했다. 이 어쩌면 그릇된 버전을 통해, 구조적 전통은 우리가 19세기로부터 물려받은 가장 거칠고, 무차별적이며, 장대한 영향력을 행사하는 힘 중 하나로 남게 되었다.

그러나 건축의 체계가 언제까지나 순수하게 물질적인 기초만을 누릴 수는 없으며, 형식에 관한 어떠한 개념이 동등하며 또 반대되는 역할을 수행해야 한다는 점은 여전히 분명해보인다. 그리고, 현대 건축 운동의 형식적인 기원들이 종종 상상력에 과도하게 큰 짐을 지우는 것처럼 보이기는 하지만, 19세기 후반 정도의 시기에 이르면, 1870년대 이후의 선진 건축이 두 가지 구분되는 패턴 중 하나에 속한다는 사실을 알아챌 수 있다.

첫 번째의 기획은 확실히 우리의 감수성에 가장 가깝게 와닿고, 요체가 가장 쉽게 그려진다. 이는 영웅적인 단순화의 과정으로, 필립 웨브, 리처드슨, 베를라헤 건축의 19세기 혼성모방(pastiche)에 대한 직접적인 도전이기도 하다. 현대 건축의 중심 전통은 실제로 이들과 같은 개인들이 교육의 권위와 이성 사이에서 겪은 사적인 갈등으로부터 비롯되는 것으로 보인다. 고딕 복고주의 이론가들에 의해 신성시되었고 현대 공학의 산물 어느 곳에서든 쉽게 확인할 수 있는, 재료의 본질과 구조 법칙에 대한 순응은 순전히 우발적인 픽처레스크적 효과에 대한 대안을 제공하는 것처럼 보였으며, 그러한 틀 내에서 객관적인 의미를 갖는 건축이 생성될 수 있을 것으로 느껴졌다. 따라서 이 학파의 건축가들은 회화적인 교육과, 구조적 이상주의가 부과하는 더 순수하게 지적인 요구 사이에서 필연적인 긴장관계를 경험했다. 회화적인 방법론에 따라 훈련받았으나, 시각적 법칙 이외의 것으로 통제되는 건축을 고집한 그들의 형식에는 그들이 자라온 전장의 흔적이 새겨져 있을 때가 많다.

대안이 되는 경향성은 이 변증법에 전혀 의존하지 않는 것 같다. 그러나 19세기 중반의 이 교착상황에 대한 합리적인 해결책을 동일하게 중시했는데, 그들은 물리적 매력에서 건축적인 이상을 찾았다. 전자의 학파가 지닌 일관된 기세나 폭 좁은 편견 둘 다 없었던 이 두 번째 학파의 건축가들은 역사적 관점들을 자유로운 눈으로 바라보며 그 제안들을 조화시키기를 열망한다. 그러므로 기능의 분석으로부터 평면의 규율이, 시각적 조사의 감흥으로부터 많은 이들을 사로잡은 그 건축적 구성에 대한 연구가 시작된다. 복고주의의 어느 특정한 공식을 고수하지 않는 이 두 번째 학파는 여러 다른 양식의 모티프를 결합하려는 의지가 있고, 그 결과로 만들어지는 혼합물에서 모티프는 각각이 가질 수 있는 더 큰 의미를 드러내기보다 어떤 구성 내에서 '힌트가 되는'(telling) 요소로 등장한다. 따라서 우리는 노먼 쇼(Norman Shaw)가 후기 고딕 느낌의 매스를 렌(Wren) 학파의 디테일로 보강할 수 있음을 확인하며, 건축이 주로 시각적인 다중 자극(visual stim-uli)의 원천으로서 가치를 평가받을 때에, 관심사는 자연히 동세, 볼륨, 실루엣, 관계성의 광범위한 효과에 있게 된다는 것을 깨닫는다.

이 두 학파 모두 서로의 활동으로부터 완전히 독립적이거나 전혀 영향을 받지 않았다고 볼 수는 없다. 그러나 첫 번째 학파에게는 구조와 공예술에 객관적으로 뿌리박은 건축이 감성적인 필수 요소인 반면, 두 번째 학파는 그러한 객관성이 가능하다고 보지 않고 추구할 법하다고 보지도 않는다. 첫 번째 학파에게 건축은 여전히 일정한 도덕적인 속성을 갖고 있는 것이었고, 건축의 목적 중 하나는 진리를 전달하는 것이었다. 반면 두 번째 학파에게 건축의 의미는 보다 전적으로 미학적이었고, 건축의 목적은 감각(sensation)을 전달하는 것이었다. 두 번째 학파의 건축가들은 모든 예술의 국면에서 공통된 감각적 내용을 표현하는 합리적 방법에 관한 가능성이 있다고 보았다. 여기에 역점을 둔다면 이들이 19세기 후반의 전형에 더 가깝다 할 수 있을 것이다.

이 시기의 커다란 구별점인, 형식의 순수하게 물리적이고 시각적인 정당화에 대한 집착은 이 시기의 예술 작품을 그 이전 모든 시대와 구분하는 것으로 보인다. 공적인 사상의 재현에 실패함으로써 르네상스와 구분되고, 사적인 문학적 취향을 배제함으로써 18세기 말에서 19세기 초의 낭만주의 단계와 구분되는 것이다. 19세기 초 건축은 의도에 있어서는 회화적이었지만, 실질적으로는 특히 르네상스 전통의 계승자로 정당하게 해석되어 온 신고전주의의 주창자들을 통해 이전 시기의 아카데미적 사상을 상당 부분 물려받았기 때문이다. 그러나 19세기 후반에 르네상스는 더 이상 유효한 힘이 아닌 역사적인 사실이었다. 그리고 시각적인 것을 뛰어넘는 가치를 강조하는 르네상스식 이론적 전통의 부재는 이 시기의 아카데믹한 작업을 가장 뚜렷하게 구별하는 특징이다.

르네상스는 18세기나 19세기와는 반대로, 자연을 모든 종의 이상적인 형식, 즉 수학적이고 플라톤적인 절대자로서 받아들이고 질료에 대한 그것의 승리를 예술이 보조해야 할 목적으로 봤고, 마찬가지로 회화에서도 형식의 무결성을 추구했다. 과학적 원근법은 외부의 현실을 수학적 질서로 환원하며, 물질계의 '우연적' 속성들은 이 체계에 포섭될 수 있는 한에 있어서만 의미를 획득한다. 따라서 예술적 과정은 눈에 보이는 것의 인상주의적 기록이 아니라, 과학적 사고에 따른 관찰을 고지하는 일이다. 그리고 르네상스 건축에서 상상과 감각(senses)은 상호조응하는 체계 내에서 기능한다. 비례는 과학적 연역의 결과가 되며 (이에 따라 지식의 시각적 측면으로 등장하고 도덕 상태를 예증하는) 형식은, 그것이 이끌어 낼 수도 있는 감각적인 즐거움과 별개로 독립적인 존재 권리를 획득한다.

계몽사상의 경험론에 따른 필연적인 결과로서 건축에 대한 직접적인 회화적 접근과 건축이 눈에 갖는 영향력에 대한 평가가 등장한 것은 18세기 후반이 되어서였다. 흄이 "모든 개연성 있는 지식은 감각(sensation)의 일종에 불과하다"고 선언할 수 있을 때, 지적인 질서의 가능성은 붕괴한 것처럼 보였다. 그리고 그가 "아름다움은 사물 자체의 특성이 아니며", 대신 "오직 그것을 관조하는 마음에만 존재하고 각각의 마음은 서로 다른 아름다움을 인식한다"*고 덧붙였을 때, 경

* David Hume, *Of the Standard of Taste*, 1757.
이 인용구는 비트코버 교수의 다음 저작에 빚지고 있다.

험론은 감각들을 해방함으로써 19세기 대자유의 시대를 고취하고 그에 대한 변명을 제공했던 것 같다. 절충주의와 개별적 감수성이 그 필연적인 부산물로 등장했다. 개인의 자유는 1789년에 정치적 영역에서 주장됐던 것처럼 형식의 세계에서도 유효하게 선포되었다. 그러나 정치적으로 구체제가 계속해서 남았던 것처럼, 이전의 태도는 지속됐고 낭만주의자들은 그들의 형식이 가진 연상적인 가치를 통해 간접적으로 보았다. 이 운동의 격정적인 열기가 스스로 소진된 이후에야 19세기 후반의 '리얼리즘'이 상황을 접수했다.

19세기 중반 이후, 아마도 자유주의와 낭만주의가 더 이상 활발하고 혁명적인 연관관계에 놓이지 않게 된 이유로, 그들의 합동 기획을 물들였던 도덕적 열망도 덜 자주 발견되게 되었다. 그리고 모든 활동에서 낭만주의적인 경험을 체계화하려는, 그 주관적인 열정으로부터 '과학적인' 공식을 추출해내려는 시도가 이루어지려는 듯했다. 그러므로 건축에서는 낭만주의 형식과 그 감각적(sensational) 효과가 점진적으로 체계화되었다. 그 초기 단계는 문학적이고 고고학적인 함의에 예민했으나, 후기에는 그런 제안들이 무시되는 경향이 있었다. 건축의 요소와 원칙에 대한 절충적인 연구가 발전하기 시작했는데, 전적으로 기능적이고 시각적인 준거 틀을 따른다는 점에서 르네상스 이론가들의 분석과 구분되었다.

건축적 구성(architectural composition)에 관한 사상의 발달을 이러한 일반화의 전형으로 언급할 수 있을 것이다. 건축적 구성 개념은 르네상스 시기 동안은 결코 성공적으로 분리되지 못했고, 레이놀즈와 손이 건축의 장면적인(sce-nic) 가능성을 알아채기는 했지만, 그들의 이론에서는 건축적 구성이 큰 비중을 차지하지 않았다. 이 주제에 관한 발전된 연구는 상대적으로 최근에 이루어졌다. 이 개념은, 주관적 관점의 조응을 드러낸다는 점에서 19세기 후반다운 것으로 보인다.

"Principles of Palladio's Architecture," *Journal of the Warburg and Courtland Institutes*, vols. VII and VIII.

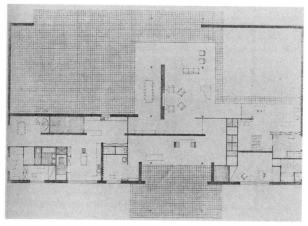

후버 하우스, 마그데부르크, 미스 반 데어 로에, 1935.

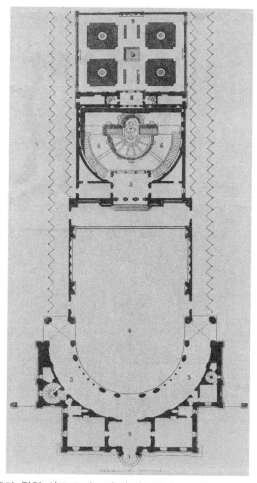

빌라 줄리아, 로마, 평면, 야코포 바로치 디 비뇰라와 바르톨로메오 암마나티, 1552-.

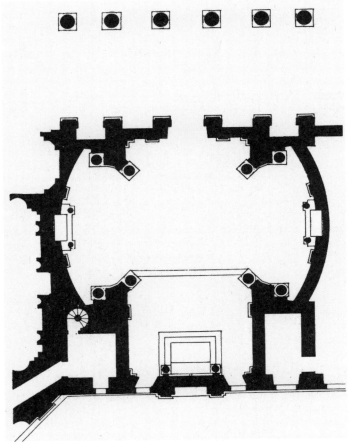

카펠라 스포르차, 산타 마리아 마조레, 로마, 평면, 미켈란젤로 부오나로티, 1573년 완공.

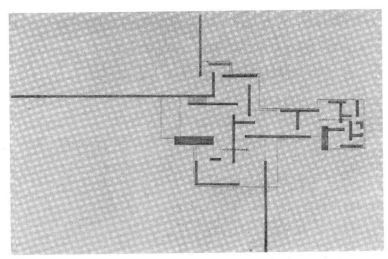

브릭 컨추리 하우스, 미스 반 데어 로에, 1923.

카사 디 팔라디오 (카사 코골로), 비첸차, 안드레아 팔라디오로 추정, 1572년경.

카지노 델로 주케리, 피렌체, 페데리고 주케리, 1578.

슈타이너 하우스, 빈, 아돌프 로스.

하우스 암 호른, 바이마르, 게오르크 무헤와 아돌프 마이어, 1923.

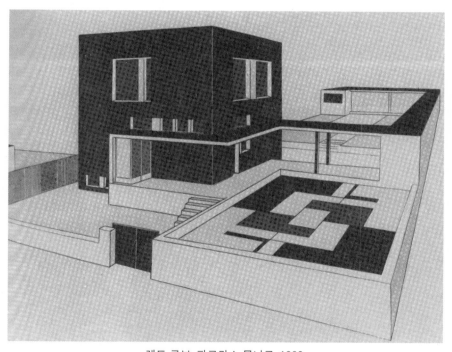

레드 큐브, 파르카스 몰나르, 1923.

바우하우스, 데사우, 발터 그로피우스, 1925-26.

바우하우스, 항공사진.

성 베드로 성당, 로마, 앱스 상세, 미켈란젤로 부오나로티, 1546-.

구세군회관, 파리, 파사드, 르 코르뷔지에, 1932-33.

현대 건축가들은 19세기 후반 사상의 주창자들에 대한 적대감을 드러내놓고 표명하는 것 외에 그들의 사상과 자신의 관계를 명확히 한 적이 없다. 현재는 보통 아카데믹하다고 불리는 그 사상들은 실질적으로는 대체된 적이 없으나, 현대 건축가들은 보통 이들에 대한 단정적이지만 막연한 적의를 드러내왔다. 르 코르뷔지에는 어느 드로잉에 "나는 그렇다고 말하고, 아카데미는 아니라고 말한다"(Moi je dis oui, l'académie dit non)고 썼다. 그와 같은 태도에서 기능적, 기계적, 수학적, 사회학적 논의는 모두 시각 바깥의 건축적 구속력(sanction)으로서, 기존의 지배적인 이론에 반대자극을 제공하려는 목적으로 도입되었다. 그러나 사상 체계에 대한 단순한 반응이 그 체계를 뿌리뽑기에 충분하기는 어렵다. 19세기 후반의 지배적인 태도는 어떤 모체(matrix)를 제공한다는 의미에서 현대 건축 운동의 진화에 역사적인 효력을 발휘했을 공산이 크다.

회화적 접근의 결함은, 주로 눈에 미치는 영향에 관해 매스와 그 관계성을 고려하기 때문에, 종종 대상 그 자체와 세부가 평가절하된다는 점에 있다. 대상이 인간의 감각법칙에만 종속되어 인상주의적인 태도로 보이고, 물질이든 형식이든 내적 실체는 개척되지 않은 채로 남는 것이다. 보편화한 절충주의의 결함은 그것이 필연적으로 역사적, 개인적 특성 모두에 대한 이해의 실패를 수반한다는 것이다. 그 이론가들은 형식의 시각적인 공통 분모를 인식하지만, 내용상의 비시각적인 차별성을 허락하지 못한다. 즉 특정한 스타일의 내적인 개별성을 허용하지 못하면서도 양식적 회상의 이상을 긍정함으로써, 19세기 후반 아카데미는 역사적 계율의 가치를 강조하면서도 역사적 과정의 논리를 파괴한다.

모든 것을 포용하는 관용에 의해 역사는 무효화되고 절충적 방법론의 감쇠한 효력은 매스와 비례의 감각적인 속성에 관한 보다 추상적인 연구를 지원하기 위한 목적으로 합리화된다. 이렇게 대항 행위에 가까운 과정을 통해 복고주의의 가장 강력한 용해제가 제공된다. 그리고 20세기 초에 들어서 과거의 정체성이 파괴되고 복고주의 모티프가 단순 암시 수준으로 약화하면서, 건축이 눈에 미치는 영향에 관한 발전되고 체계화한 이론이 건축계의 선진 집단 내에서 보편적으로 유통된다.

아르누보와 현대 건축의 보다 표현주의적인 유파들을 확실히 이러한 개념 작용에 연결 지을 수 있다. 또 영화 스튜디오, 성소, 천문대, 자동차 섀시 공장을 묘사한 멘델존의 스케치들*은 감각에 대한 그 직접적인 호소력을 볼 때 회화적 구성으로서의 건축 개념의 논리적 귀결로 간주될 수도 있을 것이다. 이러한 전통 내에서 보면 구조적 전통에 속하는 선진 건축가들이 '양식들'(the styles)의 형식적인 암시를 해석하게 되었다고 볼 개연성이 있는 것 같다. 일례로, 필립 존슨이 쓴 모노그래프에는 미스 반 데어 로에 초기 디자인의 싱켈 작업에 대한 부분적인 의존이 명백하게 입증되어 있다. (필립 존슨이 MoMA로 복귀해 큐레이터로 일하고 있던 1947년 MoMA에서 열린 전시 《미스 반 데어 로에》에 동반되어 출간된 동명의 모노그래프를 말한다 - 옮긴이) 그러나 그로피우스의 계획안들도 같은 원천으로부터 나온 파생형을 제안한 한편, 이 20세기 초기의 신고전주의에 대한 흠모가 현대 건축 운동에만 국한된 것이 아니었음에 주목할 필요가 있다. 수많은 호화로운 상업시설과 지역적 기념비들이 동일한 친연성을 드러내기 때문이다. 이러한 건물들에서는 고전적인 디테일을 강제해내려는 시도들이 이루어지기는 하지만, 불가피하게 커진 스케일이나 복잡해진 기능이 과잉 혹은 지나치게 사소한 암시로 이어진다. 가장 큰 성공이 거둬지는 곳은 블록 구성(blocking), 윤곽(outline), 구성적 요소(compositional elements)의 재생산인 것으로 보인다.

사실 에드워드 바로크 양식[에드워드 시대(1901-1910) 영국에서 유행한 신 바로크 양식 - 옮긴이]은 인상주의적 시선이 고전 전통의 잔여물에 끼친 영향에 관한 훌륭한 사례들을 제공한다. 그러나 이러한 엄격한 아카데미적 경계를 벗어나면 우리는 구조적인 전통 내에서 활동하면서 결연하게 인상주의적인 관점을 유지하는 건축가들을 발견하게 된다. 예

---

* Arnold Whittick, *Eric Mendelsohn* (London, 1940)을 볼 것.

를 들어 초기 그로피우스를 보면 신고전주의에서 상당히 너르게 끌어온 구성적인(compositional) 규범이 기계화된 구조에의 충동과 능동적인 균형을 이루고 있다.

현대 건축 운동의 일부로 타당하게 간주되는 그 20세기 초 건축물들은, 이렇듯 새롭게 선명해진 시각과 구조 개념 사이의 대립(antithesis)으로부터 발생한 것으로 이해할 수 있다. 다른 방식으로는 이 시기의 작업을 1920년대에 등장한 것들로부터 구분해내는 양식적인 차이를 해명하기가 어려워 보인다. 니콜라우스 페브스너가 『현대 디자인의 선구자들』에서 서술한 건축가들로 말하자면 페레, 베렌스, 아돌프 로스와 같은 이들의 건축물은 미성숙하지도 원시적이지도 않다. 그들은 후일의 발전에 대한 명백한 선구자들이다. 그러나 이를테면 1910년에 비엔나에 지어진 아돌프 로스의 슈타이너 주택을 1920년대의 여느 전형적인 작업과 비교하면 형식적인 이상에 차이가 있음이 분명해지는데, 이는 국적, 건축가의 기질, 기술적 혁신, 아이디어의 성숙으로는 충분히 해명할 수 없다.

장식에 대한 광적인 공격을 전개하는 로스는, 어떤 관점에서는 이미 매너리스트적인 경향을 드러낸다고 여겨질 수도 있다. 그러나 비본질적인 디테일의 제거와 일정 수준의 기계적인 우수성을 참작하고 나면, 이 주택의 극도의 엄정함과 "후퇴하는 중앙부와 돌출된 날개들의 완전한 대비, 끊김 없는 지붕의 선, 다락방의 작은 창문들"*, 심지어는 수평창도, 르두가 설계한 신고전주의 빌라 중 보다 꾸밈없는 유형들과 완전히 동떨어져 있지는 않다. 이 주택은 우리가 논의한 회화적인 기준에 따라 공정하게 평가될 수 있다. 19세기 후반의 아카데미주의자라면 이 파사드를 관찰하고 크게 기뻐하지는 않더라도, 이론적으로 궁극적인 이의를 제기할 곳을 찾을 수는 없을 것이다.

그러나, 라 쇼드퐁의 빌라는 확실히 이러한 경우가 아니다.

* Nikolaus Pevsner, *Pioneers of the Modern Movement* (London, 1937), p. 192.

예술 작품은 정신의 법칙에 따라 살고, 반드시 어떤 형태의 추상화(abstraction)가 모든 예술적 성취의 기초를 분명하게 형성해야 한다. 그러나 이러한 최소선을 넘어, 작품은 '추상적'이라는 용어를 쉽게 적용할 수 있는 특정한 지적(cerebral) 자질을 지닐 수도 있다는 점은 분명한데, 입체파와 후속 회화 유파들을 정의 내릴 때 이 표현이 공히 그런 의미로 운용되었다. 이제는 전통과의 임의적인 단절이 아니라 기존 상황의 필연적인 발달로 이해할 수 있게 된 입체파의 실험은 20세기 초반에서 가장 돌출하는 단 하나의 예술적 사건이다. 입체파와 추상 회화 일반이 현대 건축 운동에 끼친 영향은 지속적으로 강조되어 왔고, 그 효력은 분명하다. 단순화와 교차(intersection), 매스에 대항하는 평면성(plane), 각기둥과 같은 기하학적 형태의 구현, 실로 1920년대 성기 현대 건축 운동의 방법론인 것이다. 하지만 오늘날의 추상 예술은, 시각적인 매체로 작업하면서도 전적으로 시각적인 목적만을 추구하지 않는다는 점도 명백하다. 추상화는 그것이 대표하는 어떤 심리적 질서(mental order)를 전제하기 때문이다.

여기서 중요한 것은 르네상스 시대와 오늘날 추상화의 과정을 구분하는 일이다. 르네상스 예술에서 발생하는 추상화는 이상적인 형식의 세계를 참조점으로 삼아, 예술가가 객관적인 진실이라고 믿는 것을 주장하며, 그가 우주의 과학적 작용이라고 여기는 것을 예표한다. 현대 예술에서의 추상화는 개인적인 감각의 세계를 참조하며, 종국에는 예술가의 마음속에서 이루어지는 사적인 작용만을 예표한다.

따라서 두 경우 모두 외부 세계의 겉으로 드러나는 형식을 단순히 기록하는 데 주저함이 있다. 그러나 한 쪽이 공적인 상징의 세계와 관련이 있다면, 다른 쪽은 사적인 상징의 세계와 관련이 있다. 사적인 상징이 예술의 기반이 될 수 있다고 보는 일은 분명 성기 낭만주의의 주관적 태도로부터 물려받은 관점이다. 그러므로 현대 회화는 한편으로 인상주의의 기획을 버림으로써 18세기 이래로 발전해온 감각적 방법론의 가치를 부정하는 동시에, 다른 한편으로는 그와 가까운 원천에서 파생된 태도를 긍정하는 것이다.

긍정적인 동시에 부정적인, 감각에 대한 이와 같은 대응은 16세기의 특정한 작품들에서 그러한 만큼이나 우리 시대의 산출물에서 특유한 것이다. 그리고 회화에서의 그러한 발전에 관한 유비는 건축에도 쉽게 적용될 수도 있다. 여기서 혹자는 1900년대 지적 환경에 대한 르 코르뷔지에의 대응이 얼마나 특유한지를 알아챌 수도 있을 것이다. 그의『전작집』은 16세기의 어느 위대한 건축 논고만큼이나 수준 높고 이론적으로 풍부한 작업이며, 그의 출판된 저술들은 아마도 그 시기 이래로 부상한 관점에 관한 가장 풍부하고, 시사적이며, 정밀한 진술을 형성할 것이다. 이 정도 규모의 작업 내에서 모순은 불가피하며, 그것은 공적인 자산이다. 이런 모순은 해명을 요구하지 않는다. 해명을 요구하는 것은 오히려 20세기 초입의 회화적, 합리주의적, 보편화된 전제들과의 대면에서 등장하는 더욱 구체적인 모순들이다.

르 코르뷔지에는 추상화라는 매개를 통해 정신적 질서를 확인함에 있어, 1900년대에 유행했던 합리화된 감각 인식 (rationalized sense-perception)의 이론과 즉각적으로 의견을 달리한다. 그러나 그는 보자르 실천의 거만한 지루함에 혐오감을 느끼면서도 '양식들'에 관한 합리화된 입장을 그대로 계승한다. 그의 학생 스케치북의 여행 노트는 보자르라는 기관이 완벽하게 인준했을 절충적 원칙을 드러낸다. 거기에 나타나는 구별하지 않는 태도는 19세기 자유주의만이 허용할 수 있는 것이었다. 비록 각 사례는 사적인 발견이라는 열정으로 가득 차 있지만, 이 역시 당대 특유의 이론적 프로그램이다. 베네치아의 피아제타(작은 광장으로, 여기서는 산 마르코 광장을 말한다 - 옮긴이), 파테의『루이 15세의 영광을 위한 기념물』(*Monuments Eriges a la Gloire de Louis XV*), 폼페이의 포럼, 아크로폴리스 신전들은 시민 공간의 기초를 연역해내는 소재가 된다. 한편 앙코르 와트 신전과 이스탄불, 파리, 로마, 피사에서 받은 인상은 안드레 뒤 세르소의 도판에서 온 글귀와 뒤섞여 있다. 19세기 후반을 제외한 역사상 다른 어떤 시기도, 광범위한 분야를 이렇도록 근사하게 무차별적으로 아우를 수는 없었을 것이다.

그러나,『건축을 향하여』를 이따금 읽으면서 설득력 있는 수사에 빠져드는 일을 피할 수 있다면, 근본적인 딜레마가 분명히 떠오른다. 감각에 대한 태도를 정의하기가 불가능하다는 것이다. '확실하고 명료한' 수학에는 지속적으로 절대적 가치가 부여되며, 오더는 보편적이고 위안을 주는 진리를 확언하는 지적인 개념으로 정립된다. 그러나 어쩌면 '위안을 주는'이라는 표현에도 감각은 개입되는 것이다. 또 입방체, 구체, 원기둥, 원뿔과 그 산물이 감각적인 감상에 의해 지배되고 그것을 강화하는 오브제로 요청된다는 점이 분명해진다. 한순간 건축은 "플라톤적인 장엄함의 상태를 이루는, 다른 어떤 예술보다 뛰어난 예술"이 된다.* 그러나 다음 순간, 이 '상태'가 불변적이거나 외부적인 것과 거리가 멀고, "빛 속에 한데 모인 매스들의 능수능란하고 올바르며 웅장한 놀이"**에 대한 개인적인 지각에 뒤따르는 부수적인 흥분이라는 점이 드러난다. 독자는 "올바른"(correct)이라는 단어가 어떤 올바름의 개념을 지칭하는 것인지 결코 명확히 알 수 없다. 그건 대상과 분리되어 있으나 거기에 스며드는 지적인 아이디어인가(르네상스의 이론)? 아니면 대상 자체의 시각적 속성인가(1900년대의 이론)? 그 정의는 끝까지 모호한 채로 남는다.

물론 수학과 기하학이 르 코르뷔지에가 보자르와 1900년대의 이론에 맞서기 위해 설정하는 유일한 표준은 아니다. 『건축을 향하여』는 기능, 구조, 혹은 기술로 생성되는 건축이 사회의 내재적 과정을 상징하는 객관적 의의를 획득하는, 사회적 리얼리즘의 프로그램을 제안한다. 그러나 숨어 도사린 모호함으로 인해, 이러한 프로그램들의 핵심적 '리얼리즘'이 공적 상징 체계로 전환될 수 없으며, 객관적인 질서를 주장하려는 시도는 결국 처음에 그렇게 지탄받았던 유미주의의 전도로 귀결될 운명이라는 점이 분명해진다. 말인즉, 외부 현실의 수학적 또는 기계적 상징들은 열거되는 즉시 그것이 촉발하는, 보다 발달된 감각적 반응에 흡수되며, 추상화는 공적인 이해를 사주하기는커녕 오히려 사적 의의의 강화를 추인한

---

* Le Corbusier, *Towards a New Architecture* (London, 1921), p. 102.

** 같은 책, p. 31

다는 것이다.

이런 자기 분열의 광경은 르 코르뷔지에에게 특유한 것이 아니다. 정도는 다르지만 이는 전체 현대 건축 운동이 공유하는 딜레마로 보이며, 이 지점에서 16세기의 정신적 풍조가 오늘날에 가장 선명하게 공명한다. 16세기 매너리즘의 내적인 양식적 동기는 주로 브라만테의 성숙기 양식을 특징짓던, 명료함(clarity)과 극적 성질(drama) 사이의 장엄한 균형을 더 이상 유지할 수 없다는 데 있었다. 그러나 분열의 외적인 요소도 확인되는데, 매너리즘의 건축적인 진행 과정은 당대 유럽을 황폐화시킨 종교적, 정치적 갈등에 상당 부분 좌우됐던 것이다. 인문주의자들의 가치관과 대립하는 종교개혁과 반종교개혁의 종교적 가치의 강조, 종교개혁 그 자체가 초래한 교황청에 대한 위협과 유럽의 분열, 그 결과로서 나타난 이탈리아 내 스페인의 영향력 증가. 이 모든 것들이 감정적, 지적 혼란을 대변하는 동시에 촉진했다. 16세기 당시의 매너리즘이 영적 위기의 시각적 지표였다면, 오늘날 유사한 태도의 재림은 예상치 못할 일이 아니며, 이에 상응하는 갈등은 굳이 부연할 필요도 없을 것이다.

건축적 맥락에서 보면, 1900년대의 이론은 그 시기의 관용적인 자유주의를 반영하는 것으로 해석될 수 있다. 그리고 그에 대한 입장을 정의하지 못하는 우리의 모습 속에서 19세기 자유주의자의 지나치게 안이한 단순화에 대해 우리가 느끼곤 하는 경멸감을 발견할 수도 있을 것이다. 절충주의는 본질적으로 자유주의적인 양식이며, 바로 이 절충주의가 그 특징적인 산물인 무심하고 세련된 관찰자를 탄생시켰다. 거대한, 거의 신비로운 수준의 자애와 선의를 지닌 이 인물은 현대 건축 운동에 의해 꽤나 지속적으로 요청되는 것으로 보인다. [빛나는 도시(Ville Radieuse)는 그가 즐기기 위해 존재한다.] 그러나 이 도시는 무심한 관찰이 설 자리가 없을 것만 같은 사회를 구현하고 있기도 하다.

* * *

생각건대, 이러한 갈등들의 존재로부터 르 코르뷔지에 건축의 극적 성질이 유래되는 것이다. 라 쇼드퐁의 빌라를 이 전도 과정의 첫걸음으로 제시할 수도 있겠지만, 1914년 이전 현대 건축 운동과 1920년대 현대 건축 운동 사이의 구분으로 돌아가는 것이 더 적절할 것 같다.

『공간, 시간, 건축』에서 지그프리트 기디온은 그로피우스의 1926년 작 바우하우스 신교사와 피카소의 1911-12년 작 입체파 초상화 〈아를의 여인〉(L'Arlesienne)을 비교한다. 거기서 그는 매력을 부인할 수 없는 추론을 이끌어낸다. 바우하우스 신교사의 "광범위한 투명한 영역이 모서리를 비물질화함으로써 평면들의 부유하는 관계와 동시대 회화에서 나타나는 유형의 중첩을 가능케 한다"는 것이다.* 그러나 만일 이미 제시된 것처럼 입체파의 기획이 전적으로 시각적인 것이 아니라면, 우리는 이 작업들에 형식의 유사성 외에도 더 깊이 있는 내용의 유사성이 깃들어 있다고 가정해야 하는가? 만약 그렇다면, 우리는 그로피우스의 목표가 시각적인 정당화와 부분적으로는 독립되어 있다는 점을 인정해야 한다. 그렇지 않다면, 우리는 이 비교가 피상적이거나 그로피우스 본인이 입체파의 의의를 완전히 이해하지 못했다는 연역적 결론에 이를 수밖에 없다. 두 가지 결론 중 우리가 첫 번째에 동의할 수밖에 없다는 점은 분명하다.

형식적인 실험에 대한 공공연한 무관심, 그리고 사회의 요구에 합리적인 기술을 적용하는 일에서 건축적 감수성을 추출할 수 있다는 가능성에 대한 믿음이, 그로피우스 건축 체계의 기반을 이루는 것으로 보인다. 그러나 기디온이 내놓은 바우하우스와 피카소의 비교는 그로피우스의 1926년 작업에서 추상성이 전적으로 부정되지 않았음을 보여준다. 의심의 여지 없이 이 '추상적' 요소가 바우하우스 신교사를 1차 대전 이전의 작업들로부터 가장 명확하게 구분하는 것이다.

그로피우스의 알펠트 공장(1911년에 설계한 독일 작센주 알펠트의 파구스 공장을 말한다 - 옮긴이)을 제외하면, 독일 공작연맹 전시회 공장은 건물의 구조적인 골격에서 건축적 감성을 추출하려는 1차 대전 이전의 가장 의식적인 시도

* Sigfried Giedion, *Space, Time and Architecture*, 5th ed. (Cambridge, MA., 1967), p. 402.

를 드러낸다. 과거의 특정한 건축적인 영향이 기여하는 바는 거의 없으며, 디테일은 가장 단순한 기하학적 형태로 환원된다. 그러나, 이 건물에서 매스가 궁극적인 한계까지 수축되기는 해도 1900년대의 회화적인 이상과의 결정적인 단절은 없어 보인다. 유명한 계단실 모티프, 즉 납작한 파사드를 둥글게 감싸거나 뚫고 나오는 듯한 모서리의 원통형 요소는, 이 시기 이전의 아카데믹한 건축에서도 상응하는 사례를 찾을 수 있다. 그리고 건물의 투명한 매스가 기계론적 이상주의에 대한 최고 수준의 긍정을 드러내기는 해도, 그 안에 지배적인 아카데미 이론과 배치되는 요소는 단 하나도 들어 있지 않다. 잘 알려진 시공간(space-time) 요소는 이 건물에 개입되지 않고, 바우하우스와 달리 단지 전체의 모습이 두 개의 단일한 지점들로부터 요약될 수 있다.

1923년에 이르러 이뤄진, 기하학적 매스들을 단순하게 구성한 바이마르 하우스 암 호른(Haus Am Horn)의 실험은 같은 관점에서 해석될 수 있고, 신고전주의 기념비인 괴테의 가든 하우스와의 평행관계도 여전히 견지될 수 있다.* (하우스 암 호른과 괴테가 거주했던 가든하우스는 바로 인접한 곳에 위치해 있다 - 옮긴이) 그러나 같은 해의 특정한 바우하우스 계획안들—가장 두드러진 것은 파르카스 몰나르의 것—은 현대 건축의 특징으로 여겨지게 되는 접근법을 제안한다. 여기서 우리는 매스라는 개념의 폐기와 평면성으로의 대체, 그리고 육면체의 각기둥적인 성격에 중점을 두는 동시에 그 내부 볼륨의 일체성에 균열을 냄으로써 평면적인 속성과 기하학적인 속성 둘 모두에 대한 감상을 강화하는 육면체에 대한 공격을 확인할 수 있다. 이러한 프로젝트들은, 바우하우스 신교사가 그토록 유명한 정당한 이유인, 기디온적 시공간 개념의 완벽한 구현으로 볼 수 있다. 이 작업들은 "한 번의 시선으로 (…) 눈이 요약할 수 없으며", "보려면 반드시 모든 면을 다 돌아봐야 한다 (…) 위에서 그리고 아래에서도 말이다."**

*   Herbert Bayer, Walter Gropius, Ilse Gropius, *Bauhaus, 1919-28* (New York, 1938), p. 85.
** Sigfried Giedion, *Space, Time and Architecture*, p. 497.

　　건축물을 관찰할 때의 신체적인 움직임이라는 관념 자체는 새로운 것이 아니다. 그것은 매스들의 상승과 하강을 관찰하는, 전형적인 바로크적 방법론을 형성했고, 낭만주의의 불규칙한 계획안에서는 더욱 두드러지게 드러난다. 그러나, 블레넘(영국 옥스포드셔에 위치한 블레넘 궁전 - 옮긴이)과 같은 대칭 구성은 말할 것도 없고 그러한 계획안들도 보통 단일한 지배적 요소가 있고 거리(distance)와 분위기(atmo-sphere)라는 매개를 통해 보여져서, 자유롭게 배치된 매스들의 상호관계가 픽처레스크한 전체로 통합된다. 폰트힐(영국 윌트셔의 폰트힐 수도원. 제임스 와이엇의 설계로 1796년부터 1813년에 걸쳐 지어졌고, 90미터 높이로 건설됐으나 몇 차례의 붕괴 끝에 대부분 멸실되었다 - 옮긴이)의 낭만주의적 과대망상에도, 지적인 한계는 없지만 눈의 한계, 인간 시각의 한계는 분명 철저하게 준수된다.

　　그러나 바우하우스 신교사에서 우리는 평면과 구조 모두에 대한 정신적 감상을 표명하는 한편으로, 눈은 넓게 분산된 요소들의 동시적인 충격이라는 혼란스러운 문제에 직면하게 된다. 지배적인 중심 요소(central element)가 제거되면서, 부수적 요소들(subsidiary elements)은 지원하는 역할을 수행할 수 없게 된다. 그들은 시각적인 자율의 상태 내에서 중앙 다리의 공백 주변으로 배치된다. 그러나 이 중앙 다리는 어떤 일관된 체계로서 그들을 위한 시각적인 설명을 제공해주지도, 그들이 개별 단위로서의 독립성을 갖도록 허용해주지도 못한다. 다시 말해, 초점이 허락되지 않은 상태에서, 눈은 늘어진다(stretched). 그리고 이 점을 깨닫는다면, 이 다리의 역할—개념의 근본적 핵심이자, 중심 요소의 시각적 기능에 대한 부정—은 라 쇼드퐁의 텅 빈 패널의 역할과 긴밀하게 연결되어 있다고 말해볼 수도 있을 것이다. 이 다리는, 그 패널과 유사한 방식으로, 주변적인 혼란의 원인이자 결과이기 때문이다. 바우하우스 신교사는 비시각적인 각도, 즉 공중에서의 '추상적' 관점에서만 눈으로 이해될 수 있다는 점이 중요하다.

　　이렇듯 눈에 즉각적인 기쁨보다는 혼란을 주는 아이디어에, 현대 건축이 주는 즐거움의 요소가 주로 거하는 것으로 보인다. 디테일의 철저한 정교함이나 과장된 투박함은 계획된 모호함을 갖는 전체 콤플렉스의 틀 내에서 제시된다. 그리고 개별 삽화들(episodes)이 주는 시각적인 기쁨을 강화함으로써 눈을 혼란에 빠뜨리는 미궁과도 같은 계획안이 제공되는데, 개별 삽화들은 정신적 활동이 재구성한 결과로서만 일체성을 갖출 수 있다.

16세기 매너리즘은 이와 유사한 모호성들로 특징지어진다. 비교를 시도해보자면, 의도적이고 해소되지 않는 공간적 복잡성은 미켈란젤로의 스포르차 예배당(Cappella Sforza)과, 미스 반 데어 로에의 1923년 브릭 컨추리 하우스에서 동일하게 제기된다고 생각될 수 있다.

스포르차 예배당에서, 미켈란젤로는 중앙집중식 건물의 전통을 따라 작업하며, 겉보기에 중앙집중된 공간을 설정한다. 그러나 그 한계 내에서 이러한 공간이 요청하는 초점을 파괴하기 위한 모든 노력이 이뤄진다. 대각선으로 배치된 기둥들이 침범해 들어오며 규정되어 있지만 불완전한 형태의 앱스(apse)들로 지지되는 중앙 공간은, 돔이 아니라 벌룬 볼트로 완성된다. 이 공간이 상반된 추진력에 의해 갈라지고 성소 영역과 경쟁함에 따라 이상적인 조화보다는 계획된 혼란이 뒤따른다.

그리고 브릭 컨추리 하우스에서 유사한 전개가 관찰된다. 이 집에는 결론도 초점도 없다. 만약 여기서의 미스는 중앙집중식 건축물의 전통이 아니라 궁극적으로 불규칙하고 자유로운 배치의 낭만주의 평면의 전통 내에서 움직이고 있는 것이라면, 원형의 붕괴는 미켈란젤로에서만큼 완전하다. 두 경우 모두, 형태들은 정확하고 볼륨들은 서로 경쟁하며 또 불확정적이다. 그러나 둘 모두의 이상이 철저히 의도된 모순(incoherence)의 효과이기는 해도, 미켈란젤로의 경우에는 복합(composite) 오더의 사용과 그 부속 요소들이 관습적인 독해가능성에 관한 진술을 제공하는 반면, 미스는 그처럼 즉각적으로 인지 가능한 소재에 침범할 수가 없다. 미스가 가진 수단은 더 적고 덜 공적이다. 그의 의도에 난해하게 뒤얽힌 명료함은, 주로 평면의 사적인 추상화 속에서 표명된다.

두 가지 매우 다른 계획안인, 미스의 1935년 프로젝트인 마그데부르크의 후베 하우스(Hubbe House)와 비뇰라와 아마나티의 빌라 줄리아(Villa Giulia)에서도 유사한 상응관계를 발견할 수 있다. 둘 다 앞선 사례들이 갖는 과장된 복잡성은 없지만, 단단하게 설정된 중정의 한계 내에서 발전되며, 요소들이 명확하게 구분되어 있지 않고 공간의 거침 없는 흐름도 허용되지 않는다. 빌라 줄리아의 전체적인 레이아웃은 축선을 따르고 코르드로지(corps-de-logis, 여러 동으로 이루어진 저택이나 궁전의 중심 건물 - 옮긴이)의 반원형을 강조하지만, 축선의 통합적 성질이 드러나는 것은 거의 허용되지 않는다. 조직의 동인으로서의 축선은 채광을 조절하는 벽들과 작은 레벨 변화들로 끊임없이 방해받아서, 원인을 어떤 식으로든 너무 뻔하게 드러내지 않으면서도 모호성을 만들어내기에 충분하다. 후베 하우스에서 미스는 중정 위에 T자형 건물을 올려놓는데, 그 역할은 빌라 줄리아의 축선처럼 수동적이다. T자형 건물은 경계벽의 엄격한 조직화에 종속적인 동시에 모순된다. 그리고 T자형 개념이 기하학적인 형식을 제안하는 한편, 면들의 수수께끼 같은 전진과 방해로 인해, 이 형식의 순수하게 논리적인 결과는 애써 회피된다. 따라서 두 계획안 모두, 부정할 수 없는 명료함을 지닌 정확한 구성이 전반적인 지적 만족감을 제공하지만, 그 안의 어떠한 단일한 요소도 시각적으로 완전할 것으로 의도되지도 기대되지도 않는 것으로 보인다.

특히나 16세기와 비교할 만한 것은 오늘날의 공간 배치다. 파사드 배치의 경우 매너리즘과의 유사성을 찾기가 더 어렵고 증명할 가치도 더 작다. 매너리즘 건축가는 고전 체계 내에서 작업하며 거기에 내재된 구조적 기능의 자연 논리를 전도시킨다. 그러나 현대 건축은 고전 체계를 명시적으로 참조하지 않는다. 더 일반적으로 보면 매너리즘 건축가는 매스를 압도적으로 강조하거나 시각적으로 제거하는 방향으로, 또 하중 혹은 외견상의 안정성 개념을 부정하는 방향으로 작업한다. 그는 하나의 파사드 내에서 모순되는 요소들을 사용하고, 거칠 정도로 직선적인 형태를 운용하며, 일종의 억제된 움직임을 강조한다. 이 경향성 중 많은 것이 동시대 건축의 수직면에서 나타나는 특징이지만, 이러한 비교는 명확하게 입증할 수 있는 질서보다는 피상적일 것이다.

그러나 텍스처, 표면, 디테일에 대한 오늘날의 선택에서 매너리즘의 일반적인 목표를 감지할 수도 있다. 매너리즘 벽의 표면은 원시적이거나 과도하게 정련되어 있고, 폭력적으로 직설적인 러스티케이션이 가늘게 여윈 섬세함의 과잉과 결합되어 나타날 때가 많다. 이러한 맥락에서 보면 수없이 견본 삼아진 세를리오의 외각돌이 들어간(quoined) 디자인의 과도한 정련을 우리가 무작위로 쌓아 올린 돌무더기와 비교하는 것은 분별없는 일이다. 그러나 브론치노[Bronzino(1503-72): 피렌체 출신의 대표적인 16세기 매너리즘 화가 - 옮긴이] 초상화의 배경으로 등장하는 냉담한 건축은 분명 오늘날의 많은 실내 공간이 갖는 냉기와 견주어 볼 수 있다. 또한 여러 동시대의 디테일이 갖는 선적인 섬세함은 확실히 16세기에서 유사한 지점을 발견할 수 있는 것이다.

또 다른 매너리즘의 장치인, 직접적으로 병치된 서로 다른 스케일의 요소들 간의 불협은, 더 들여다볼 만한 유사성을 제공한다. 이는 과장된 스케일의 출입구를 통해 우리에게 익숙한 것이며, 미켈란젤로가 성 베드로 대성당의 앱스에서, 르 코르뷔지에가 다른 요소들을 통해 구세군회관(Cité de Refuge)에서 비슷한 방식으로 적용한 것이다. 성 베드로 대성당의 앱스는 크고 작은 베이를 교대 배치하며, 매스의 움직임과 평면의 극적인 선명성으로부터 최대치의 통렬함과 우아함을 추출해낸다. 여기에는 평범함을 넘어서는 완벽함이 있다. 큰 베이 내부의 창문과 벽감의 딱 벌어진 과장된 스케일의 보이드 바로 옆으로, 더 작은 스케일의 기둥 배치에 의해 쑤셔 넣어진 듯 보이지만 소멸되지는 않은, 더 작고 상이한 벽감들이 격렬한 불협을 일으킨다.

성 베드로 대성당의 앱스와 구세군회관의 비교를 통해서 우리는 우리 시대의 산물을 진정으로 가늠할 수 있게 될지도 모른다. 구세군 회관이라는 진취적이고 깊이 있는 세련미를 지닌 작품에서, 큰 스케일의 조소적인 요소들은 유리창을 바른 벽의 상대적으로 작은 스케일의 규준과 대조를 이룬다. 여기서 다시 한번 불협을 이루는 개체들의 완전한 정체성이 확인된다. 그리고 성 베드로 대성당에서 그랬듯 이 섬세하고 기넘비적인 장치에서 눈은 쉴 틈이 없고 모호하지 않은 만족감에 이르지 못한다. 혼란은 완성된다. 또한 이 기계화된 고안물에 16세기 조직화의 순수하게 인간적인 우아함(poetry)을 대체하는 요소는 없지만, 르 코르뷔지에가 미켈란젤로와 성 베드로 대성당이 "사각 형태들, 원통, 돔을 하나로 묶고", "몰딩에 강렬하게 열정적인, 거칠고 애절한 성격이 있다"*는 찬사를 보낸 이유를 설명할 수 있게 하는, 야수적인 섬세함은 찾을 수 있다.

　　이러한 감상의 속성은 단순 외양을 넘어서 침투한다. 르 코르뷔지에는 형용사의 선택에서조차 관찰자를 시각적 식별안 이외의 차원에 개입시킨다. 그러한 식별안이 매너리즘과 현대 건축에 대한 감정(鑑定)을 보조할 수는 있지만, 눈의 기준을 따르면 둘 다 완전하게 이해될 수 없다. 르 코르뷔지에는 미켈란젤로가 구상한 성 베드로 대성당에서 "보통의 수준을 뛰어넘는 열정과 지성, 영속적인 긍정"의 구현, 즉 시대의 한계를 뛰어넘는 영원한 접근법을 발견한다. 그러나 르 코르뷔지에가 이 건물에서 가장 깊게 감동받는 지점이 그 매너리즘적인 과잉과 갈등에 있다는 점은 분명 우연이 아닐 것이다. 또한 거칠게 상호불일치하는 디테일들을 감지해내는 이 현대 건축가의 능력이 그에 대한 미술사학자들의 연구가 시작된 시기와 그토록 가깝게 일치하는 것도 우연은 아닐 것이다.

　　19세기의 부르크하르트에게, 미켈란젤로의 가장 이른 시기의 매너리즘 실험을 구현하는 라우렌치아나 도서관은 "위대한 거장의 명백한 농담"이었다. 그러나 이어진 세대에서 그러한 농담은 덜 선명해졌다. 그리고 한동안은 16세기의 전(前)바로크 양식만이 눈에 띄었지만, 1920년대가 되자 혼란의 동시대적 패턴을 흥미롭게 재생산하는 시대가 도래했다. 이 시기에 이르자 눈은 어떤 결정적인 전환을 겪은 듯했다. 그러한 전환은 시각적 모호성을 요구했으므로 동시대의 작품에서 그것을 생산하고, 이전 시대의 작업, 심지어 언뜻 보기에는 흠결 없는 올바름으로 이루어진 작업에서도 그것을 발견할 수 있게 되었다. 따라서, 만약 한 시기에 르네상스 운동

* Le Corbusier, *Towards a New Architecture*, p. 158.

전체의 고전주의가 완전히 명료해 보였고, 또 다른 시기에는 에드워드주의자들의 인상주의적 시각이 모든 곳에 있어 자신들의 바로크가 주는 안정감의 속성을 발견할 수 있었다면, 그와 같이 현재는 매너리즘의 불안한 폭력성에 특히나 예민한 것으로 보인다. 그 폭력성은 매너리즘 자체의 생산물은 물론 역사적인 존경의 대상에도 흔적을 남긴다. 따라서 현대 건축이 전도된 공간적 효과에 대한 요청을 가장 강력하게 느꼈던 그 1920년대의 같은 시기에, 역사학자들이 매너리즘을 구분하고 정의하게 된 것은 불가피한 일이었을지 모르겠다.

이 글은 Colin Rowe의 "Mannerism and Modern Architecture,"
The Mathematics of the Ideal Villa and Other Essays
(Cambridge MA: MIT Press, 1976)을 번역한 것이다. 1950년 5월
Architectural Review에 처음 발표되었다.

강신
홍익대학교에서 건축학을 전공하고
시각디자인을 공부했다. 현재 스위스
멘드리지오 아카데미아에서 수학중이며 건축
실무와 번역, 사진 작업을 병행하고 있다.
↘ 185
가능한 진실할 것: 발레리오 올지아티와
마르쿠스 브라이트슈미트의 『비참조적
건축』 서평

곽승찬
건축 역사, 이론, 비평을 공부하는 사람이다.
대구에서 나고 자라 고려대학교에서 건축학을
전공한 뒤, 동대학원 건축역사연구실과
정림건축 아카이브팀에서 다른 방식의
역사쓰기에 관심을 두고 한국 현대 및 동시대
건축을 들여다보고 있다. 『더 컴플리트
데이비드 보위』, 『컨템포러나이어티를
정의하기: 행성성을 상상하기』 등의 책과
논문을 번역했다.
↘ 201
매너리즘과 현대 건축

김광수
스튜디오케이웍스 대표이자 건축사사무소
커튼홀 공동대표다. 현대의 사회성과
도시건축 환경의 변화에 주목하며 다양한
도시/건축설계 작업을 진행해오고 있다.
연세대학교 건축공학과와 예일대학교
건축대학원(M.Arch.)을 졸업했다.
베니스건축비엔날레 한국관 작가로
참여하여 한국사회의 아파트와 방
문화현상을 조사 전시한 바 있으며('방들의
가출', 2004), 핀란드국립미술관(2007),
오스트리아국립문화박물관(2013),
문화역서울284(2012, 2016), 아르코미술관
(2019), 국립현대미술관(2024) 등에 초대되어
전시를 한 바 있다. 공저로는 『제주현상』,
『철새협동조합』, 『느림의 도시: 순천』, 『독일-
한국 퍼블릭스페이스 포럼』 등이 있으며,
주요 건축 설계 작업으로, 부천아트벙커 B39,
철원 DMZ철새타운, 광주시민회관재조성사업,
백사마을주거지보존사업, 단구조각미술관,
판교케이브하우스 등이 있다.
↘ 15
자기 참조 이후의 건축

김사라
다이아거날 써츠 대표이자 국민대학교
건축학부 겸임교수다. 사회의 보편적인
인식과 그에 따른 문제를 직·간접적으로
적시하고 드러내는 것에 관심이 있다. 세상을
바라보는 독자적인 태도와 개념을 통해
건축적 아이디어를 구체화하는 것에 관심을
두고 건축, 설치 작업, 전시 기획, 영상 등을
매개로 공간 작업을 해오고 있다.
↘ 125
생각하듯이 쓰기

김효영
여러 젊은 건축가의 아틀리에에서 다양한
경험을 한 후 김효영 건축사사무소를
개소했다. 건축이 만들어지는 상황에
감정이입하여 성격을 찾아내고 표현하며,
이를 통해 드러나는 질문으로 건축과
지금의 우리를 묶어내려는 작업을 하고
있다. 연세대학교 건축학과의 겸임교수로
출강하고 있고, 2022년 문화체육관광부에서
주관하는 젊은건축가상을 수상했다. 주요
작업으로 울산 바닷가 벽 집, 자람터 어린이집,
점촌 기와올린 집, 문경 복터진집, 압구정
근린생활시설, 동해 폐쇄석장 리모델링, 인제
스마트복합쉼터 등이 있다.

↘ 45
참조와 인용이라는 이야기 짓기, 건축 짓기

배윤경
연세대학교와 네덜란드의 베를라헤
인스티튜트를 졸업했다. 대학에서 건축
설계와 이론을 강의하며, 다양한 매체에
칼럼을 쓰고 있다. 건축적 재현과 원근법에
관한 담론을 중심으로 공간의 생성과
수용 방식을 이해하고자 한다. 저서로는
『암스테르담 건축 기행』(2011), 『어린이를
위한 유쾌한 세계 건축 여행』(2012)이
있으며, 공저로는 아모레퍼시픽 본사의 건설
과정을 기록한 『New Beauty Space』(2021),
현대카드가 지난 20년간 펼쳤던 공간
프로젝트의 과정과 의도를 담은 『The Way We
Build』(2021)가 있다.

↘ 139
참조와 인용에 관한 표류

서재원
대한민국 건축사이자 aoa 아키텍츠
건축사사무소의 대표이다. 주요 작업으로
정동 시민주도학습플랫폼, 강릉 호지,
망원빌라, 서교근생, 공상의 방 파빌리온 등이
있다. 2017년에 젊은건축가상을 수상하였고
2022년에 TSK 펠로우십의 대상자로
선정되었다. 『건축의 메타게임』(2014),
『잃어버린 한국의 주택들』(2024)을 썼으며,
『SPACE』, 『건축평단』, 『A+U』 등의 잡지에
글을 기고했다. 2021 젊은건축가상, 2022
정림학생건축상, 2025 베니스비엔날레
예술감독선정위원으로 활동했다. 한국사회의
모순적 현상을 비판적 수용의 관점으로
바라보고 건축적 언어로 풀어내는 시도를
통해 한국 현대 건축의 가능성을 찾고자
노력하고 있으며, 현재 서울대학교에서
설계수업을 진행하며 건축 교육과 실무 간의
간극을 좁히는 것에도 관심을 기울이고 있다.

↘ 33
정신분열증과 초-참조적 건축

송률
건축가이며 발행인이자 편집자이다. 서울과
독일 프랑크푸르트, 스페인 바르셀로나에서
공부하고 실무를 하였으며, 현재 수파
송슈바이처의 공동대표다. 설계의 개념적
접근을 기반으로 건축의 언어와 영역 확장을
목표로 작업하며, 예술과 디자인을 통하여
일상의 본질을 표현하고자 하는 격월간 잡지
『SUPTEXT』를 편집·발행한다.

↘ 87
공간 디자인에서 시간 디자인으로 —
현대 건축에 관한 다섯 가지 테제

이희준
canon vision의 공동대표다. 『건축평단』의
편집위원으로 활동하며 『C3』, 『와이드AR』,
『건축평단』 등의 지면과 두 권의 단행본에
건축과 영화에 관한 글을 썼다. 한양대학교
ERICA 겸임교수, AA Visiting School
Seoul 튜터를 거쳐 국민대학교에서
건축 설계를 가르치고 있다. 서울대학교
건축학과 건축학전공을 졸업하고 영국
왕립예술학교에서 최우수 논문으로 건축학
석사 학위를 받았다.

↘ 81
원하기 때문에 원한다

이치훈
2011년부터 강예린과 함께 SoA의 파트너이자
대표건축가로 활동하고 있다. 연세대학교와
동대학원에서 수학하였으며 젊은 건축가상
(2015), MOMA 현대카드프로젝트 YAP
(2015), Emerging Architecture Award
파이널리스트(2016), 김수근건축상
프리뷰상(2016), 코리아디자인어워드(2020),
서울시건축상 최우수상(2020),
한국건축역사학회 작품상(2023) 등을
수상했다.

↘ 117
참조적 세계로서 건축의 외부,
비참조적 체계로서 건축의 내부

임윤택
연세대학교 건축공학과를 졸업하고
스페이스연 등의 사무실에서 실무
경험을 쌓은 후 2011년 원더 아키텍츠를
설립했다. 한국적 상황에 대한 이해를
바탕으로 철저하게 실무 건축가의 입장에서
한국적이면서도 동시에 보편적인 건축적
주제를 (재)발견해 비판적으로 재구성하고
표현하는 데 관심을 두고 설계와 관련
리서치를 병행하고 있다. 대표작인 소하동
주택은 2021년 한국역사학회 작품상
최종 후보에 선정되었다. 2012년 영주시
공공건축가로 활동하였고 2019년부터
경남대학교에서 겸임교수로 학생들을
가르치고 있다.

↘ 59
난폭하고 아름다운 이종교배의 상상력

크리스티안 슈바이처
건축가이며 교육자이다. 오스트리아 출생의
그는 독일 프랑크푸르트에서 공부하고
실무를 하였으며, 현재 슈파 송슈바이처의
공동대표다. 2003년 프랑크푸르트
에른스트-마이-뮤지엄을 공동 설립했다.
그는 사회문화적 맥락을 통해 현대 도시를
이해하고 변화하는 것에 특히 중점을 두고
개념 설계, 예술 및 건축 이론의 교차 영역에서
작업하고 있다.

↘ 87
공간 디자인에서 시간 디자인으로 —
현대 건축에 관한 다섯 가지 테제

전재우
하이퍼스팬드럴을 운영하며 건축, 전시,
미술, 제품, 기획 등에서 다양한 공간개념적
작품으로 하나의 세계관을 조성 중이다.
캐나다 워털루 대학교와 하버드 GSD에서
공부했다. 현재 한양대학교와 인하대학교에서
겸임교수로 재직 중이다. 혈액형 AB형,
별자리는 전갈자리, mbti는 INTJ다.

↘ 107
베낄 때 GOAT 멘탈 관리 꿀팁

최원준
숭실대학교 건축학부 교수로 건축역사,
이론, 디자인을 가르치고 있다. 서울대학교
건축학과 및 대학원에서 건축을 공부하고,
이로재에서 실무를 익혔으며, 뉴욕
컬럼비아대학교에서 박사후 연구를
진행하였다. 최근 공저로『김종성 구술집』
(2018), 『유걸 구술집』(2020), 『우리가 그려온
미래: 한국 현대건축 100년』(2022) 등이 있고,
공동큐레이터로《Sections of Autonomy:
Six Korean Architects》(2017)와
《Cosmopolitan Look: Contemporary
Korean Architecture 1989-2019》(2019)
전시회를 기획했으며, 목천건축아카이브
운영위원으로 활동하고 있다.

↘ 157
인용된 파편적 구상들

현명석
학부와 대학원에서 건축을 공부했고,
20세기 중반 미국 건축 사진에 관한 연구로
박사학위를 받았다. 건축에 관한 글을 쓰고,
대학에서 건축 역사, 이론, 설계를 가르친다.
역/저서로는『지붕 없는 방』(공저, 2023),
『건축의 이론과 실천 1993-2009』(공역,
2021), 『삶을 짓는 사람들: SH 건축의 오늘
그리고 내일』(공저, 2020), 『건축표기체계』
(공편역, 2020), 『건축 사진의 비밀』
(공저, 2019) 등이 있다. The Journal of
Architecture, The Journal of Space
Syntax, 『C3』, 『건축평단』, 『와이드AR』,
『SPACE』, 『건축문화』등에 논문과 글을
실었다. 건축 매체와 한국 현대 건축에 관한
연구와 저술에 몰두하고 있다.

↘ 171
이모셔널 솔리드:
건축 지시와 인용에 관하여

콜린 로우 (Colin Rowe, 1920-99)
영국 출신의 건축 비평가이자 역사학자이다.
1954년 바르부르크 연구소에서 루돌프
비트코버의 지도로 석사학위를 받았다.
텍사스대학교와 케임브리지대학교를 거쳐
코넬대학교에서 교수로 재직했다. The
Mathematics of the Ideal Villa and
Other Essays (1976), Collage City
(with Fred Koetter, 1978) 등의 저술을
통해 20세기 후반 건축 비평과 역사에
지대한 영향을 남겼다. 사후에 Italian
Architecture of the 16th Century (with
Leon Satkowski, 2002)가 출간되었다.

↘ 201
매너리즘과 현대 건축

정림건축문화재단은 우리 삶의 중요한
바탕인 건축을 문화로서 전달하고, 건축의
사회문화적 면모가 일상에 자리 잡도록
힘씁니다.

정림건축문화재단
JUNGLIM FOUNDATION

junglim.org

포럼&포럼	포럼
	forumnforum.com
	건축계 여러 주체와 협력하여 우리 시대 건축 현장의 생각과 실천을 모으고 나눕니다.

건축신문	건축신문
	architecture-newspaper.com
	동시대 건축의 다양한 생각과 말을 기록, 공개, 배포합니다.

	건축잡지 미로
	labyrinths.kr[준비중]
	정확한 길을 알지 못한 채 출구를 찾아야 하는 현대 한국 건축의 담론을 발굴하고 기록합니다.

건축학교	건축학교
	archschool.org
	'건축을 통한 교육'을 모토로 한 연령별 맞춤 교육을 통해 더 나은 공동체 구성원을 육성합니다.

탈건학부	탈건학부
	off-architecture.com
	건축이라는 학문과 산업의 바탕이 되는 건축의 역사, 이론, 기술, 문화를 가르치고 배웁니다.

정림학생건축상	정림학생건축상
	junglimaward.com
	우리 사회와 도시의 현상을 건축적 상상으로 풀어내는 공동 연구의 장을 만들어갑니다.

통의동 집	통의동집
	종로구 자하문로8길 19 / 1인실 7개, 공용 주방
	합리적인 비용으로 누리는 풍요로운 공간, 느슨한 공동체 안의 안정감, 혼자이면서 함께 사는 셰어하우스입니다.

용두동 집	용두동집
	동대문구 안암로6길 19 / 공동체주택 6세대, 공용 주방, 동네극장 & 동네책방
	입주민과 지역 주민이 연결되고 협력하고 연대하는, 새로운 도심 속 공동체를 실험합니다.